高等职业教育系列教材

支持1+X证书：数据库管理系统职业技能等级标准

数据库基础与实例教程（达梦DM8）

主　编◎龚小勇　李　腾
副主编◎张科伦　皮　宇
参　编◎王　影　杨　睿　何宜儒

机械工业出版社
CHINA MACHINE PRESS

本书是一本基于达梦 DM8 数据库的数据库基础学习指南。本书对接新一代信息技术产业链技术链、对标 1+X（数据库管理系统）职业技能等级证书构建逻辑结构，以具有自主知识产权的国产数据库代表达梦 DM8 数据库为基础，通过项目引领、任务驱动的方式进行组织，将新技术、新工艺、新规范、新标准融入书中。本书以数据管理在产业链中的应用为主线，内容循序渐进，通过 9 个项目，介绍数据库的基本概念和架构，包括数据类型、关系模型和 SQL，达梦数据库的安装和配置，达梦数据库对象的管理，数据的查询和管理，达梦数据库程序设计，达梦数据库的备份恢复和作业管理，以及使用达梦数据库进行 Web 应用开发等。

本书注重课程思政及教学过程考核评价，每个项目章节的任务考评、项目总结、项目拓展训练、项目评价等环节能更好地帮助读者学好本书内容，同时拓展读者知识面，并提高读者综合能力，起到活学活用、举一反三的效果。

本书内容丰富、结构新颖，适合作为职业本科、应用型本科及高职高专电子与信息大类各专业数据库相关课程的教材，也可作为数据库领域相关人员的参考用书。

本书配有微课视频，扫描二维码即可观看。另外，本书配有电子课件，需要的教师可登录机械工业出版社教育服务网（www.cmpedu.com）免费注册，审核通过后下载，或联系编辑索取（微信：13261377872，电话：010-88379739）。

图书在版编目（CIP）数据

数据库基础与实例教程：达梦 DM8 / 龚小勇，李腾主编. —北京：机械工业出版社，2024.6（2025.1 重印）

高等职业教育系列教材

ISBN 978-7-111-74557-0

Ⅰ. ①数… Ⅱ. ①龚… ②李… Ⅲ. ①数据库系统-高等职业教育-教材 Ⅳ. ①TP311.13

中国国家版本馆 CIP 数据核字（2024）第 013273 号

机械工业出版社（北京市百万庄大街 22 号　邮政编码 100037）

策划编辑：和庆娣　　　　　　责任编辑：和庆娣　马　超

责任校对：曹若菲　丁梦卓　　责任印制：邓　博

北京盛通数码印刷有限公司印刷

2025 年 1 月第 1 版第 2 次印刷

184mm×260mm · 16.5 印张 · 428 千字

标准书号：ISBN 978-7-111-74557-0

定价：69.00 元

电话服务　　　　　　　　　　网络服务

客服电话：010-88361066　　　机　工　官　网：www.cmpbook.com

　　　　　010-88379833　　　机　工　官　博：weibo.com/cmp1952

　　　　　010-68326294　　　金　书　网：www.golden-book.com

封底无防伪标均为盗版　　　　机工教育服务网：www.cmpedu.com

前言 Preface

互联网技术的发展将人类带入一个数据大爆炸的时代，人类社会每天都会产生海量的数据，如线上商城的商品销售数据、新闻资讯网站的用户浏览数据、旅游行业的用户出行数据等。数据库技术主要研究如何科学地组织数据和存储数据，如何高效地检索数据和处理数据，以及如何既减少数据冗余，又能保证数据安全，实现数据共享。数据库技术就是对数据进行存储、管理和利用的技术，它也是计算机科学技术中应用最广泛的技术之一。

随着信息技术的快速发展和数据规模的不断扩大，数据管理已经成为现代企业和组织管理的重要组成部分。数据库管理系统（DBMS）作为一种数据管理工具，已经成为现代数据管理中不可或缺的技术。学习数据库管理系统，可以帮助读者理解数据管理的基本概念、方法和技术，进而更好地管理和利用数据。

数据管理的发展趋势主要表现在以下几个方面。

1）数据管理：随着互联网、物联网、人工智能等技术的广泛应用，数据量呈爆炸式增长。如何有效地管理和利用数据已经成为现代数据管理的重要课题。

2）数据质量管理：数据质量对数据的应用价值至关重要。随着数据规模的扩大和复杂性的增加，如何保证数据质量已经成为数据管理中的重要问题。

3）数据安全管理：数据泄露、数据丢失等问题已经成为现代企业和组织面临的重要威胁。如何保证数据的安全性和隐私性已经成为数据管理中的重要问题。

4）数据分析和挖掘：数据管理不仅是数据的存储和管理，更重要的是如何利用数据进行分析和挖掘，发现数据中潜在的价值和意义，为决策提供支持。

可见数据在数字经济中的重要性。在对数据资源的管理和利用中要通过建立数据标准和规范，推动数据的开放共享，实现数据跨部门、跨领域的互通共享，推动数据资源在经济社会发展中的广泛应用。

2021年3月，《中华人民共和国国民经济和社会发展第十四个五年规划和2035年远景目标纲要》指出：迎接数字时代，激活数据要素潜能，推进网络强国建设，加快建设数字经济、数字社会、数字政府，以数字化转型整体驱动生产方式、生活方式和治理方式变革。

在当今数字时代，学习数据库基础课程，可以帮助读者掌握数据库系统的基本概念、原理和技术，了解数据库系统的组成结构和工作原理，熟悉数据库管理系统的基本操作和SQL的使用，能够设计和实现简单的数据库应用系统，具备解决实际问题的能力。这些知识和技能在未来的工作中都将会得到广泛的应用，例如在数据分析、数据挖掘、人工智能等领域，或者在企业信息化建设、电子商务、云计算等方面。

正是因为数据管理在数字经济和社会发展中起着至关重要的作用，我国非常重视数据管理的发展。达梦数据库是国内领先的数据管理领域服务商，提供各类数据库软件及集群软件、云计算与大数据等一系列数据库产品及相关技术服务。达梦数据库在政务、教育、金融等多个领域有着广泛的应用。近些年，国产数据库产业增长迅猛，催生出大量的国产数据库岗位需求，为了助力国产数据库产业链的发展，推进产教融合，故本书以达梦数据库为基础来组织内容。

本书内容丰富、结构新颖，是一本全面了解数据库基础的图书。本书以达梦 DM8 数据库为基础，对标 1+X（数据库管理系统）职业技能等级证书，通过项目、任务驱动的方式组织内容，将新技术、新工艺、新规范、新标准融入书中，主要面向职业本科、应用型本科及高职高专电子信息大类各专业的学生，同时也可作为数据库领域相关工作人员的参考用书。

本书共分为 9 个项目，各项目内容介绍如下。

项目 1　数据库知识准备：主要内容为了解数据库的基本概念，包括数据模型、SQL、关系代数等。通过学习这些知识，能够更好地理解数据库管理的重要性和带来的挑战，为后续工作的推进实施打下基础。

项目 2　建立数据库管理环境：主要内容为建立和配置一个数据库管理系统，包括数据库软件的安装和配置、硬件和网络环境的准备等，为后续的管理和运行维护工作做好准备。

项目 3　数据库对象管理：主要内容为对各类数据库对象管理的学习，包括表空间、模式、表、视图等。各类数据库对象是数据库的重要组成部分，对数据库对象以及数据库对象之间关系的理解，是进行数据库管理的基础。

项目 4　数据查询及管理：主要内容包括对表中数据的"增、删、改、查"这类在数据库管理中经常执行的操作、基于查询的视图的管理、提升查询效率的索引的管理等。

项目 5　数据库事务及锁管理：主要内容为了解事务和锁管理的基本概念，以及如何在数据库管理中使用它们。学习如何保证数据的一致性、可靠性和完整性，并防止数据冲突和丢失。

项目 6　数据库程序设计：主要内容为了解如何编写和调试数据库程序，如存储过程、触发器和函数等。通过实施基本程序设计、存储过程、存储函数、触发器等任务，提高数据库管理工作的灵活性，以及访问效率、工作效率。

项目 7　数据库安全管理：主要内容为了解如何管理数据库的安全性，包括系统运行安全和信息安全。数据库的安全性，包括物理和逻辑数据库的完整性，元素的安全性，可审核性，以及访问控制和用户认证等。

项目 8　数据库系统运行维护：主要内容为数据库的备份和还原、作业管理等，可掌握数据安全保障和自动化运维的基本技能。

项目 9　基于 DM8 的 Web 应用开发案例：主要内容是介绍以 DM8 数据库作为数据

管理系统支撑一个 Web 应用开发及运行的过程，帮助读者更好地了解 DM8 数据库在实际应用中的作用及其特性。

通过对本书各项目的学习实践，读者可以了解数据库管理的基础理论和基本技能，为日后从事数据库管理及数据库开发规划等工作奠定基础。

本书由重庆电子科技职业大学龚小勇、李腾担任主编，张科伦以及武汉达梦数据库股份有限公司皮宇担任副主编，王影、杨睿、何宜儒参与编写。龚小勇负责全书的逻辑框架设计与全书统稿工作，武汉达梦数据库股份有限公司提供了典型项目案例资料并进行了本书案例的设计。本书的编写工作得到了各级领导、同事及武汉达梦数据库股份有限公司的大力支持和帮助，在此一并表示衷心的感谢！

在本书的编写过程中，参考了许多相关的文献资料，在此向这些文献的作者表示衷心的感谢！虽然我们在编写过程中精心组织、努力工作，但书中难免会出现错误和不足之处，在此，恳请广大读者批评指正，以便在今后的修订中不断改进。

编　者

目　录　Contents

前言

项目 1　数据库知识准备 ... 1

任务 1.1　认识数据库 ... 1
1.1.1　了解数据库 ... 1
1.1.2　了解数据库的发展历史 ... 5

任务 1.2　理解关系数据库 ... 7
1.2.1　E-R 概念模型 ... 8
1.2.2　关系模型及关系数据库 ... 10
1.2.3　关系模型基本概念 ... 11
1.2.4　将 E-R 图转换为关系模式 ... 12
1.2.5　关系完整性规则 ... 13
1.2.6　基本关系代数运算 ... 14
1.2.7　关系模式规范化 ... 17

任务 1.3　了解关系数据库的标准操作语言——SQL ... 21
1.3.1　SQL 的基本情况 ... 21
1.3.2　SQL 的分类 ... 21

任务 1.4　了解当前主流数据库 ... 22
1.4.1　达梦数据库 ... 23
1.4.2　华为 GaussDB 云数据库 ... 23
1.4.3　MySQL 数据库 ... 24
1.4.4　SQL Server 数据库 ... 24
1.4.5　Oracle 数据库 ... 24
1.4.6　Db2 数据库 ... 24
1.4.7　Redis 数据库 ... 24
1.4.8　MongoDB 数据库 ... 24

任务 1.5　项目总结 ... 25

任务 1.6　项目评价 ... 25

任务 1.7　项目拓展训练 ... 26

项目 2　建立数据库管理环境 ... 29

任务 2.1　认识达梦 DM8 数据库 ... 29
2.1.1　了解 DM8 数据库概况 ... 29
2.1.2　了解数据库、实例与数据库服务 ... 30
2.1.3　认识 DM8 数据库逻辑结构 ... 31
2.1.4　认识 DM8 数据库物理结构 ... 32

任务 2.2　安装 DM8 数据库 ... 33
2.2.1　安装环境准备 ... 33
2.2.2　Windows 操作系统下安装 DM8 ... 33
2.2.3　Linux（UNIX）操作系统下安装 DM8 ... 37

任务 2.3　认识 DM8 数据库管理工具 ... 43
2.3.1　DM8 数据库配置助手 ... 44
2.3.2　DM 服务查看器 ... 49
2.3.3　DM 管理工具 ... 50
2.3.4　SQL 交互式查询工具（DISQL） ... 52

任务 2.4　卸载 DM8 数据库 ... 53
2.4.1　Windows 操作系统下卸载 DM8 ... 53

2.4.2　Linux（UNIX）操作系统下卸载
　　　　DM8 ·· 55
任务 2.5　项目总结 ·· 57

任务 2.6　项目评价 ·· 58
任务 2.7　项目拓展训练 ·· 59

项目 3　数据库对象管理 ·· 60

任务 3.1　数据库、实例的创建及管理 ····· 60
3.1.1　数据库及实例创建规划 ················ 60
3.1.2　创建数据库及实例 ························ 61
3.1.3　查看数据库信息 ···························· 61
3.1.4　启动及停止数据库服务 ················ 62
3.1.5　删除数据库、数据库实例及数据库
　　　　服务 ··· 63

任务 3.2　表空间创建及管理 ······················· 65
3.2.1　理解表空间 ···································· 66
3.2.2　创建表空间 ···································· 67
3.2.3　查看表空间 ···································· 70
3.2.4　修改表空间 ···································· 71
3.2.5　删除表空间 ···································· 74

任务 3.3　模式创建及管理 ··························· 75

3.3.1　理解模式 ·· 75
3.3.2　创建模式 ·· 76
3.3.3　设置模式 ·· 79
3.3.4　删除模式 ·· 79

任务 3.4　表创建及管理 ······························· 80
3.4.1　理解表和常规数据类型 ················ 80
3.4.2　表的创建 ·· 82
3.4.3　表的更改 ·· 86
3.4.4　管理完整性约束 ···························· 89
3.4.5　表的删除 ·· 96

任务 3.5　项目总结 ······································· 98

任务 3.6　项目评价 ······································· 99

任务 3.7　项目拓展训练 ····························· 100

项目 4　数据查询及管理 ·· 101

任务 4.1　视图创建及管理 ······················· 101
4.1.1　理解视图 ······································ 101
4.1.2　视图的创建 ·································· 102
4.1.3　视图数据的更新 ························· 103
4.1.4　视图的删除 ·································· 104

任务 4.2　数据的插入、删除和修改 ······· 104
4.2.1　数据的插入 ·································· 105
4.2.2　数据的修改 ·································· 108
4.2.3　掌握 WHERE 子句用法 ············· 109
4.2.4　数据的删除 ·································· 111

任务 4.3　数据的查询 ······························· 113
4.3.1　单表查询 ······································ 113
4.3.2　查询子句 ······································ 115
4.3.3　连接查询 ······································ 117
4.3.4　子查询 ·· 119

任务 4.4　索引使用及管理 ······················· 122
4.4.1　理解管理索引的准则 ·················· 122
4.4.2　索引的创建 ·································· 124
4.4.3　索引的删除 ·································· 126

任务 4.5　项目总结 ··································· 127

任务 4.6　项目评价 …………… 127
任务 4.7　项目拓展训练 …………… 128

项目 5　数据库事务及锁管理 …………………………………………… 130

任务 5.1　事务管理 …………………… 130
　5.1.1　认识事务及其特性 …………… 130
　5.1.2　事务的提交及回滚 …………… 132

任务 5.2　并发控制 …………………… 135
　5.2.1　事务锁定 …………………… 135
　5.2.2　事务隔离级别 ……………… 138

任务 5.3　DM 数据库中事务的其他应用 …………………… 140
　5.3.1　事务锁等待及死锁检测 ……… 140
　5.3.2　通过闪回技术恢复数据 ……… 141

任务 5.4　项目总结 …………………… 141

任务 5.5　项目评价 …………………… 142

任务 5.6　项目拓展训练 ……………… 143

项目 6　数据库程序设计 ……………………………………………………… 145

任务 6.1　掌握数据类型与操作符 …… 145
　6.1.1　%TYPE 和%ROWTYPE ……… 145
　6.1.2　记录类型 …………………… 146
　6.1.3　数组类型 …………………… 147
　6.1.4　集合类型 …………………… 148
　6.1.5　操作符 ……………………… 150

任务 6.2　掌握常用的系统函数 ……… 151
　6.2.1　数值函数 …………………… 151
　6.2.2　字符串函数 ………………… 152
　6.2.3　日期时间函数 ……………… 154
　6.2.4　空值判断函数 ……………… 156
　6.2.5　类型转换函数 ……………… 156

任务 6.3　存储过程的定义及管理 …… 157
　6.3.1　定义存储过程 ……………… 157
　6.3.2　调用存储过程 ……………… 159
　6.3.3　删除存储过程 ……………… 159

任务 6.4　存储函数的定义及管理 …… 159
　6.4.1　定义存储函数 ……………… 159
　6.4.2　调用存储函数 ……………… 161

　6.4.3　删除存储函数 ……………… 161

任务 6.5　触发器设置及管理 ………… 162
　6.5.1　触发器的使用 ……………… 162
　6.5.2　表级触发器 ………………… 162
　6.5.3　事件触发器 ………………… 163
　6.5.4　时间触发器 ………………… 164

任务 6.6　掌握 DMSQL 程序中的控制结构 …………………… 165
　6.6.1　语句块 ……………………… 165
　6.6.2　分支结构 …………………… 166
　6.6.3　循环控制结构 ……………… 167
　6.6.4　顺序结构 …………………… 171
　6.6.5　其他语句 …………………… 171

任务 6.7　游标的使用 ………………… 173
　6.7.1　静态游标 …………………… 173
　6.7.2　动态游标 …………………… 176
　6.7.3　游标变量（引用游标）……… 176
　6.7.4　使用游标 FOR 循环 ………… 177

任务 6.8　项目总结 …………………… 177

| 任务 6.9　项目评价 …………………… 178 | 任务 6.10　项目拓展训练 …………… 179 |

项目 7　数据库安全管理 …………………………………………………………… 181

任务 7.1　用户管理 ……………………… 181
　7.1.1　数据库的用户管理 ……………… 181
　7.1.2　创建用户 ……………………… 183
　7.1.3　修改用户 ……………………… 185
　7.1.4　删除用户 ……………………… 186

任务 7.2　理解数据库中的权限 ………… 188
　7.2.1　数据库权限 ……………………… 188
　7.2.2　对象权限 ……………………… 189

任务 7.3　角色管理 ……………………… 190
　7.3.1　理解角色 ……………………… 190
　7.3.2　角色的创建与删除 ……………… 192

　7.3.3　角色及权限管理 ………………… 193
　7.3.4　角色的启用与禁用 ……………… 197

任务 7.4　审计管理 ……………………… 198
　7.4.1　审计概述 ……………………… 198
　7.4.2　审计开关配置 …………………… 198
　7.4.3　各审计级别设置 ………………… 199
　7.4.4　审计实时侵害检测 ……………… 203
　7.4.5　审计信息审阅 …………………… 205

任务 7.5　项目总结 ……………………… 207
任务 7.6　项目评价 ……………………… 207
任务 7.7　项目拓展训练 ………………… 208

项目 8　数据库系统运行维护 ……………………………………………………… 211

任务 8.1　数据备份与还原 ……………… 211
　8.1.1　理解数据备份与还原 …………… 211
　8.1.2　数据备份 ……………………… 212
　8.1.3　数据还原 ……………………… 218

任务 8.2　作业系统管理 ………………… 220
　8.2.1　认识 DM8 作业系统 …………… 220

　8.2.2　作业的创建、修改与删除 ……… 221

任务 8.3　项目总结 ……………………… 224
任务 8.4　项目评价 ……………………… 224
任务 8.5　项目拓展训练 ………………… 225

项目 9　基于 DM8 的 Web 应用开发案例 ………………………………………… 226

任务 9.1　系统需求分析及设计 ………… 226
　9.1.1　系统需求分析 …………………… 226
　9.1.2　系统设计 ……………………… 228

任务 9.2　服务端系统接口开发 ………… 229
　9.2.1　创建项目 ……………………… 229

　9.2.2　业务逻辑设计 …………………… 233
　9.2.3　数据库连接 ……………………… 234

任务 9.3　前端设计及开发 ……………… 237
　9.3.1　创建前端项目 …………………… 237
　9.3.2　组件安装及配置 ………………… 239

9.3.3 获取服务端数据并渲染 ·············· 245

任务 9.4 系统部署及运行 ············ 248
9.4.1 系统部署 ························ 248
9.4.2 系统运行 ························ 250

任务 9.5 项目总结 ························ 251

任务 9.6 项目评价 ························ 251

任务 9.7 项目拓展训练 ···················· 252

参考文献 ························ 253

项目 1　数据库知识准备

【项目导入】

人类社会已经进入数据爆炸的时代，人们无时无刻不在与数据打交道，如银行账户的数据、手机通信数据、交通出行数据、购物记录数据等。这些数据大多存储在各类数据库中，为了更好地管理这些数据，数据库技术也在不断发展当中。数据库技术主要研究如何科学地组织数据和存储数据，如何高效地检索数据和处理数据，以及如何既减少数据冗余，又能保证数据安全，实现数据共享。数据库技术就是对数据进行存储、管理和利用的技术，也是计算机科学技术中应用最广泛的技术之一。

小达是重电云高科制造有限公司的实习生，目前正在熟悉公司的数据管理工作。公司使用的是达梦数据库系列产品，主要应用在工业核心智能产线上。为了更好地掌握数据库设计和数据管理的技能，小达首先按照要求完成相应的任务，完成对数据库知识的准备，为后续工作的推进实施打下基础。

学习目标

知识目标	技能目标	素养目标
1. 了解数据、数据库、数据管理系统和数据库系统的概念 2. 理解 E-R 概念模型 3. 理解关系模式的规范化 4. 了解 SQL 及其分类 5. 了解当前主流数据库发展概况	1. 掌握 E-R 图绘制方法 2. 掌握 E-R 图转换为关系模型的方法 3. 掌握基本关系代数运算 4. 掌握关系数据模型规范化步骤	1. 培养对科学的钻研、探究意识 2. 具有精益求精的工匠精神 3. 具有科技自强的民族情怀

任务 1.1　认识数据库

【任务描述】

本任务主要是初步了解数据库的概念、特点、模型及发展历史，为进一步理解数据库打好基础。

【任务分析】

想要完成该任务，首先要较好地理解数据、信息、数据库、数据库管理系统、数据库系统的概念，并进一步理解它们之间的层次关系；接着理解数据模型的抽象层次；最后了解数据库的发展历史。

【任务实施】

1.1.1　了解数据库

1. 数据库相关基本概念

学习任何一门技术，了解相关的基本概念有助于后续的学习和任务的实施。在数据库中也有一些重要的基本概念，下面将介绍它们。

1.1.1
了解数据库——
数据库相关基本概念

(1) 数据

数据（Data）是数据库的组成部分，也是数据库中存储的基本对象。从对名称的直观感受来说，容易认为数据就是数字。早期的计算机系统主要用于科学计算，其处理的数据确实是数值类型的数据。但数字仅为数据中最简单的形式，认为数据就是数字是对数据的狭义理解。随着计算机技术的发展，计算机的应用范围已十分广泛，因此数据种类也更加丰富，如符号、文本、图形、图像、音频、语音、视频等都是数据。例如"S161208、张童、女、16、云计算"就是一组数据，又如人脸识别系统中的照片也是数据。

可以将数据定义为：数据是描述事物的可鉴别的符号记录，是可以经过数字化后保存在计算机中并被计算机程序处理的符号介质的总称。

(2) 信息

信息（Information）是客观存在的自然界、人类社会和人类思维活动中普遍存在的一切物质和事物的属性。信息论的创始人香农（C. E. Shannon）认为：信息是能够用来消除不确定性的东西。比如通知让人们明确了某项工作的安排，地图让人们明确了到达目的地的线路。信息管理专家霍顿（F. W. Horton）给信息下的定义："信息是为了满足用户决策的需要而经过加工处理的数据。"即信息是经过加工的数据，或者说，信息是数据处理的结果。

综合来说，信息是经过加工的，抽象反映各种事物的存在方式、运动状态以及事物之间联系的数据。人类有意识地对信息进行采集并加工、传递，从而形成了各种消息、情报、指令、数据及信号等。

数据与信息有着不可分割的联系。数据是信息的符号表示，信息则是对数据的语义解释。如前述例子中数据（张童，云计算）在缺乏语义的情况下，可解释为"张童"是"云计算"系的老师，也可解释为"张童"选修"云计算"课程，这样就很难确定其要传递的信息。只有当给这些符号赋予特定语义后，它们才能转换为可传递的信息，如学生"张童"属于"云计算"系，这样就具有了传递信息的功能。可以用下式简单地表示信息与数据的关系：

$$信息=数据+语义$$

(3) 数据库

数据库（Database，DB），顾名思义，是存储数据的"仓库"，是长期存储在计算机内、有组织的、可共享的大量数据和数据对象（如表、视图、存储函数、存储过程和触发器等）的集合。这种集合按一定的数据模型（或结构）组织、描述并长期存储，具有较小的数据冗余、较高的数据独立性和易扩展性，同时能以安全和可靠的方法进行数据的检索与存储。

(4) 数据库管理系统

数据库管理系统（Database Management System，DBMS）是位于用户与操作系统（Operating System，OS）之间为用户或应用程序提供访问数据库的方法，包括数据库的创建、查询、更新及各种数据控制的一种数据管理软件。

它是基于硬件与软件，用于定义、建立、操纵、控制、管理和使用数据库的系统。

数据库管理系统是一个非常复杂的大型系统软件，也是数据库系统的核心。常见的 DBMS 有达梦、MySQL、SQL Server 等。

DBMS 的主要功能包括以下几个方面。

1) 数据定义。DBMS 提供数据定义语言（Data Definition Language，DDL），可以方便地对数据库中的数据对象进行定义。例如，建立、删除和修改数据库，为保证数据库安全而定义用户口令和存取权限，为保证正确语义而定义完整性规则等。

2) 数据操纵。DBMS 还提供数据操纵语言（Data Manipulation Language，DML），用户可

以使用 DML 操纵数据以实现对数据库的基本操作，包括检索查询、插入、删除和修改等。

3）数据库的运行管理。对数据库的运行进行管理是 DBMS 运行的核心部分。数据库在创建、运用和维护时由 DBMS 统一管理、统一控制，以保证数据的安全性、完整性，多用户对数据的并发使用，以及发生故障后的系统恢复。

4）数据库的创建和维护。它包括数据库初始数据的输入、转换，数据库的转储、恢复，数据库的组织和性能监视、分析等。这些功能通常由 DBMS 的一些实用的程序完成。

（5）数据库系统

数据库系统（Database System，DBS）是指在计算机系统中引入数据库后构成的系统的总称。它主要由数据库、计算机硬件系统、计算机软件系统和数据库使用人员等部分组成，如图 1-1 所示。在不引起混淆的情况下，常把数据库系统简称为数据库。

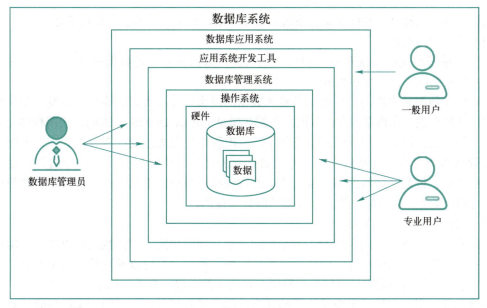

图 1-1　数据库系统的组成

数据库：数据库是数据的汇集场所，它以一定的组织形式保存在存储介质上。

计算机硬件系统：构成计算机系统的各种物理设备，如内存、存储设备、计算单元、输入输出设备等。它是数据库系统运行的保障。

计算机软件系统：包括操作系统、数据库管理系统、应用系统开发工具、数据库应用系统等。

数据库使用人员：主要包括系统分析人员、数据库设计人员、编程人员等专业用户，以及数据库管理员和一般用户等。数据库管理员（Database Administrator，DBA）负责整个数据库系统的正常运行，其职责包括数据库管理、运行维护、优化等。

2. 数据库系统的特点

数据库系统提高了数据的管理水平，相较传统的人工管理阶段和文件系统阶段（详见 1.1.2 节），数据库系统具有数据结构化、独立性高、共享性高、冗余度低、统一管理和控制，以及数据库易于扩充等特性。

（1）数据结构化

在文件系统中，相互独立的文件的记录内部是有结构的，但从整体上来看，数据是无结构的，即不同文件中的记录之间没有联系。数据库系统不仅考虑数据项之间的联系，还要考虑记录之间的联系。例如，在学生选课情况的管理中，一个学生可以选修多门课，一门课可被多个学生选修。可用三种记录（学生的基本情况、课程的基本情况以及选课的基本情况）之间的联系来进行这种管理，如图1-2所示。

图1-2 学生选课的数据关系

数据结构化是数据库系统和文件系统的根本区别，也是数据库的主要特征之一。

（2）数据独立性高

数据库系统比文件系统有较高的数据独立性。数据独立性是数据库领域中一个常用的术语，包括数据的物理独立性和数据的逻辑独立性。

数据库的数据独立性高，体现在当整体数据的逻辑结构或数据的物理结构发生变化时，应用不变。具体来说，在物理独立性方面，数据在磁盘上是由DBMS管理的，应用程序无须关注物理存储的变化，即使物理存储发生变化了，应用程序也无须改变；在逻辑独立性方面，应用程序与数据库的逻辑结构是独立的，即使数据库的逻辑结构发生变化了，应用程序也可以不变。数据的独立性是通过数据库系统在数据的物理结构与整体数据的逻辑结构、整体数据的逻辑结构与用户的数据的逻辑结构之间提供的映像实现的。

（3）数据共享性高、冗余度低

数据库中的数据是面向系统的，不是面向某个具体应用的，因此数据可以被多个用户、多个应用共享使用。不同用户可以同时存取数据库中的数据，也可以通过接口使用数据库，并提供数据共享，如使用微信账号可以登录腾讯公司旗下的会议、音乐、邮箱等多个应用。

数据实现共享，自然就减少了数据的冗余。如前述的例子，使用同一套账号验证系统避免了各应用重复构建账号验证系统带来的数据冗余，节省了存储空间、运行维护成本等。

（4）数据的统一管理和控制

数据库共享允许多个用户同时存取数据库中的数据，甚至是同一数据库中的同一数据。故为保证数据库的可靠性及可用性，在数据库管理系统中必须提供以下数据控制功能。

1）数据安全性保护。

因为数据库的数据是可共享的，所以数据库系统应能保证数据库中的数据是安全和可靠的。它的安全控制机制应有效地防止数据库中的数据被非法使用、破坏或者泄露。所有用户按照特定的权限对数据进行使用和修改。

2）数据的完整性检查。

数据的完整性检查是指检查数据的正确性、有效性和相容性。它是指存储到数据库中的数据必须符合有效的范围要求，保证数据间满足一定的关系。如果有不符合约束的数据要存储到数据库中，则数据库管理系统应能主动拒绝这些数据，以保证数据的完整性。

3）并发控制。

并发控制是指，在多个用户或者进程同时对数据库进行操作时，可能会因发生相互干扰而得到错误的结果，或者使数据库的完整性遭到破坏，数据库管理系统需要对并发操作加以控制和协调。

4）数据库恢复。

当数据遭到破坏时（由计算机系统的软件或硬件故障、操作人员的失误引起的），通过数据库管理系统的备份和恢复机制可以保证很快地将数据库恢复到正确的状态，并使数据不丢失或丢失很少，从而保证系统能够连续、可靠运行。这就是数据库的恢复功能。

（5）数据库易于扩充

数据库具备易于扩充的特性。数据库的数据面向整个系统，数据具有共享性，容易增加新的应用，数据库弹性需求大。常用的数据库扩充方案有数据库扩容、分库、分表等。

3. 数据模型

对于模型，在生活中经常可见，如游乐场地图、建筑物沙盘模型、运载火箭模型等都是具体的模型。通过模型，可以更好地联想、理解现实生活中的事物。而计算机中的模型是对事物、对象、过程等客观系统中内容的模拟和抽象表达，是理解系统的思维工具。数据模型（Data Model）也是一种模型，它是对现实世界数据特征的抽象和对客观事物及其联系的数据描述。数据模型主要分为概念模型、逻辑模型和物理模型三类。图1-3是将现实世界转变为机器能够识别的模型的过程。

1.1.1 了解数据库—数据模型

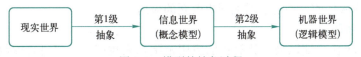

图1-3　模型的抽象过程

（1）概念模型

概念模型从数据的应用语义角度来抽取现实世界中有价值的数据，是对现实世界的事物及其联系的第一级抽象，并按用户的观点对数据进行建模。这类模型不依赖于具体的计算机系统，与具体的数据库管理系统无关，也与具体的实现方式无关。因此，概念模型属于信息世界中的模型，不是一个 DBMS 支持的数据模型，而是概念级模型。概念模型主要用在数据库的设计阶段，它是数据库设计的有力工具，是数据库设计人员和用户之间进行交流的工具。

（2）逻辑模型

逻辑模型是属于计算机世界的模型，这一类模型是按计算机系统的观点对数据建模，是对现实世界的第二级抽象。任何一个 DBMS 都是根据某种逻辑模型设计出来的，即数据库是按 DBMS 规定的数据模型组织和建立起来的。因此，逻辑模型有严格的形式化定义，主要用于 DBMS 的实现的模型。应用在数据库系统中的主要逻辑模型包括层次模型、网状模型、关系模型和面向对象模型4种。

从概念模型到逻辑模型的转换可以由数据库设计人员完成，也可以用数据设计工具协助设计人员完成。本书中作为项目实现基础的 DM8 就属于关系模型（将在任务1.2中讲解）数据库。

（3）物理模型

物理模型是对数据底层的抽象，它描述数据在存储设备上的存储方式和存取方法，是面向计算机系统的。从逻辑模型到物理模型的转换一般是由 DBMS 自动完成的。

1.1.2　了解数据库的发展历史

通过上一节中对数据库的基本概念、特点和数据模型的介绍，对数据库有了初步的了解。下面将对数据库的发展历史进行介绍。

1. 人工管理阶段

在计算机出现之前，人们利用大脑对数据信息进行记忆和使用，通过纸张对数据信息进行记录和存储，采用算盘对数据信息进行计算。20 世纪 50 年代中期，计算机主要被应用于科学计算，对于数据的存储而言，当时只有纸带、卡片及磁带等外部硬件存储设备，没有对数据进行直接存取的存储设备，也没有对数据进行管理的软件。对数据进行处理的方式是批处理。

在人工管理阶段，计算机主要应用于科学计算，数据一般不需要进行长期存储，且没有软件对数据进行数据管理工作。数据面向应用程序，应用程序使用数据信息时需要自己规定数据的逻辑结构和物理结构，当数据的逻辑结构或物理结构发生变化时，必须对应用程序进行适应性修改，不同的应用程序对数据信息进行操作时必须对其单独进行定义。

2. 文件系统阶段

从 20 世纪 50 年代后期到 20 世纪 60 年代中期，在数据存储方面，出现了磁盘、磁鼓等可以直接存储数据的硬件设备，操作系统中也出现了对数据进行专门管理的软件，即文件系统，对数据进行处理的方式不仅有批处理，还有联机实时处理。

在文件系统阶段，计算机从专门用于科学计算演变为可以大量地对数据进行处理，进而对数据进行长期保存，方便进行管理应用，文件系统将数据组织成为相对独立的数据文件，然后对相互独立的文件进行存取。但在文件系统中，一个（一组）文件的逻辑结构和物理结构是针对具体的应用程序服务的，不易于增加或更改新的应用。

3. 数据库系统阶段

20 世纪 60 年代后期以来，计算机的应用范围越来越广，计算机管理数据的规模越来越大，在这样的情况下，文件系统已经不足以管理多应用、多数据量的用户需求。为了满足多用户、多应用共享共用数据的需求，数据库系统应运而生。IBM 公司于 1968 年研制成功的信息管理系统（Information Management System，IMS）标志着数据管理技术进入了数据库系统阶段。20 世纪 70 年代以来，数据库技术快速发展，得到了广泛的应用，已成为计算机科学技术的一个重要分支。

在数据库系统阶段，有专门的数据库管理系统对数据进行管理和维护。此时，数据不再针对具体的应用程序，而是面向整个系统，应用程序和数据之间由数据库管理系统提供的方法或接口进行交互，所以应用程序和数据都具备独立性。此时的数据共享性比较好，可以在多个应用程序之间共享数据，不同的应用程序可以运用相同的数据信息。而且，此阶段提供了相应的数据库设计规范，使得数据的冗余度比较低。

在此阶段，特别是关系数据库（详见任务 1.2）的出现，使得数据能够以一种二维表格的形式进行展现，大大简化了数据的存储与展现模型。例如达梦 DM 系列产品、MySQL、SQL Server 等都是关系数据库的代表产品。

除了关系数据库以外，在数据库系统阶段还出现了很多非关系数据库，如 Key-Value 型数据库 Memcached、Redis 和文档型数据库 MongoDB 等。

4. 新一代数据库技术的研究和发展

随着云计算、人工智能、大数据技术的发展，产生了各类新的业务需求，数据库技术与多学科技术的有机结合是当前数据库发展的重要特征。云数据库、面向对象数据库、数据挖掘等是当前研究与应用的热门方向。

（1）云计算与大数据

大数据，也称为海量数据、巨量数据，指的是在一定时间内无法通过人工进行处理的规模巨大的、错综复杂的数据。云计算属于"分布式"计算的一种，将数据的处理程序分解成无数个小程序，然后通过服务器系统进行处理和分析，最后得到结果并返回给用户。云计算和大数据是相辅相成的关系，从应用角度来讲，大数据离不开云计算，因为大规模的数据运算需要很多计算资源;大数据是云计算的应用案例之一,云计算是大数据的实现工具之一。大数据指的是一种移动互联网和物联网背景下的应用场景,各种应用产生的巨量数据,需要处理和分析,挖掘有价值的信息;云计算指的是一种技术解决方案,就是利用这种技术可以解决计算、存储、数据库等一系列IT基础设施的按需构建的问题。

(2)分布式数据库系统

分布式数据库系统包含分布式数据库管理系统和分布式数据库。分布式数据库系统追求数据的独立性,应用程序对数据库中的数据进行透明操作,但是数据库中的数据分布于各个局部数据库,通过不同的数据库管理系统进行管理。不同的局部数据库可能运行在不同的机器、不同的操作系统上,并通过不同的网络连接在一起。也就是说,一个分布式数据库在逻辑层面上是一个统一的整体,但在物理层面上却是分别存储在不同的物理节点上。

(3)面向对象数据库系统

面向对象数据库系统的主要特点是具有面向对象技术的封装性和继承性,提高了软件的可重用性。面向对象数据库管理系统包括了关系数据库管理系统的全部功能,只是在面向对象环境中增加了一些新内容,其中有一些是关系数据库管理系统所没有的。面向对象数据库强调高级程序设计语言与数据库的无缝连接。无缝连接即假设不使用数据库,而使用某种编程语言编写一个程序,可以基本不经任何改动地将它作用于数据库,即可以用编程语言透明访问数据库,就好像数据库根本不存在一样。

(4)数据仓库

数据仓库(Data Warehouse,DW)并不是单纯存放数据的"大型数据库",而是在已经大量存在数据库的情况下,为了进一步对数据资源进行挖掘和决策需要而产生的。数据仓库研究和解决的是从数据库中获取信息的问题。数据仓库主要是为决策分析提供数据,所涉及的操作主要是数据的查询,其特点在于面向主题、集成性、稳定性和时变性。

(5)数据挖掘

数据挖掘(Data Mining,DM)又称数据库中的知识发现(Knowledge Discover in Database,KDD),是目前人工智能和数据库领域研究的热点问题。数据挖掘是指从大量的数据中通过算法搜索隐藏于其中信息的过程,通过对数据进行分析处理,将大量的数据转换成有用的信息和知识,获取的有效信息和知识不仅可以用于各种应用,也能帮助决策者制定正确的决策策略。数据挖掘主要有数据准备、规律寻找和规律表示三个步骤。

【任务考评】

考评点	完成情况	评价简述
数据、数据库、数据库管理系统、数据库系统的概念及它们之间的关系	□完成 □未完成	
数据库特点	□完成 □未完成	
数据模型	□完成 □未完成	
数据库发展历史	□完成 □未完成	

任务1.2 理解关系数据库

【任务描述】

在前面的任务中,了解了数据模型,包括概念模型、逻辑模型、物理模型。本任务通过理解E-R模型(概念模型)、关系模型(逻辑模型)、关系完整性、基本关系代数运算及关系模式规范化等，进而理解关系数据库，为后续项目的实施奠定基础。

【任务分析】

该任务是本项目的核心任务。E-R 模型和关系模型是后续项目实施过程中的数据模型基础，是任务的重点；关系代数运算和关系模式规范化是该任务的难点。完成该任务需要掌握 E-R 图绘制方法、基本关系代数运算、关系模式规范化步骤。

【任务实施】

1.2.1 E-R 概念模型

在 1.1.1 节介绍过，概念模型是对现实世界的事物及其联系的第一级抽象，表示方法有很多，其中最著名的、最常用的是华裔科学家陈品山（Peter Pin-Shan Chen）于 1976 年提出的实体-联系方法（Entity-Relationship Approach）。该方法简称 E-R 方法，也称为 E-R 概念模型（简称 E-R 模型）。该模型使用实体-联系图（E-R 图）来描述现实世界，是目前仍广泛使用的描述现实世界概念结构模型的有效方法。

1.2.1 E-R 概念模型

1. E-R 模型中的基本概念

E-R 图是抽象描述现实世界的有力工具。构成 E-R 图的 3 个基本要素是实体、属性和联系。

（1）实体（Entity）

实体是客观存在并可相互区分的事物。实体可以指实际的对象，也可以指抽象的对象。例如产品、部门、雇员、订单、评价等都是实体。

（2）属性（Attribute）

属性是实体所具有的特性，属性对实体进行刻画，实体由属性组成。每一特性都称为实体的属性，例如职工的工号、部门号、姓名、性别、出生年月等都是职工的属性。如"20220010、1001、张童、女、2001-01-01"这些属性的组合刻画了张童这位员工。属性越多，刻画得越清晰，但并不是属性越多越好，应根据实际业务的需求来选择恰当的属性。

（3）联系（Relationship）

联系也称关系，是现实世界中事物内部或者事物之间的关联。E-R 模型中的联系也有两种：一种是实体内部的联系，即实体中属性之间的联系；另一种是实体与实体之间的联系。

实体间的联系是错综复杂的，但就两个实体的联系来说，有以下 3 种情况。

1) 一对一联系（1∶1）。如果实体 A 中的每个实例在实体 B 中至多有一个（也可以没有）实例与之关联，反之亦然，则称实体 A 与实体 B 具有一对一联系，记作 1∶1。

【案例 1-1】 某高科技制造企业一个部门只允许有一个经理，一个经理只允许担任一个部门的经理，请分析经理和部门的联系。

部门和经理之间的联系是经理管理部门；而根据要求，一个部门只有一个经理，且一个经理只能担任一个部门的经理，所以部门和经理是一对一的联系，其 E-R 图如图 1-4 所示。

图 1-4 一对一联系

【知识拓展】

图 1-4 中的实体用矩形标识，实体间的联系"管理"用菱形标识，实体和联系间使用无向边连接，无向边上方的数字表示联系的类型，如该案例中是一对一联系。E-R 图的具体绘制方法参见本节中"E-R 图的绘制"部分。

2)一对多联系(1∶n)。如果实体 A 中的每个实例在实体 B 中有 n 个实例(n≥0)与之关联,而实体 B 中的每个实例在实体 A 中最多只有一个实例与之关联,则称实体 A 与实体 B 是一对多联系,记作 1∶n。

【案例 1-2】 某高科技制造企业的一个部门有若干职工,而一个职工只允许在一个部门工作,请分析部门和职工的联系。

部门和职工之间的联系是职工属于部门;根据要求,一个部门有多个职工,所以职工端是 n 端,而一个职工只允许在一个部门工作,所以部门端为 1 端,则部门和职工之间是一对多联系,其 E-R 图如图 1-5 所示。

3)多对多联系(m∶n)。如果实体 A 中的每个实例在实体 B 中有 n 个实例(n≥0)与之关联,而实体 B 中的每个实例,在实体 A 中也有 m 个实例(m≥0)与之关联,则称实体 A 与实体 B 是多对多联系,记为 m∶n。

【案例 1-3】 某高科技制造企业的一个部门可以实施多个项目,而一个项目也可由多个部门共同实施,请分析部门和项目的联系。

部门和项目之间的联系是部门实施项目;根据要求,一个部门可以实施多个项目,所以项目端是 n 端;而一个项目也可由多个部门共同实施,所以部门端是 m 端。部门和项目之间是多对多的联系,其 E-R 图如图 1-6 所示。

图 1-5 一对多联系　　　　　　图 1-6 多对多联系

实际上,一对一联系是一对多联系的特例,而一对多联系又是多对多联系的特例。

2. E-R 图的绘制

E-R 图的绘制是为了建立客观世界的概念模型,刻画实体以及实体间的联系。所以,在绘制 E-R 图前,应确定实体、属性和联系三个基本要素。下面以某高科技制造企业的项目管理系统为例,说明 E-R 图的具体绘制步骤。

(1)确定现实系统所包含的实体

为更好地描述绘制步骤,这里将所涉及的实体简化为部门、职工、项目。

(2)确定每个实体的属性,并注明每个实体的码

对于部门实体,属性有部门号、部门名,其中部门号是码。

对于职工实体,属性有职工号、姓名、电话号码、年龄、籍贯,其中职工号是码。

对于项目实体,属性有项目号、项目名、项目开始时间,其中项目号是码。

【知识拓展】

码是能够唯一标识实体的一个属性或者属性的组合。

(3)确定实体之间可能存在的联系

在本案例中的实体之间有以下联系。

- 每个部门有多名职工,每个职工可以在一个部门工作,这里将职工与部门的联系定义为"属于",且部门与职工间是 1∶n 联系。
- 每个项目可以有多个部门实施,每个部门可以实施多个项目,这里将部门与项目之间的联系定义为"实施",且部门与项目间是 m∶n 联系。
- 每个职工可以参与多个项目,每个项目可以有多个职工参与,这里将职工与项目之间的联系定义为"参与",且职工与项目间是 m∶n 联系。

联系主要表明实体间的关系,在对其命名时常用动词。当用该动词连接两个实体时,通常能表达一个符合逻辑的比较完整的意思。例如,在案例中,"职工"属于"部门"、"部门"实施"项目"、"职工"参与"项目"都是符合逻辑的描述。这也可以作为判断实体间是否有联系和联系命名是否恰当的简单标准。

（4）确定每个联系可能存在的属性

联系之间可能存在属性来刻画联系的某些特性。如"参与"的联系,可以存在一个加入时间来描述职工参与项目的时间。

（5）绘制 E-R 图,建立概念模型

前面 4 个步骤已经确定了实体、属性和联系,最后按照 E-R 图绘制的规定进行绘制。

- 实体使用矩形标识,在框内写上实体名。
- 属性使用椭圆形标识,在框内写上属性的名称,并用下画线标注实体的码,用无向边将属性与其所属的实体或者联系连接。
- 联系使用菱形标识,在菱形内写上联系名,用无向边将联系与实体连接,并在无向边旁标注联系的类型。

本案例模型对应的 E-R 图如图 1-7 所示。

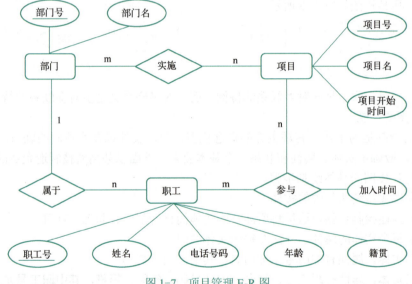

图 1-7　项目管理 E-R 图

1.2.2　关系模型及关系数据库

逻辑模型是计算机世界中的模型,这一类模型按计算机系统的观点对数据建模,是对现实世界的第二级抽象。关系模型是使用二维表格结构表示实体以及实体之间的联系的逻辑模型。

关系模型是逻辑模型中发展较晚的一种模型,由关系数据库之父——IBM 公司的研究员 E. F. Codd 于 1970 年首次提出。他在其发表的论文《大型共享数据库数据的关系模型》(A Relation Model of Data for Large Shared Data Banks) 中解释了关系模型,定义了某些关系代数运算,研究了数据的函数相关性,定义了关系的第三范式,从而开创了数据库的关系方法和数据规范化理论的研究。由于对数据库发展的贡献,他在 1981 年获得了 ACM 图灵奖。

在关系模型提出后,许多人把研究方向转到关系方法上,陆续出现了关系数据库系统,也就是数据按关系模型来组织的数据库。1977 年,IBM 公司研制的关系数据库的代表 System R

开始运行。20 世纪 80 年代以后，计算机厂商新推出的数据库管理系统几乎都支持关系模型，非关系数据库管理系统的产品也都加上了关系接口。目前，如达梦 DM8、MySQL、SQL Server、Oracle、DB2 等都是关系数据库的代表。关系数据库在管理结构化数据方面发展成熟、技术稳定，广泛应用在电子政务、电子商务、企业管理、社交平台、在线游戏等业务场景。

1.2.3 关系模型基本概念

为了更好地理解关系模型及便于后续项目的实施，有必要在此对关系模型的基本概念进行说明。下面以描述职工信息的职工表（见表 1-1）为例进行说明。

表 1-1　职工表

职工号	姓名	性别	电话号码	籍贯
03001	张童	女	023-1234567	江西
03223	李林	男	023-7654321	重庆
03561	王景	男	023-6666666	上海

（1）关系（Relation）

一个关系对应一张由行和列组成的二维表，每个关系都有一个关系名，即每个表都有一个表名。如表 1-1 所示的表名称为职工表。

（2）元组（Tuple）

元组也称记录，是二维表格中的一行，如职工表中包括 3 个元组。

（3）属性（Attribute）和属性值（Attribute Value）

二维表格中的一列即为一个属性，每一个属性的名称即属性名，各属性名称不能重复。如职工表中有五个属性（职工号，姓名，性别，电话号码，籍贯），而对应的（03001，张童，女，023-1234567，江西）为属性值，这些属性就组成了一个元组。

（4）域（Domain）

属性的取值范围称为域。域根据实际情况而定，如性别的域是{男，女}，某高级中学的入学年龄的域是大于 14 且小于 24 的整数。

（5）候选键（Candidate Key）

在一个关系中，如果一个属性或若干属性的组合，可唯一标识一个元组，且属性的组合中不包含多余的属性，则称该属性或属性的组合为候选键。候选键又可称为候选码，还可以简称为键或码。

一个关系中可有多个候选键。在最简单的情况下，候选键只包含一个属性。在极端的情况下，候选键由关系中的所有属性组成，此时称为全码。如职工表中职工号和电话号码（假设每个人都拥有独立的电话号码）可以唯一确定一个职工，为职工关系的候选键。

（6）主键（Primary Key）

用户从候选键中选择一个来标识元组，则这个候选键成为主键。例如，用户从职工表中选定职工号来标识元组，则职工号称为职工关系的主键。主键也可以称为主码，一个关系上只能有一个主键。

（7）主属性（Prime Attribute）

包含在主键中的各个属性称为主属性。

（8）非主属性（Non-Prime Attribute）

不包含在任何候选键中的属性称为非主属性（或非码属性）。例如，职工表中的姓名、性别、籍贯都是非主属性。

（9）关系模式（Relation Mode）

关系模式是对关系的信息结构和语义限制的描述。一般表示为：关系名（属性 1，属性 2，…，属性 n），其中属性 1 是关系的主键。如职工关系 S 的关系模式可表示为：职工（职工号，姓名，性别，电话号码，籍贯）。

需要注意区分关系模式和关系的区别与联系。

1）关系模式是关系的"型"，是关系的框架结构。一般来说，关系模式是相对稳定的、静态的，且不随时间变化的。

2）关系是二维表格，是对"型"和"值"的综合描述。关系的值会随着对关系的操作而发生变化，如职工表会因为职工的入职、离职发生变化，即"值"发生了变化；但关系的"型"，即二维表结构，未发生变化。

（10）外键（Foreign Key）

一个关系的某个属性（或者属性的组合）虽不是该关系的键（或者只是键的一部分），但却是另一个关系的键，则称这样的属性为该关系的外键。外键是表与表联系的纽带，表现了表与表之间的联系。例如，对于表 1-1～表 1-3，表 1-3 中的主键是（职工号，项目号），其中职工号既是主键的一部分，又是表 1-1 的主键；项目号既是主键的一部分，又是表 1-2 的主键。所以表 1-3 中有职工号、项目号两个外键。这两个外键表明了"参与"的联系，如 03001 号职工于 2022 年 2 月 20 日加入了 1001001 项目；通过职工表可知 03001 号职工是张童，通过项目表可知 1001001 项目是某电力企业项目。

表 1-2 项目表

项目号	项目名	项目开始时间
1001001	某电力企业项目	2022-01-10
3001001	某能源企业项目	2021-11-20

表 1-3 参与表

职工号	项目号	加入时间
03001	1001001	2022-02-20
03223	1001001	2022-03-15

（11）主表（Parent Table）和从表（Child Table）

主表和从表主要是描述通过外键相关联的两个表的关系，包含外部键所引用的主键或唯一键的表称为主表，包含外部键的表称为从表。如对于表 1-1 和表 1-3，表 1-1 是主表，表 1-3 是从表；对于表 1-2 和表 1-3，表 1-2 是主表，表 1-3 是从表。

1.2.4 将 E-R 图转换为关系模式

设计好 E-R 模型后可以方便地将其转换为关系模式，进而可以根据关系模式来设计表。将 E-R 图转换为关系模式，遵循下面三个原则：每个实体转换为一个关系模式、每个联系也转换为一个关系模式、具有相同键的关系模式可以合并。

1.2.4 将 E-R 图转换为关系模式

【案例 1-4】按照将 E-R 图转换为关系模式的三个原则，将图 1-7 的 E-R 图转换为关系模式。

（1）每个实体转换为一个关系模式

在转换时，每个实体转换为一个关系模式，实体的属性转换为关系模式的属性，实体的键转换为关系模式的键。按照这个原则，将得到三个关系模式。

- 部门（<u>部门号</u>，部门名）
- 项目（<u>项目号</u>，项目名，项目开始时间）
- 职工（<u>职工号</u>，姓名，电话号码，年龄，籍贯）

（2）每个联系也转换为一个关系模式

在转换时，与联系相连的各个实体的键、联系自身的属性统称为联系的属性；根据联系类型的不同，对关系的键规定如下。

1）对于 1∶1 联系，每个实体的键均是该联系关系的候选键。

图 1-7 的 E-R 图中未包含 1∶1 联系，故在此引入图 1-8。

图 1-8　经理与部门的 1∶1 联系

这里的经理实体的属性简化为经理号、姓名，主键是经理号，故该联系转换为关系模式：管理（<u>经理号</u>，部门号）或管理（<u>部门号</u>，经理号）。

2）对于 1∶n 联系，关系的键是 n 端实体的键。

将图 1-7 中 E-R 图的 1∶n 联系转换为关系模式：属于（<u>职工号</u>，部门号）。

3）对于 m∶n 联系，关系的键是诸实体的键的组合。

将图 1-7 中 E-R 图的 m∶n 联系转换为关系模式：参与（<u>职工号</u>，<u>项目号</u>，加入时间）、实施（<u>部门号</u>，<u>项目号</u>）。

（3）具有相同键的关系模式可以合并

通过前面的转换，获得了 7 个关系模式。虽然这些转换都是正确的，但是可能有些关系模式可以通过优化来简化逻辑关系，如部门关系模式的属性有部门号和部门名，管理关系模式的属性为部门号和经理号，共有四个属性。这两个关系模式的主键都是部门号，也就是可以通过部门号分别确认两个关系的非主属性部门名和经理号，那么将两个关系模式合并，则关系模式转换为：部门（<u>部门号</u>，部门名，经理号）。

这样就简化了关系模式的个数和属性的个数。同样，职工和属于关系模式也可以简化为：职工（<u>职工号</u>，姓名，电话号码，年龄，籍贯，部门号）。

将描述 E-R 逻辑模型的 E-R 图转换为关系数据模型，实现了信息世界到机器世界的第二级抽象。

1.2.5　关系完整性规则

规则是与社会、生产的存在、形成发展同步的，两者是共生的、相互促进的。遵循这种社会通用的规则能够降低社会运行成本、促进社会发展。关系完整性规则也是数据科学家经过深入研究、总结得来的经验，是对关系的限制和规定。通过这些规则的约束，可以保证数据库中数据的合理性、正确性及一致性。关系完整性包括实体完整性、参照完整性和域完整性。

1. 实体完整性（Entity Integrity）

实体完整性是指，在关系的任何一个元组中，主键的值不能为空或部分为空。其意义在于现实世界中的实体是可区分的，即它们具有某种唯一性标识。如果没有这样的唯一性标识，则认为这样的实体不存在。

例如，职工关系中的属性"职工号"可以唯一标识一个元组，也可以唯一标识职工实体。如果主键职工号为空，则不能唯一标识元组及与其相对应的实体，存在不可区分的实体，从而与现实世界中的实体是可以区分的事实相矛盾。

2. 参照完整性（Referential Integrity）

参照完整性也可称为引用完整性，是指要求"不引用不存在的实体"。也就是说，对于关系的外键，引用的另外一个关系中对应的主键是存在的，即只能引用另外一个关系中确实存在的元组。

比如在表 1-3 中,外键职工号 03001 在表 1-1 所示职工表中必须有对应的主键为 03001 的元组。

3. 域完整性(Domain Integrity)

域完整性也称为用户自定义完整性,是用户根据实际情况制定的针对某一属性的具体约束条件,它反映了某一具体应用所涉及的数据必须满足的语义要求。例如,性别数据只能是男或女,职工表中的年龄必须大于或等于 18,项目工期必须大于 0 等。

1.2.6 基本关系代数运算

关系代数是一种抽象的查询语言,是关系数据操纵语言的一种传统表达方式,是由关系的运算来表达查询的。它是由 IBM 公司在一个实验性的系统上实现的一种语言,称为 ISBL(Information System Base Language)。ISBL 的每条语句都类似于一个关系代数表达式。

1. 选择

选择运算是单目运算,它根据一定的条件从关系中选择元组,组成一个新关系。选择运算的记号为 $\sigma_F(R)$,其中,σ 是选择运算符;下标 F 是条件表达式,它是由运算对象(属性名、常数、简单函数)、算术比较运算符($>$、$\geq$、$<$、$\leq$、$=$、$\neq$)和逻辑运算符 $\wedge$(与)、$\vee$(或)、$\neg$(非)连接起来的逻辑表达式,结果为逻辑值"真"或"假";R 是被操作的关系(表)。

【案例 1-5】 从表 1-4 的职工表中找出性别为"男"且籍贯为山东的职工,形成一个新表。

表 1-4 职工表

职工号	姓名	性别	电话号码	籍贯
03589	徐六	女	023-6543210	安徽
03596	梁一	男	023-1111111	重庆
03632	刘思	女	023-3913901	重庆
03678	李厚	男	023-2626262	山东
03691	梁花	男	023-2626123	山东

根据要求,运算式为 σ_F(职工表),其中 F 为性别="男"$\wedge$籍贯="山东"。该选择运算的结果见表 1-5。

表 1-5 选择运算结果

职工号	姓名	性别	电话号码	籍贯
03678	李厚	男	023-2626262	山东
03691	梁花	男	023-2626123	山东

2. 投影

投影运算也是单目运算,该运算是从关系中选择出若干属性列,组成新的关系,即对关系在垂直方向从左到右按照指定的若干属性及顺序取出相应列,并删去重复元组。投影运算的记号为 $\Pi_A(R)$,其中,Π 是投影运算符;下标 A 是属性名(列名);R 是被操作的关系(表)。

【案例 1-6】 以表 1-4 的职工表为基础,对"性别"和"籍贯"进行投影运算。

根据要求,运算式为 $\Pi_{性别,籍贯}$(职工表)。该运算将得到表 1-6 所示的表。因为李厚和梁花的性别都是男且

表 1-6 投影运算结果

性别	籍贯
女	安徽
男	重庆
女	重庆
男	山东

籍贯都是山东，所以投影后删除了重复的元组。

3. 连接

（1）交叉连接

交叉连接又称为笛卡儿连接，假设有表 A 和表 B，表 A 交叉连接表 B 记为 A×B。具体的运算是依次将左表 A 中每一行的属性与右表 B 中每一行的属性组合，每组合一次，得到的属性的集合即形成新的一行。对 A、B 两个表进行交叉连接，形成的结果集的行数是 A 表行数和 B 表行数的乘积。

【案例 1-7】 对图 1-9 中的表 A 和表 B 进行交叉连接。

按照要求，对表 A 和表 B 进行交叉连接，运算结果如图 1-9 所示。

A			B			A×B				
A1	A2		B1	B2	B3	A1	A2	B1	B2	B3
1	A		1	N	Q	1	A	1	N	Q
2	C		2	P	O	1	A	2	P	O
3	E					2	C	1	N	Q
						2	C	2	P	O
						3	E	1	N	Q
						3	E	2	P	O

图 1-9 交叉连接示例

（2）内连接

1）条件连接。

条件连接是对两个表按照给定的条件，将符合条件的两个表的行的所有属性拼接形成行的集合的运算。假设有表 A 和表 B，条件连接记为 A⋈$_F$B，其中⋈是连接运算符，F 为条件。具体的运算是，在符合条件时，将左表 A 中的每一行中的属性与右表 B 中的每一行的属性进行组合，每组合一次得到的属性的集合即形成新的一行。

【案例 1-8】 对图 1-10 中表 A 和表 B 进行条件连接，条件为 A1≥B1。

按照要求，当 A1≥B1 时，进行连接，运算示例如图 1-10 所示。

A			B			A⋈$_F$B				
A1	A2		B1	B2	B3	A1	A2	B1	B2	B3
1	A		1	N	Q	1	A	1	N	Q
0	C		2	P	O	3	E	1	N	Q
3	E					3	E	2	P	O

图 1-10 条件连接示例

2）自然连接。

自然连接是数据库应用中最常用的连接运算之一。自然连接是在两个表共同的属性（具有相同的属性名）相等时，将两个表符合条件的行的所有属性拼接形成行的集合的运算。假设有表 A 和表 B，自然连接记为 A⋈B，⋈是连接运算符。

【案例 1-9】 对图 1-11 中表 A 和表 B 进行自然连接。

对表 A 和表 B 进行自然连接，当表 A 中的 K1 和表 B 中的 K1 相等时，进行连接，运算示例如图 1-11 所示。

A			B			A⋈B			
K1	A2		K1	B2	B3	K1	A2	B2	B3
1	A		1	N	Q	1	A	N	Q
2	C		2	P	O	2	C	P	O
3	E								

图 1-11　自然连接示例

（3）外连接

在自然连接 A⋈B 中，不满足两个表共同的属性相等条件的元组不会出现在连接结果中。如果希望不满足连接条件的元组也出现在连接结果中，则可以通过外连接（OUTER JOIN）操作实现。外连接有三种形式：左外连接（LEFT OUTER JOIN）、右外连接（RIGHT OUTER JOIN）和全外连接（FULL OUTER JOIN）。

1）左外连接。

左外连接就是连接运算以左表中的元组作为基准，对右表判断每一个元组与左表的共同属性是否相等，如果相等，则将左表元组与右表对应元组连接以形成一个新元组，如果不相等，则不进行连接。如果左表的某一个元组在右表中没有找到任何满足连接条件的元组，则将左表元组作为基准，本应来自右表的属性填上空值（NULL），形成新的元组。左外连接记作 A⟕B。

【案例 1-10】　对图 1-12 中表 A 和表 B 进行左外连接。

根据左外连接方法进行连接，示例如图 1-12 所示。

A			B			A⟕B			
K1	A2		K1	B2	B3	K1	A2	B2	B3
1	A		1	N	Q	1	A	N	Q
2	C		2	P	O	2	C	P	O
3	E		4	S	T	3	E	NULL	NULL

图 1-12　左外连接示例

2）右外连接。

右外连接就是连接运算以右表中的元组作为基准，对左表判断每一个元组与右表的共同属性是否相等，如果相等，则将右表元组与左表对应元组连接以形成一个新元组，如果不相等，则不进行连接。如果右表的某一个元组在左表中没有找到任何满足连接条件的元组，则将右表元组作为基准，本应来自左表的属性填上空值（NULL），形成新的元组。右外连接记作 A⟖B。

【案例 1-11】　对图 1-13 中表 A 和表 B 进行右外连接。

根据右外连接方法进行连接，示例如图 1-13 所示。

A			B			A⟖B			
K1	A2		K1	B2	B3	K1	A2	B2	B3
1	A		1	N	Q	1	A	N	Q
2	C		2	P	O	2	C	P	O
3	E		4	S	T	4	NULL	S	T

图 1-13　右外连接示例

3）全外连接。

全外连接就是在连接运算时保留左右两边表的所有元组，以一边表的元组对另一边表判断每一个元组的共同属性是否相等，如果相等，则将对应元组连接以形成一个新元组，如果不相等，则将本应来自另一边表的属性填上空值（NULL）。全外连接记作 A⟗B。

【案例 1-12】 对图 1-14 中表 A 和表 B 进行全外连接。

根据全外连接方法进行连接，示例如图 1-14 所示。

A	
K1	A2
1	A
2	C
3	E

B		
K1	B2	B3
1	N	Q
2	P	O
4	S	T

A⟗B			
K1	A2	B2	B3
1	A	N	Q
2	C	P	O
3	E	NULL	NULL
4	NULL	S	T

图 1-14 全外连接示例

1.2.7 关系模式规范化

前面已经对关系模型的基本概念和关系数据库进行了介绍。如何使用关系模型设计关系数据库，是应该思考的问题。数据库设计是数据库应用领域的主要研究课题。设计数据库时应选择一个比较好的关系模式的集合，确定每个关系应该由哪些属性组成，创建满足用户需求且性能良好的数据库模式、建立数据库及其应用系统，使之能有效地存储和管理数据，满足公司或部门各类用户业务的需求。其中涉及数据库逻辑设计的问题，也就是数据库设计的模式规范化问题，这是本节的重点。

1.2.7 关系模式规范化

关系数据库规范化理论是数据库设计的一个理论指南，其最早是由关系数据库的创始人 E. F. Codd 于 1970 年在其文章《大型共享数据库数据的关系模型》中提出的。关系模式规范化主要讨论如何判断一个关系模式是否为好的关系模式，以及如何将不好的关系模式分解成好的关系模式，并能保证得到的关系模式仍能表达原来的语义。许多专家、学者对关系数据库理论进行了深入的研究，形成了一整套有关关系数据库设计的理论。

关系数据库的规范化理论主要包括三个方面的内容：函数依赖、范式（Normal Form）和模式设计。

1. 函数依赖

函数依赖起着核心的作用，是模式分解和模式设计的基础。函数并不会令读者感到陌生，如下面的表现形式。

$$Y=f(X)$$

给定一个 X 值，会有一个 Y 值和它对应。也可以说，X 函数决定 Y，或 Y 函数依赖于 X。

在关系数据库中讨论函数或函数依赖，注重的是语义上的关系，如下面的表述：

$$部门=f(职工)$$

只要给出职工的具体的值，就会有唯一的部门值和它对应，如"张童"在"软件开发事业部"，这里"职工"是自变量 X，"部门"是因变量或函数值 Y。一般把 X 函数决定 Y 或 Y 函数依赖于 X 表示为 X→Y。

2. 范式

关系模式规范化是利用主键和候选键以及属性之间的函数依赖来分析关系模式，这种技术包括一系列作用于单个关系模式的测试，一旦发现某关系模式未满足规范化要求，就分解该关系模式，直到满足规范化要求为止。范式是模式分解的标准,规范化的过程被分解成一系列的步骤,每一步都对应某一个特定的范式。随着规范化的进行,关系的形式将逐步变得更加规范,表现为具有更少的操作异常。按照规范化的程度,可分为 5 级范式,从低到高依次为 1NF、2NF、3NF(BCNF)、4NF、5NF。规范化程度较高的范式是较低范式的子集。如图 1-15 所示是各级范式间的关系,低一级范式的关系模式可以分解转换为若干个高一级范式的关系模式。

(1)第一范式(First Normal Form,简称 1NF)

第一范式是最基本的规范形式。如果关系 R 中每个属性都是不可再分的原子项,则称 R 属于第一范式,记为 R∈1NF。数据库模式中的所有关系模式必须是第一范式,这是关系模式最基本的要求。

【案例 1-13】 将表 1-7 对应的职工表 2 规范化为满足第一范式的表。

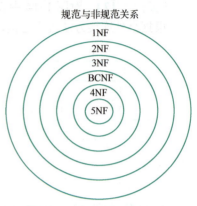

图 1-15 各级范式间的关系

表 1-7 不属于 1NF,因为"电话号码"属性不是原子项属性,而是由两个基本属性("手机"号码和"座机"号码)组成的一个复合属性。对于非规范化的表 1-7,直接将非原子项属性分解,即可形成第一范式关系,见表 1-8。

表 1-7 职工表 2

职工号	姓名	性别	电话号码		籍贯
			手机	座机	
03589	徐六	女	1380013800	023-6543210	安徽
03596	梁一	男	1370013700	023-1111111	重庆
03632	刘思	女	1360013600	023-3913901	重庆
03678	李厚	男	1350013500	023-2626262	山东
03691	梁花	男	1340013400	023-2626123	山东

表 1-8 属于第一范式的职工表 2

职工号	姓名	性别	手机号码	座机号码	籍贯
03589	徐六	女	1380013800	023-6543210	安徽
03596	梁一	男	1370013700	023-1111111	重庆
03632	刘思	女	1360013600	023-3913901	重庆
03678	李厚	男	1350013500	023-2626262	山东
03691	梁花	男	1340013400	023-2626123	山东

(2)第二范式(Second Normal Form,简称 2NF)

如果关系模式 R∈1NF,且每个非主属性都完全函数依赖于 R 的主键,则称 R 属于第二范式,记作 R∈2NF。

下面分析一个不满足第二范式的关系模式。

- 职工 1(<u>职工号</u>,姓名,性别,手机号码,座机号码,籍贯)
- 参与 1(<u>职工号</u>,<u>项目号</u>,参加时间,部门号,部门主管)
- 项目 1(<u>项目号</u>,项目名)

"参与 1"模式的主键是(职工号,项目号),非主属性"部门号"只依赖于主键中的"职工号",与"项目号"无关,故这个关系模式中有部分函数依赖情况存在,有可能造成插入异常。如当职工入职后,在没有参加任何项目的情况下(即没有项目号),无法在"参与 1"中插入职工号和职工的部门信息(因为主键包含了空值)。

为了解决上面关系模式插入异常的问题,可以将非第二范式的关系模式分解为若干个属于第二范式的关系模式。分解步骤如下。

① 把关系模式中对键完全函数依赖的非主属性与界定它们的键放在一个关系模式中。

② 把对键部分函数依赖的非主属性和决定它们的键放在一个关系模式中。

③ 检查分解后的新模式,如果仍不属于 2NF,则继续按照前面的方法进行分解,直到达到要求为止。

【案例 1-14】 按照分解步骤,对前述职工 1、参与 1、项目 1 三个关系模式进行分解。

在"参与 1"关系模式中,参加时间由主键(职工号,项目号)决定,所以参加时间仍保留在该关系模式中;属性部门号及部门主管仅由职工号决定,所以将这两个属性放在职工号所在的关系模式中。最终分解结果如下。

- 职工 2(职工号,姓名,性别,手机号码,座机号码,籍贯,部门号,部门主管)
- 参与 2(职工号,项目号,参加时间)
- 项目 2(项目号,项目名)

这样这三个关系模式中都不存在部分函数依赖,都属于第二范式。这样就解决了插入异常的问题。在一个职工入职后,即使没有参加任何项目,也能够正常地插入数据来记录其部门号和部门主管。

(3)第三范式(Third Normal Form,简称 3NF)

在介绍第二范式的例子中,分解后的"职工 2"关系模式转换成关系时,可能是表 1-9 的情况。

表 1-9 属于第二范式的职工表 2

职工号	姓名	性别	手机号码	座机号码	籍贯	部门号	部门主管
03589	徐六	女	1380013800	023-6543210	安徽	1	张童
03596	梁一	男	1370013700	023-1111111	重庆	1	张童
03632	刘思	女	1360013600	023-3913701	重庆	2	徐瓜
03678	李厚	男	1350013500	023-2626262	山东	2	徐瓜
03691	梁花	男	1340013400	023-2626123	山东	2	徐瓜

从表 1-9 中可以发现,职工号决定了部门号,部门号决定了部门主管,存在职工号→部门号,部门号→部门主管的传递函数依赖。表 1-9 中存在的问题有:首先,部门主管的姓名重复出现,造成了数据的冗余;其次,如果某部门的职工调整,在某时刻不存在任何一个员工,则部门号和部门主管的属性内容就丢失了,存在删除异常。要解决这些问题,应将关系模式进一步分解以满足第三范式。

如果关系模式 R∈2NF,且每个非主属性都不传递函数依赖于 R 的主键,则称 R 属于第三范式,记作 R∈3NF。

分解步骤如下所述。

① 把直接对键函数依赖的非主属性与决定它们的键放在一个关系模式中。

② 把造成传递函数依赖的决定因素连同被它们决定的属性放在一个关系模式中。

③ 检查分解后的新模式，如果不属于 3NF，则按照前面的方法继续分解，直到达到要求为止。

【案例 1-15】 按照分解步骤，对前述的职工 2、参与 2、项目 2 三个关系模式进行分解。

在"职工 2"关系模式中，首先姓名、性别、手机号码、座机号码、籍贯、部门号，直接对键函数依赖，所以将这些属性和职工号放在一个关系模式中；然后将造成传递函数依赖的决定因素"部门号"和被其决定的属性"部门主管"放在一个关系模式中。最终分解结果如下。

- 职工 3（<u>职工号</u>，姓名，性别，手机号码，座机号码，籍贯，部门号）
- 部门 3（<u>部门号</u>，部门名，部门主管）
- 参与 3（<u>职工号</u>，<u>项目号</u>，参加时间）
- 项目 3（<u>项目号</u>，项目名）

这样就消除了传递函数依赖，因为所有关系模式都属于第三范式了。部门主管的名字只出现在部门关系中，不会重复记录；部门信息不会依赖于职工的信息，即使某个部门不存在任何职工，部门信息也不会丢失。

（4）Boyce-Codd 范式（Boyce-Codd Normal Form，BCNF）

如果关系模式 R∈1NF，且所有的函数依赖 X→Y（Y 不属于 X），决定因素 X 包含 R 的一个候选键，则称 R 属于 BCNF，记作 R∈BCNF。也就是 BCNF 属于 3NF，但 3NF 不一定是 BCNF，非主属性依赖于整个主属性。BCNF 也称为扩充的第三范式或者增加第三范式。

如在关系模式职工 3（<u>职工号</u>，姓名，性别，手机号码，座机号码，籍贯，部门号）中，如果每个职工的手机号码未与他人共用，则主键职工号和候选键手机号码都是该关系模式的决定因素，且除候选键以外没有其他的决定因素（主键也是候选键），所以可认为该关系模式也属于 BCNF。

又如关系模式参与 4（<u>职工号</u>，<u>项目号</u>，项目经理），假设一个项目经理只能负责一个项目，一个职工可以参加多个项目，一个项目可以由多个职工参与。根据上面描述的业务场景，该关系模式具有如下的函数依赖：（职工号，项目号）→项目经理，（职工号，项目经理）→项目号，项目号→项目经理。

该关系模式的候选键为（职工号，项目号）和（职工号，项目经理），所以关系模式中的所有属性为主属性，且不存在非主属性的部分函数依赖和传递函数依赖，该关系模式属于 3NF。但项目经理属性由项目号决定，项目经理是单一属性，仅是键的一部分，所以该模式不满足 BCNF。

在实际应用中，3NF 和 BCNF 都是实用性较强的模式。在进行关系模式设计时，通常分解到 3NF 即可。

3. 模式设计

数据库模式定义如何在关系数据库中组织数据，包括每一个关系模式包含哪些属性、逻辑约束，以及多个关系模式之间的关系等。数据库模式的设计过程也称为数据建模，该项工作决定了整个数据库系统的运行效率，也是数据库系统成败的关键。

【任务考评】

考评点	完成情况	评价简述
理解 E-R 概念模型，掌握 E-R 图绘制方法	□完成 □未完成	
理解关系模型，了解关系模型相关基本概念	□完成 □未完成	
了解关系完整性规则	□完成 □未完成	
掌握基本关系代数运算	□完成 □未完成	
理解关系数据模型规范化概念，掌握关系数据模型规范化的步骤	□完成 □未完成	

任务 1.3　了解关系数据库的标准操作语言——SQL

【任务描述】
本任务的目标是了解 SQL 的基本情况、分类及功能，为后续项目及任务的实施奠定基础。

【任务分析】
SQL 是关系数据库中的标准语言，也是数据库领域的主流语言。本任务的主要目的是从概念上介绍 SQL，未涉及具体的 SQL 语法。SQL 的具体使用方法会穿插在后续的项目和任务中。

【任务实施】

1.3.1　SQL 的基本情况

结构化查询语言（Structured Query Language，SQL）是在 1974 年由 Boyce 和 Chamberlin 提出的一种关系数据库语言，并在 IBM 公司研制的关系数据库原型系统 System R 中实现。1986 年 10 月，美国国家标准化组织（ANSI）公布了第一个 SQL 标准 X3.135-1986 数据库语言 SQL，简称 SQL-86，1987 年，国际标准化组织（ISO）也通过了这一标准。之后，SQL 标准化工作不断向前推进，相继出现了"SQL-89""SQL2"（SQL-92）和"SQL3"（SQL:1999）等 SQL 标准。SQL 集数据查询、数据操作、数据定义和数据控制功能于一体，方便简洁、使用灵活、功能强大且具有易学性，从而被众多计算机公司和数据库厂商所使用。经过不断修改、扩充和完善，SQL 最终成为关系数据库的标准语言。SQL 带来的影响不仅存在于数据库领域，在 CAD、软件工程、人工智能等领域也产生了深刻的影响，其不仅成为检索数据的语言规范，也成为检索图形、图像、声音、文字等信息的语言规范。在未来相当长的时间里，SQL 仍将是数据库领域乃至信息领域中数据处理的主流语言。

【温馨提示】
后续各项目使用的是 DM 数据库系统所支持的 SQL——DM_SQL。
DM_SQL 符合 SQL 标准，是对标准 SQL 的扩充。DM 数据库管理系统 SQL-92 入门级符合率达到 100%，过渡级符合率达到 95%，并且部分支持 SQL:1999、SQL:2003、SQL:2008 和 SQL:2011 的特性。同时，DM 还兼容 Oracle 11g 和 SQL Server 2008 的部分语言特性。

1.3.2　SQL 的分类

1. 数据查询语言（DQL）

数据查询是数据库的核心操作。数据查询语言（Data Query Language，DQL）语句也称"数据检索语句"，其作用是从数据表中获取数据，确定数据如何在应用程序中给出。关键字 SELECT 是 DQL（也是 SQL）中用得最多的动词之一，DQL 其他常用的保留字有 WHERE、ORDER BY、GROUP BY 和 HAVING。这些 DQL 保留字常与其他类型的 SQL 语句一起使用。DQL 基本结构是由 SELECT 子句、FROM 子句和 WHERE 子句组成的查询块。

```
SELECT <字段名表>
FROM <表或视图名>
WHERE <查询条件>
```

2. 数据操纵语言（DML）

数据操纵语言（Data Manipulation Language，DML），也称为动作查询语言，包括数据插入

（INSERT）、数据修改（UPDATE）和数据删除（DELETE）三种语句，其中数据插入和数据修改这两种语句使用的格式要求比较严格。在使用时，要求对相应基表的定义，如列的个数、各列的排列顺序、数据类型及关键约束、唯一性约束、引用约束、检验约束的内容，均要了解清楚，否则很容易出错。

DML 三种形式表述如下。

- 数据插入：数据插入语句用于向已定义好的表中插入单个或成批的数据。
- 数据修改：数据修改语句用于修改表中已存在的数据。
- 数据删除：数据删除语句用于删除表中已存在的数据。

3．数据定义语言（DDL）

数据定义语言（Data Definition Language，DDL）用来创建数据库中的各种对象，如表、视图、索引、同义词、簇等，包括数据库修改语句、用户管理语句、模式管理语句、表空间管理语句、表管理语句等。DDL 包括许多与在数据库目录中获得数据有关的保留字，它也是动作查询的一部分，语句主要包括 CREATE、DROP、ALTER，分别用于定义、销毁、修改数据库对象。常见的数据库对象见表 1-10。

表 1-10 常见的数据库对象

TABLE	VIEW	INDEX	SYN	CLUSTER
表	视图	索引	同义词	簇

4．数据控制语言（DCL）

数据控制语言（Data Control Language，DCL）用来授予或回收访问数据库的某种特权，并控制数据库操纵事务发生的时间及效果，对数据库实行监视等，它的语句通过 GRANT 或 REVOKE 获得许可，确定单个用户和用户组对数据库对象的访问，某些关系数据库管理系统可用 GRANT 或 REVOKE 控制对表中单个列的访问。

5．事务控制语言（TCL）

事务控制语言（Transaction Control Language，TCL）是对事务的提交与回滚语句，为了确保被 DML 语句影响的表可以及时更新。TCL 包括 COMMIT（提交）命令、SAVEPOINT（保存点）命令和 ROLLBACK（回滚）命令。

6．指针控制语言（CCL）

指针控制语言（Cursor Control Language，CCL）规定了 SQL 语句在程序中的使用规则，比如 SQL 中的游标。CCL 包括 DECLARE CURSOR（声明游标）、FETCH INTO（进入）和 UPDATE WHERE CURRENT（更新当前位置），用于对一个或多个表单独行的操作。

【任务考评】

考评点	完成情况	评价简述
了解 SQL 的概念及功能	□完成 □未完成	
了解 SQL 的分类	□完成 □未完成	

任务 1.4　了解当前主流数据库

【任务描述】

党的二十大报告指出，坚持面向世界科技前沿、面向经济主战场、面向国家重大需求、面向人民生命健康，加快实现高水平科技自立自强。以国家战略需求为导向，集聚力量进行原创性引领性科技攻关，坚决打赢关键核心技术攻坚战。加快实施一批具有战略性全局性前瞻性的国家重大科技项目，增强自主创新能力。

　　了解主流数据库的情况，有助于在项目实施过程中根据业务需求选择合适的数据库管理系统产品；也有助于了解数据库技术发展的现状，为参与数据管理领域自主创新的工作奠定基础。

【任务分析】

　　从数据的组织结构来进行分类，可分为结构化数据库和非结构化数据库。结构化数据库中通常会使用关系模型表达不同的结构化数据及其之间的关系，因此结构化数据库也称为关系数据库，如达梦数据库、华为 GaussDB 云数据库、MySQL、SQL Server 等；非结构化数据库就称为非关系数据库，如 Redis、MongoDB 等。

【任务实施】

1.4.1　达梦数据库

　　达梦数据库公司是国内领先的数据库产品开发服务商，提供各类数据库软件及集群软件、云计算与大数据等一系列数据库产品及相关技术服务。达梦数据库公司先后完成并获得数十项国家级（图 1-16 为 DM 数据库前身 SQL 标准关系数据库管理系统 ADB 在 1993 年获得的原国家科委颁发的国家科学技术进步奖一等奖）或省部级科研开发项目与奖项，自主原创率达到 99.99%，拥有主要产品全部核心源代码的自主知识产权，逐渐发展为国内数据库行业的领先企业。

图 1-16　ADB 获原国家科委颁发的国家科学技术进步奖一等奖

【工匠故事】

　　1978 年，还是原华中工学院助教的冯裕才到武汉钢铁公司参加技术学习。当时武钢热轧车间花费巨资从日本引进了一套无人值守管理系统。为了防止技术泄密，日方在调试安装完设备后，把足足 3 辆卡车的技术资料当场销毁。在现场目睹了这一幕的冯裕才感到巨大的屈辱，他下定决心，一定要研发出中国人自己的数据库系统。

　　"核心技术买不来、要不来。"冯裕才在 2021 年接受采访时介绍，面对技术封锁，他和团队不服软、不服输，坚持自主原创，从零起步，经过 40 年的技术沉淀，达梦数据库公司的产品已在我国关系国计民生的重大行业获得广泛应用。知来路，方能守初心、担使命。

1.4.2　华为 GaussDB 云数据库

　　GaussDB 是华为自主创新研发的分布式关系数据库。该产品支持分布式事务，同城跨 AZ

部署，数据 0 丢失，支持 1000+节点的扩展能力，PB 级海量存储。同时拥有云上高可用、高可靠、高安全、弹性伸缩、一键部署、快速备份恢复、监控告警等关键能力。其能为企业提供功能全面、稳定可靠、扩展性强、性能优越的企业级数据库服务。

1.4.3　MySQL 数据库

MySQL 最早为瑞典的 MySQL AB 公司开发的一个开放源代码的关系数据库管理系统。它是最流行的关系数据库管理系统（RDBMS）之一。特别是在 Web 应用方面，MySQL 是目前最好的 RDBMS 之一。因为 MySQL 数据库体积小、速度快、总体拥有成本低、开放源码等特点，一般的中小型和大型网站的开发都会选择 MySQL 作为网站数据库。

1.4.4　SQL Server 数据库

SQL Server 是由美国微软公司推出的关系数据库解决方案。它是发行最早的商用数据库产品之一，支持复杂的 SQL 查询，性能优秀，对基于 Windows 平台.NET 架构的应用程序有非常好的支持，被广泛应用于政务、金融、医疗、零售、教育和游戏等领域。

1.4.5　Oracle 数据库

Oracle 数据库（Oracle Database），又名 Oracle RDBMS，或简称 Oracle，是一个可移植性好、方便、功能性强、可靠性好、适应高吞吐量的关系数据库管理系统。它是在数据库领域一直处于领先地位的产品，可以说是世界流行的关系数据库管理系统，适用于各类大、中、小微机环境，具有完整的数据管理功能。

1.4.6　Db2 数据库

Db2 是一个大型关系数据库平台，既可以在主机上以主/从方式独立运行，也可以在客户/服务器环境中运行，它支持多用户或应用程序利用同一条 SQL 语句查询不同数据库甚至不同数据库管理系统中的数据。Db2 数据库为应对大量用户进程采用多进程多线程体系结构，可以运行于多种操作系统之上，并根据不同的平台环境做出相应的调整和优化，以便能够达到更好的性能。

1.4.7　Redis 数据库

Redis（Remote Dictionary Server）是一个使用 ANSI C 编写的开源（BSD 许可）、支持网络、基于内存、可选持久性、键值对存储的数据结构服务器，可用作数据库、高速缓存和消息队列代理。它支持字符串、哈希表、列表、集合、有序集合、位图、HyperLogLog 等数据类型。内置复制、Lua 脚本、LRU 收回、事务以及不同级别磁盘持久化功能，同时通过 Redis Sentinel 提供高可用特性，通过 Redis Cluster 提供自动分区功能。

1.4.8　MongoDB 数据库

MongoDB 是一个免费、开源、跨平台、面向文档的数据库。它支持的数据结构非常松散，是类似 JSON 的 BSON 格式，因此可以存储比较复杂的数据类型。MongoDB 最大的特点是它支持的查询语言非常强大，其语法类似于面向对象的查询语言，几乎可以实现类似关系数据库单表查询的绝大部分功能，而且还支持对数据建立索引。

【任务考评】

考评点	完成情况	评价简述
了解有代表性的关系数据库	□完成 □未完成	
了解有代表性的非关系数据库	□完成 □未完成	

任务 1.5　项目总结

【项目实施小结】

通过本项目的实施，项目参与人员对数据库的基本概念、特点、数据模型和发展历史有了初步的了解，对关系数据库的概念、模型、设计规范有了基本了解，对 SQL 和主流数据库的情况有了初步印象，为后续项目和任务的实施奠定基础。

【对接产业技能】

1. 解答客户在数据库基础理论方面的相关问题
2. 能够参与前期的数据库设计，如 E-R 模型设计、关系模型设计、数据库规范设计等

任务 1.6　项目评价

项目评价表		项目名称		项目承接人		组号	
		数据库知识准备					
项目开始时间		项目结束时间		小组成员			
评分项目			配分	评分细则	自评得分	小组评价	教师评价
项目实施情况（20分）	纪律情况（5分）	项目实施准备	1	准备书、本、笔、设备等			
		积极思考、回答问题	2	视情况得分			
		跟随教师进度	2	视情况得分			
		遵守课堂纪律	0	按规章制度扣分（0~100 分）			
	考勤（5分）	迟到、早退	5	迟到、早退每项扣 2.5 分			
		缺勤	0	根据情况扣分（0~100 分）			
	职业道德（5分）	遵守规范	3	根据实际情况评分			
		认真钻研	2	依据实施情况及思考情况评分			
	职业能力（5分）	总结能力	3	按总结完整性及清晰度评分			
		举一反三	2	根据实际情况评分			
核心任务完成情况评价（60分）	数据库知识准备（40 分）	认识数据库	4	能复述数据库相关基本概念			
			3	能描述三种数据模型及其关系			
			3	能简述数据库发展历史			
		理解关系数据库	5	理解关系数据库基本概念			
			5	掌握关系模型			
			4	理解关系完整性			
			3	了解常用运算关系			
			3	认识关系模式规范化			
		了解 SQL	6	了解 SQL 基本概念和分类			
		了解当前主流数据库	4	能说出当前主流数据库			

(续)

项目评价表		项目名称		项目承接人	组号	
		数据库知识准备				
项目开始时间		项目结束时间		小组成员		
评分项目			配分	评分细则	自评得分	小组评价	教师评价
核心任务完成情况评价（60分）	综合素养（20分）	语言表达	5	讨论、总结过程中的表达能力			
		问题分析	5	问题分析情况			
		团队协作	5	实施过程中的团队协作情况			
		工匠精神	5	敬业、精益、专注、创新等			
拓展训练（20分）	实践或讨论（20分）	完成情况	10	实践或讨论任务完成情况			
		收获体会	10	项目完成后收获及总结情况			
总分							
综合得分（自评20%，小组评价30%，教师评价50%）							
组长签字：				教师签字：			

任务 1.7　项目拓展训练

【基本技能训练】

一、填空题

1．数据模型包括_____、_____和_____。

2．_____是位于用户与操作系统之间为用户或应用程序提供访问数据库功能的软件系统。

3．数据库系统由_____、_____、_____和_____组成。

4．构成 E-R 图的 3 个基本要素是_____、_____和_____。

5．主键用户是从_____中选择一个来唯一标识一个元组的属性或者属性的组合。

6．在关系的任何一个元组中，主键的值不能为空或部分为空，是_____完整性的要求。

7．基本关系代数运算包括_____、_____和_____。

8．如果关系 R 中每个属性都是_____，则称 R 属于第一范式，记为 R∈1NF。

二、选择题

1．数据库（DB）、数据库管理系统（DBMS）、数据库系统（DBS）之间的关系是（　　）。

　　A．DB 包含 DBS 和 DBMS　　　　　　B．DBMS 包含 DB 和 DBS
　　C．DBS 包含 DB 和 DBMS　　　　　　D．没有任何关系

2．数据库管理技术的发展阶段不包括（　　）。

　　A．数据库系统管理阶段　　　　　　　B．人工管理阶段
　　C．文件系统管理阶段　　　　　　　　D．操作系统管理阶段

3．在数据库管理系统提供的数据语言中，负责用来创建数据库中的各种对象——表、视图、索引等的是（　　）。

　　A．数据定义语言　　　　　　　　　　B．数据转换语言
　　C．数据操纵语言　　　　　　　　　　D．数据控制语言

4. 一个项目具有一个项目主管，一个项目主管可管理多个项目，则实体"项目主管"与实体"项目"间的关系属于（　　）。

  A．1∶1 联系　　　B．1∶n 联系　　　C．m∶n 联系　　　D．1∶0 联系

5. 在关系模式规范化时，第二范式主要是消除了（　　）。

  A．复合属性　　　　　　　　　　　B．部分函数依赖
  C．完全函数依赖　　　　　　　　　D．传递函数依赖

6. 主要的逻辑模型包括（　　）。

  A．层次模型　　　B．网状模型　　　C．关系模型　　　D．面向对象模型

7. 候选键又称（　　）。

  A．候选码　　　　B．键　　　　　　C．码　　　　　　D．主键

8. 关系完整性规则是对关系的一些限制和规定，包括（　　）。

  A．数据完整性　　B．实体完整性　　C．参照完整性　　D．域完整性

三、简答题

1. 简述数据管理技术发展的三个阶段和各个阶段的特点。
2. 简述数据、数据库、数据库管理系统、数据库系统的概念和它们之间的关系。
3. 数据库系统由哪几个主要部分组成？各部分在数据库系统中分别有哪些作用？
4. 简述数据模型的分类及各自的代表性模型。
5. 简述关系完整性规则及其作用。
6. 第一范式、第二范式、第三范式分别解决了哪些问题？
7. 简述"以国家战略需求为导向，集聚力量进行原创性引领性科技攻关，坚决打赢关键核心技术攻坚战。加快实施一批具有战略性全局性前瞻性的国家重大科技项目，增强自主创新能力。"的必要性。

【综合技能训练】

1. 绘制产品、产品子类、产品大类之间联系的 E-R 图。

对某高科技制造企业的产品进行建模。某个产品属于某个产品子类、某个产品子类属于某个产品大类。按要求完成下列训练。

1）思考产品实体、产品子类实体、产品大类实体的属性和键。
2）确定各实体之间的联系，给联系命名并指出联系的类型。
3）思考联系本身的属性。
4）绘制产品、产品子类、产品大类之间联系的 E-R 图。

2. 将前面绘制的产品、产品子类、产品大类之间联系的 E-R 图转换为关系数据模型。

3. 已知产品表和产品子类表，分别见表 1-11 和表 1-12。

表 1-11　产品表

产品号	产品子类号	产品序列号（sn）	产品名
100101	101	S9787AF093	机器臂关节轴承
100102	103	S9787VU724	机器人侧数据交换模块
100103	102	S9787FS120	自动快速交换夹具
100104	103	S9787BJ986	蜂鸣器/警报器

表 1-12 产品子类表

产品子类号	产品大类号	产品子类名称
101	1	机器臂零件
102	1	定位固定零件
103	2	传感器模块

按要求完成下列训练。
1）确定产品表中的候选键，并陈述理由。
2）选定产品表中的主键。
3）指出产品表和产品子类表中的共有属性。
4）指出表中哪个属性是外键。
5）确定外键后说明哪个是主表，哪个是从表。

4. 已知产品大类表、存放表、仓库表，分别见表 1-13～表 1-15。其中，一个仓库对应一个仓库管理员，一个仓库管理员对应一个仓库管理员主管。

表 1-13 产品大类表

产品大类号	产品大类信息	
	产品大类名称	产品大类描述
1	机器臂类	组成机器臂的零件、机器臂主体等
2	工厂智能化零件	传感器模块、信息信号模块、传感器周边零件等

表 1-14 存放表

产品号	仓库号	入库时间	入库数量	仓库管理员号	仓库管理员主管名
100101	B134	2022-7-9	10000	03632	刘思
100102	A187	2022-7-22	5000	03678	梁花
100104	A187	2022-7-22	5000	03678	梁花

表 1-15 仓库表

仓库号	仓库地址	仓库管理员号	仓库管理员主管名
B134	文德路 189 号	03632	刘思
A187	太仓路高新产业园 187 号	03678	梁花
A187	太仓路高新产业园 187 号	03678	梁花

按要求完成下列训练。
1）"产品大类表"是否满足第一范式？为什么？
2）"存放表"是否满足第二范式？为什么？
3）"仓库表"是否满足第三范式？为什么？
4）若"产品大类表"不满足第一范式，则将其规范化为满足第一范式的表。
5）若"存放表"不满足第二范式，则将其规范化为满足第二范式的表。
6）若"仓库表"不满足第三范式，则将其规范化为满足第三范式的表。

项目 2　建立数据库管理环境

【项目导入】

数据库管理系统是为用户或应用程序提供访问数据库及管理数据库功能的数据管理软件。其功能包括数据库的创建、查询、更新及各种数据控制。所以，只有在操作系统上安装数据库管理系统，才能实现对数据的高效管理。

通过项目 1 中各任务的实施，小达已经对数据库的基本概念，以及关系数据库的概念模型、逻辑模型和关系的设计规范有了一定的了解。他希望尽快将掌握的理论知识付诸实践，便于后续创建和管理各类数据库对象，以及对数据进行增、删、改、查等操作。为了达成上述目标，需要先建立数据库管理环境。

由于小达所在的实习单位选择将达梦自主研发的达梦数据库系列产品应用在其智能产线管理中，故他在本项目的实施过程中选用达梦关系数据库 DM8 来建立数据库管理环境，为后续数据库设计的实现和管理做好准备。

学习目标

知识目标	技能目标	素养目标
1. 了解 DM8 数据库的功能 2. 了解 DM8 数据库的逻辑结构 3. 了解 DM8 数据库的物理结构	1. 掌握 DM8 数据库的安装方法 2. 掌握 DM8 数据库常用管理工具的使用方法 3. 掌握 DM8 数据库的卸载方法	1. 树立认真钻研，理解底层原理的意识 2. 培养细致认真的工作态度 3. 具有自强不息的创新精神

任务 2.1　认识达梦 DM8 数据库

【任务描述】

本任务的主要目标是认识达梦 DM8 数据库，了解其基本特性和不同的发行版本，了解其逻辑结构和物理结构。

【任务分析】

本任务是本项目中的基础任务。了解 DM8 数据库的基本情况、逻辑结构、物理结构，有助于在实践中更好地分析数据库管理过程中出现的问题。本任务的难点在于如何理解好数据库的逻辑结构和物理结构的关系。

【任务实施】

2.1.1　了解 DM8 数据库概况

达梦数据库管理系统（以下简称 DM）是基于客户/服务器方式的数据库管理系统。DM8 是达梦公司在总结 DM 系列产品研发与应用经验的基础上，吸收借鉴当前先进技术思想与主流数据库产品的优点，融合了分布式、弹性计算与云计算的优势，推出的新一代自研大型通用关系数据库。DM8 在灵活性、易用性、可靠性、高安全性等方面进行了大规模改进，多样化架构可充分满足不同场景需求，支持超大规模并发事务处理和事务-分析混合型业务处理，动态分配计算资源，实现更精细化的资源利用、更低成本的投入。DM 系列产品已经广泛应用于国民经济重点行业的信息化系统中，如智能电网调度技术支持系统、大型国有银行核心业务系统、民航客票交易系统、高科技制造企业智能产线管理系统等，为国民经济发展提供数据管理支撑。

【工匠故事】

被评为 2020 年全国劳动模范的宰红斌是一名电网一线工人，他的日常工作就是逐级逐塔对电线进行诊断，几十米高的铁塔爬上爬下，一天走下来总路程长达 20 千米……其中采空区电路维护任务十分频繁，每次往往需要一行四五个人翻山越岭，带着沉重的设备到山顶抢修，费时费力，还十分危险。在一线工作中遇到的这个最大问题，让本就爱钻研的宰红斌开启了他的创新之路，"最开始的想法是从工具入手"，经过悉心研究，宰红斌发明了"基于全过程机械化施工的接地连接装置连接器"，只需一个人携带 2 千克工具和材料就可以轻松操作，还节省了 2 个多小时的维修时间，在大幅提高调整效率的同时也保证了工人的安全。

在宰红斌看来，创新的原则是"守正创新"，只有先做好自己的本职工作，才能谈创新。平时工作忙没有时间，宰红斌就利用周末休息时间进行研究。坚持问题导向，一线工人也能搞发明创造。

根据不同的应用需求与配置，DM8 提供了多种不同的产品系列。
- 标准版（Standard Edition）
- 企业版（Enterprise Edition）
- 安全版（Security Edition）

1. DM 标准版

DM 标准版是为政府部门、中小型企业及互联网/内部网应用提供的数据管理和分析平台。它拥有数据库管理、安全管理、开发支持等所需的基本功能，支持 TB 级数据量，支持多用户并发访问等。该版本以其高易用性和高性价比，为政府或企业提供支持其操作所需的基本能力，并能够根据用户需求升级到企业版。

2. DM 企业版

DM 企业版是伸缩性良好、功能齐全的数据库。无论是用于驱动网站、打包应用程序，还是联机事务处理、决策分析或数据仓库应用，DM 企业版都能作为专业的服务平台。DM 企业版支持多 CPU，支持 TB 级海量数据存储和大量的并发用户，并为高端应用提供了数据复制、数据守护等高可靠性、高性能的数据管理能力，完全能够支撑各类企业应用。

3. DM 安全版

DM 安全版拥有企业版的所有功能，并重点加强了其安全特性，引入了强制访问控制功能，采用了数据库管理员（DBA）、数据库审计员（AUDITOR）、数据库安全员（SSO）"三权分立"安全机制，支持 Kerberos、操作系统用户等多种身份鉴别与验证，支持透明、半透明等存储加密方式以及审计控制、通信加密等辅助安全手段，使 DM 安全级别达到了 B1 级，适合对安全性要求更高的政府或企业敏感部门选用。

2.1.2 了解数据库、实例与数据库服务

1. DM 中的数据库概念

在单独提到 DM 数据库时，可能指的是 DM 数据库产品，也有可能是正在运行的 DM 数据库实例，还可能是 DM 数据库运行中所需的一系列物理文件的集合等。但是，当同时出现 DM 数据库和实例时，DM 数据库指的是磁盘上存放在 DM 数据库中的数据的集合，一般包括数据文件、日志文件、控制文件以及临时数据文件等。

2. DM 中的实例概念

实例一般是由一组正在运行的 DM 后台进程/线程以及一个大型的共享内存组成的。简单来说，实例就是操作 DM 数据库的一种手段，是用来访问数据库的内存结构以及后台进程的集合。

DM 数据库存储在服务器的磁盘上，而 DM 实例则存储于服务器的内存中。通过运行 DM 实例，可以操作 DM 数据库中的内容。在任何时候，一个实例只能与一个数据库进行关联（装载、打开或者挂起数据库）。在大多数情况下，一个数据库也只能有一个实例对其进行操作。

【知识拓展】

在 DM 共享存储集群（DMDSC）中，多个实例可以同时装载并打开一个数据库（位于一组由多台服务器共享的物理磁盘上）。此时可以同时从多台不同的计算机访问这个数据库。

3. DM 中的服务概念

DM 数据库的服务是将提供数据库管理系统功能的程序、例程或进程注册成系统服务，以便支持其他程序通过数据库服务对数据库进行管理。

2.1.3 认识 DM8 数据库逻辑结构

DM8 数据库为数据库中的所有对象分配逻辑空间，如图 2-1 所示，并存放在数据文件中。在 DM8 数据库内部，所有的数据文件组合在一起被划分到一个或者多个表空间中，所有的数据库内部对象都存放在这些表空间中。同时，表空间被进一步划分为段、簇和页（也称块）。通过这种细分方式，可以使 DM 数据库更加高效地控制磁盘空间的利用率。

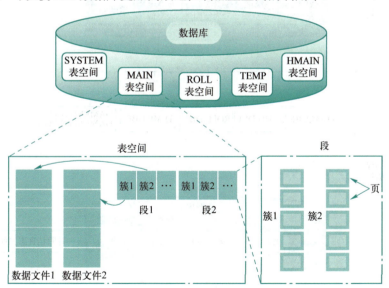

图 2-1　DM8 数据库逻辑结构

可以看出，在 DM8 中，存储的层次结构如下。
- 数据库由一个或多个表空间组成。
- 每个表空间由一个或多个数据文件组成。
- 每个数据文件由一个或多个簇组成。
- 段是簇的上级逻辑单元，一个段可以跨多个数据文件。
- 簇由磁盘上连续的页组成，一个簇总是在一个数据文件中。
- 页是数据库中最小的分配单元，也是数据库中使用的最小的 I/O 单元。

【知识拓展】

页的大小对应物理存储空间上特定数量的存储字节。在 DM 数据库中，页大小可以为 4KB、8KB、16KB 或者 32KB，用户在创建数据库时可以指定，默认大小为 8KB。一旦创建好数据库，在该库的整个生命周期内，页大小就不能够改变了。

2.1.4 认识 DM8 数据库物理结构

DM 数据库使用磁盘上大量的物理存储结构来保存和管理用户数据。典型的物理存储结构包括：用于进行功能设置的配置文件，用于记录文件分布的控制文件，用于保存用户实际数据的数据文件、重做日志文件、归档日志文件、备份文件，用来进行问题跟踪的跟踪日志文件等，如图 2-2 所示，逻辑结构的各表空间的数据分别存放在与物理结构对应的不同数据文件中，日志信息存放在日志文件中，并且在数据库物理结构中还保存了控制文件等。

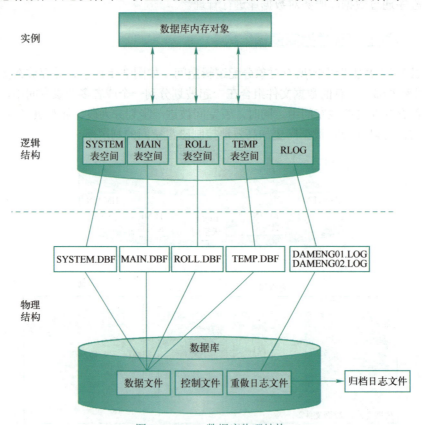

图 2-2　DM8 数据库物理结构

【任务考评】

考评点	完成情况	评价简述
了解 DM8 的基本情况和发行版本	□完成　□未完成	
了解数据库、实例与数据库服务	□完成　□未完成	
了解 DM8 的逻辑结构	□完成　□未完成	
了解 DM8 的物理结构	□完成　□未完成	

任务 2.2　安装 DM8 数据库

【任务描述】

"工欲善其事，必先利其器"，要想对数据进行管理，先要准备好数据库管理软件。本任务的目标是完成 DM8 数据库的安装。在实际执行时，首先准备好符合基本要求的设备，并按照实际情况选择在 Windows 或者 Linux 操作系统下安装。

【任务分析】

本任务实施难度主要在于安装过程中可能会遇到问题。在遇到问题后，一是要检查安装步骤，查看是否按要求执行；二是根据错误信息查阅资料，解决问题后再次安装。

【任务实施】

2.2.1　安装环境准备

用户在安装 DM8 之前需要对硬件环境进行准备配置，从而保证 DM8 的正确安装和运行。硬件环境基本要求见表 2-1。

表 2-1　硬件环境基本要求

类别	要求
CPU	Intel Pentium 4（建议 Pentium 4 1.6GHz 以上）处理器
内存	256MB（建议 512MB 以上）
硬盘	5GB 以上可用空间
网卡	10Mbit/s 以上支持 TCP/IP 的网卡
显卡	1024×768×256 以上彩色显示
其他设备	显示器、键盘、鼠标

2.2.2　Windows 操作系统下安装 DM8

在 Windows 操作系统下安装 DM8 的操作步骤如下。

（1）运行安装程序

直接双击运行 DM8 安装目录下的 setup.exe 程序，程序将自动检查当前操作系统下是否已经安装其他版本的 DM。如果存在其他版本的 DM，则将弹出"确认"对话框，如图 2-3 所示，单击"确定"按钮继续安装，将弹出"选择语言与时区"对话框；单击"取消"按钮则退出安装。如果不存在其他版本的 DM，则直接进入步骤（2）。

2.2.2 Windows 操作系统下安装 DM8

（2）选择语言与时区

根据系统配置选择相应语言与时区，语言选择"简体中文"，时区选择"（GTM+08:00）中国标准时间"，单击"确定"按钮继续安装，如图 2-4 所示。

（3）欢迎界面

浏览欢迎界面的信息，然后单击"下一步"按钮继续安装，如图 2-5 所示。

图 2-3 "确认"对话框　　　　　　　　图 2-4 选择语言与时区

图 2-5 欢迎界面

（4）许可证协议

在安装和使用 DM 之前，需要用户仔细阅读许可证协议条款，阅读完后，如果接受该协议，则选中"接受"→单击"下一步"按钮继续安装；如果不接受，则选中"不接受"，此时将无法继续进行安装，如图 2-6 所示。

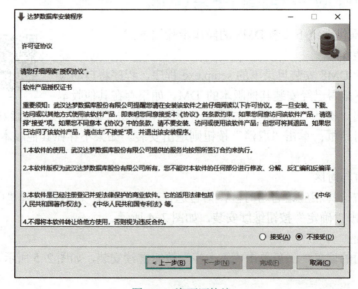

图 2-6 许可证协议

（5）验证 Key 文件

用户单击界面上方的"浏览"按钮→选取 Key 文件，安装程序将自动验证 Key 文件的文件信息。如果是合法的 Key 文件且在有效期内，则用户可以单击"下一步"按钮继续安装。DM 安全版必须对 Key 文件进行指定，否则无法启用安全特性；而 DM 标准版可以不进行 Key 文件的指定，直接单击"下一步"按钮继续进行安装。对于未指定 Key 文件而安装的 DM8，可以自该版本发布之日起一年内进行试用，且不得用于商业用途，如图 2-7 所示。

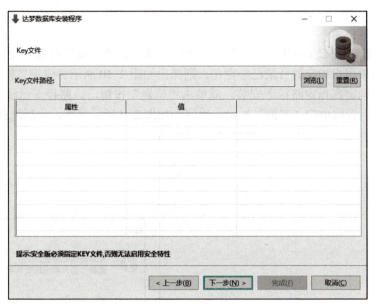

图 2-7　Key 文件

（6）选择组件

DM8 安装程序一共提供了四种安装方式："典型安装""服务器安装""客户端安装"和"自定义安装"，用户可以根据自身需求灵活选择，如图 2-8 所示。

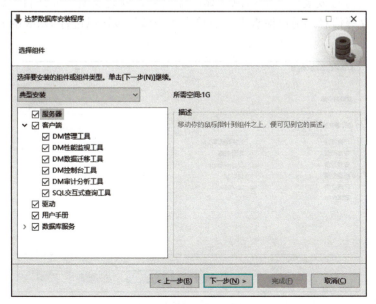

图 2-8　选择组件

- 典型安装包括：服务器、客户端、驱动、用户手册、数据库服务。
- 服务器安装包括：服务器、驱动、用户手册、数据库服务。
- 客户端安装包括：客户端、驱动、用户手册。
- 自定义安装：用户根据自身的需求勾选相应的组件，可以是服务器、客户端、驱动、用户手册、数据库服务的任意组合。

选择需要安装的 DM8 组件，单击"下一步"按钮继续。此处选择"典型安装"，如图 2-8 所示。

（7）选择安装目录

DM8 默认安装在 C:\dmdbms 目录下，用户可以通过"浏览"按钮自定义安装目录，如图 2-9 所示。如果用户指定的目录已经存在，则弹出如图 2-10 所示警告消息框，提示用户该路径已经存在。若确定在指定路径下安装，就单击"确定"按钮，该路径下已经存在的某些 DM 组件将会被覆盖；否则单击"取消"按钮，返回到如图 2-9 所示界面，重新选择安装目录。

图 2-9　选择安装目录

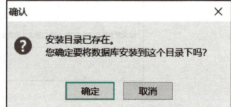

图 2-10　确认安装目录

（8）安装前小结

显示用户即将进行安装的有关信息，如产品名称、安装类型、安装目录、所需空间、可用空间、可用内存等信息，用户检查无误后单击"安装"按钮以进行 DM8 的安装，如图 2-11 所示。

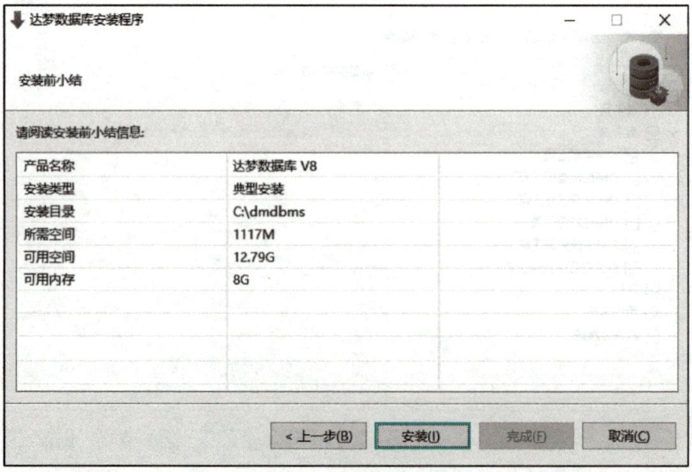

图 2-11　安装前小结

(9)安装过程

安装过程,如图 2-12 所示。在达梦数据库安装完成后,可以初始化数据库,如图 2-13 所示,也可以在后续进行独立的初始化操作。如果取消勾选"初始化数据库",则"初始化"按钮会变成"完成"按钮。此处可以取消勾选"初始化数据库",单击"完成"按钮。数据库的初始化将在 2.3.1 节中详细讲解。

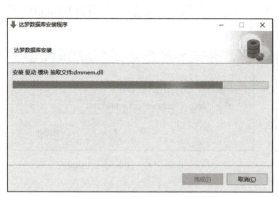

图 2-12 安装过程

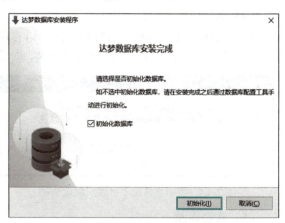

图 2-13 安装完成后的"初始化数据库"选项

2.2.3 Linux(UNIX)操作系统下安装 DM8

1. 图形化安装 DM8

在 Linux(UNIX)类操作系统下使用图形化方式安装 DM8 的操作步骤如下。

2.2.3
Linux(UNIX)
操作系统下
安装 DM8

(1)检查系统安装环境

用户在安装 DM8 之前需要对本机系统的配置信息进行检查或修改,从而保证 DM8 的正确安装和运行。用户将从检查 Linux(UNIX)系统信息、创建安装用户、Linux(UNIX)下检查操作系统限制、检查系统内存与存储空间、检查系统内存与存储空间等方面对本机操作系统的配置信息进行检查或修改,具体操作根据不同的操作系统会有不同的系统命令,具体细节可以向系统管理员咨询。

(2)登录准备

用户登录或者切换到安装系统用户,不建议使用 root 系统用户对 DM8 进行安装。然后将 DM8 安装光盘放入光驱中,加载(mount)光驱,常用指令如下。

mount/dev/cdrom/mnt/cdrom (此处假定光驱对应的文件为/dev/cdrom/,且目标路径/mnt/cdrom 已经存在。)

加载光驱后,在/mnt/cdrom 文件目录下存在的 DMInstall.bin 文件就是 DM 的安装程序。在运行安装程序前,需要赋予 DMInstall.bin 文件执行权限。具体命令如下所示。

chmod 755 ./DMInstall.bin

赋予 DMInstall.bin 文件执行权限后,双击 DMInstall.bin 或者执行以下命令从而运行 DM8 的图形化安装过程,命令如下所示。

./DMInstall.bin

(3)确认安装

程序将自动检查当前操作系统下是否已经安装其他版本的 DM。如果存在其他版本的 DM，则将弹出提示对话框，如图 2-14 所示，单击"确定"按钮继续安装，将弹出"选择语言与时区"对话框；单击"取消"按钮则退出安装。若系统中已经安装 DM，则在重新安装之前，需要将原来的 DM 完全卸载。如果不存在其他版本的 DM，则直接弹出"选择语言与时区"对话框。

(4)选择语言和时区

根据系统配置选择相应语言与时区，语言选择"简体中文"，时区选择"(GTM+08:00)中国标准时间"，单击"确定"按钮继续安装，如图 2-15 所示。

图 2-14　多版本情况下继续安装确认框　　　　图 2-15　选择语言与时区

(5)欢迎界面

浏览欢迎界面的信息，然后单击"下一步"按钮继续安装，如图 2-16 所示。

(6)许可证协议

在安装和使用 DM 之前，需要用户仔细阅读许可证协议条款，阅读完后，如果接受该协议，则选中"接受"→单击"下一步"按钮继续安装；如果不接受，则选中"不接受"，此时将无法继续进行安装，如图 2-17 所示。

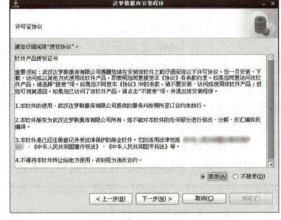

图 2-16　欢迎界面　　　　　　　　　　　图 2-17　许可证协议界面

(7)查看版本信息

用户可在"版本信息"界面中对 DM 服务器、客户端等组件的相应版本信息进行查看，如图 2-18 所示。浏览完相应的版本信息之后单击"下一步"按钮继续安装。

(8)验证 Key 文件

用户单击界面上方的"浏览"按钮→选取对应的 Key 文件，安装程序将自动验证 Key 文件信息。如果 Key 文件是合法的且在有效期内，则用户可以单击"下一步"按钮继续安装，如图 2-19 所示。

项目 2　建立数据库管理环境

图 2-18　"版本信息"界面

图 2-19　Key 文件

（9）选择安装方式

DM8 安装程序一共提供了四种安装方式："典型安装""服务器安装""客户端安装"和"自定义安装"，用户可以根据自身需求灵活选择，如图 2-20 所示。

图 2-20　"选择组件"界面

选择好需要安装的 DM8 组件，单击"下一步"按钮继续，如图 2-20 所示。

（10）选择安装目录

DM 默认安装目录为$HOME/dmdbms（如果安装用户为 root 系统用户，则默认安装目录为/opt/dmdbms，但是不建议使用 root 系统用户来安装 DM8），用户可以通过"浏览"按钮自定义安装目录，如图 2-21 所示。如果用户指定的目录已经存在，则弹出如图 2-22 所示警告消息框，提示用户该路径已经存在。若确定在指定路径下安装，则可单击"确定"按钮，该路径下已经存在的 DM 某些组件将会被覆盖；否则单击"取消"按钮，返回到如图 2-21 所示界面，重新选择安装目录。

图 2-21　选择安装目录　　　　　　　　图 2-22　确认安装目录

（11）安装前小结

显示即将安装软件的有关信息，例如产品名称、版本信息、安装类型、安装目录、所需空间、可用空间、可用内存等信息，用户检查无误后可单击"安装"按钮进行 DM8 的安装，如图 2-23 所示。

图 2-23　安装前小结

（12）安装过程

安装过程，如图 2-24 所示。

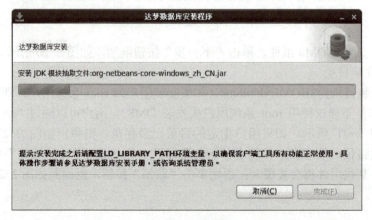

图 2-24　安装界面

注意，当安装进度完成时，将会弹出如图 2-25 所示对话框，提示使用 root 系统用户执行相关命令。用户可根据此对话框的说明完成相关操作，之后可单击"确定"按钮关闭此对话框。接着可以继续数据库的初始化，如图 2-26 所示，也可以后续进行独立的初始化操作。如果取消勾选"初始化数据库"复选框，则"初始化"按钮会变成"完成"按钮。此处可以取消勾选"初始化数据库"复选框，然后单击"完成"按钮。数据库的初始化将在 2.3.1 节中详细讲解。

图 2-25　执行配置脚本　　　　　　　　　　图 2-26　安装完成

2. 命令行安装 DM8

在 Linux（UNIX）类操作系统下使用命令行方式安装 DM8 的操作步骤如下。

1）用户在系统中进入终端，从终端进入 DM8 安装程序所在的文件夹，执行下述命令进行安装。

```
./DMInstall.bin -i
```

2）选择安装语言。

用户可根据系统的配置选择对应的语言，输入相应的选项，按〈Enter〉键进行下一步，如图 2-27 所示。

```
[dmdba@localhost ~]$ ./DMInstall.bin -i
请选择安装语言(C/c:中文 E/e:英文) [C/c]:
```

图 2-27　选择安装语言

如果当前系统中已经存在 DM，则终端将弹出提示，输入继续选项：Y/y，将进行下一步的命令行安装；否则会退出命令行安装，如图 2-28 所示。

```
本系统已存在其他版本达梦数据库，请您卸载。如继续安装，可能影响其他版本达梦数据库正常使用。
是否继续？(Y/y:是 N/n:否) [Y/y]:
```

图 2-28　是否继续选项

3）验证 Key 文件。

用户可以选择是否输入 Key 文件路径。若不输入，则进行下一步安装；输入 Key 文件路径，安装程序将显示 Key 文件的详细信息，如果是合法的 Key 文件且在有效期内，则用户可以继续安装，如图 2-29 所示。

4）输入时区。

终端上会显示时区信息，用户可根据系统的需求选择 DM8 的对应时区信息，如图 2-30 所示。

```
欢迎使用达梦数据库安装程序

是否输入Key文件路径? (Y/y:是 N/n:否) [Y/y]:y
请输入Key文件的路径地址 [dm.key]:/home/dmdba/dm.key

有效日期: 无限制
服务器颁布类型: 企业版
发布类型: 测试版
用户名称: 测试用户
授权用户数: 无限制
并发连接数: 无限制
```

图 2-29　验证 Key 文件

```
是否设置时区? (Y/y:是 N/n:否) [Y/y]:y
设置时区:
[ 1]: GTM-12=日界线西
[ 2]: GTM-11=萨摩亚群岛
[ 3]: GTM-10=夏威夷
[ 4]: GTM-09=阿拉斯加
[ 5]: GTM-08=太平洋时间（美国和加拿大）
[ 6]: GTM-07=亚利桑那
[ 7]: GTM-06=中部时间（美国和加拿大）
[ 8]: GTM-05=东部部时间（美国和加拿大）
[ 9]: GTM-04=大西洋时间（美国和加拿大）
[10]: GTM-03=巴西利亚
[11]: GTM-02=中大西洋
[12]: GTM-01=亚速尔群岛
[13]: GTM=格林威治标准时间
[14]: GTM+01=萨拉热窝
[15]: GTM+02=开罗
[16]: GTM+03=莫斯科
[17]: GTM+04=阿布扎比
[18]: GTM+05=伊斯兰堡
[19]: GTM+06=达卡
[20]: GTM+07=曼谷，河内
[21]: GTM+08=中国标准时间
[22]: GTM+09=首尔
[23]: GTM+10=关岛
[24]: GTM+11=所罗门群岛
[25]: GTM+12=斐济
[26]: GTM+13=努库阿勒法
[27]: GTM+14=基里巴斯
请选择设置时区 [21]:21
```

图 2-30　输入时区信息

5）选择安装类型。

命令行安装的安装类型与图形化安装相同，如图 2-31 所示。

```
安装类型:
1 典型安装
2 服务器
3 客户端
4 自定义
请选择安装类型的数字序号 [1 典型安装]:4
1 服务器组件
2 客户端组件
  2.1 DM管理工具
  2.2 DM性能监视工具
  2.3 DM数据迁移工具
  2.4 DM控制台工具
  2.5 DM审计分析工具
  2.6 SQL交互式查询工具
3 驱动
  3.1 ODBC驱动
  3.2 JDBC驱动
4 用户手册
5 数据库服务
  5.1 实时审计服务
  5.2 作业服务
  5.3 实例监控服务
  5.4 辅助插件服务
请选择安装组件的序号（使用空格间隔）[1 2 3 4 5]:1 2 3 4 5
所需空间: 733M
```

图 2-31　选择安装类型

用户需要手动输入安装类型，程序默认典型安装。如果用户选择自定义安装，则终端将输出全部安装组件的信息。用户通过命令行窗口输入需要安装的组件序号，多个组件的序号用空格隔开，输入完成后通过按〈Enter〉键结束，将输出安装选择的组件所需的存储空间的大小。

6）选择安装路径。

用户可以输入 DM 的安装路径，不输入则使用默认路径，默认值为/home/dmdba/dmdbms（如果安装用户为 root 系统用户，则默认安装目录为/opt/dmdbms，但不建议使用 root 系统用户来安装 DM），如图 2-32 所示。

```
请选择安装目录 [/home/dmdba/dmdbms]:/home/dmdba/dmdbms
可用空间: 7963M
是否确认安装路径? (Y/y:是 N/n:否)  [Y/y]:y
```

图 2-32　选择安装路径

7）安装前小结。

终端显示用户之前输入的部分安装信息，用户可对安装信息进行总体预览、确认。用户确认后，程序进行安装；用户不确认，退出安装程序，如图 2-33 所示。

8）安装。

在安装完成后，终端提示“请以 root 系统用户执行命令”，如图 2-34 所示。因为使用非 root 系统用户进行安装，所以部分安装步骤没有相应的系统权限，需要用户手动执行相关命令。用户可根据提示完成相关操作。

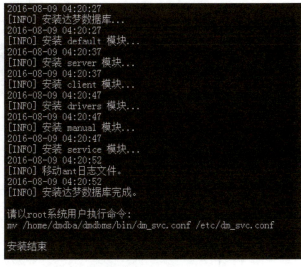

```
安装前小结
安装位置: /home/dmdba/dmdbms
所需空间: 733M
可用空间: 7963M
版本信息: 企业版
有效日期: 无限制
安装类型: 典型安装
是否确认安装 (Y/y,N/n) [Y/y]:y
```

图 2-33　安装前小结

```
2016-08-09 04:20:27
[INFO] 安装达梦数据库...
2016-08-09 04:20:27
[INFO] 安装 default 模块...
2016-08-09 04:20:37
[INFO] 安装 server 模块...
2016-08-09 04:20:37
[INFO] 安装 client 模块...
2016-08-09 04:20:47
[INFO] 安装 drivers 模块...
2016-08-09 04:20:47
[INFO] 安装 manual 模块...
2016-08-09 04:20:47
[INFO] 安装 service 模块...
2016-08-09 04:20:52
[INFO] 移动ant日志文件。
2016-08-09 04:20:52
[INFO] 安装达梦数据库完成。

请以root系统用户执行命令:
mv /home/dmdba/dmdbms/bin/dm_svc.conf /etc/dm_svc.conf

安装结束
```

图 2-34　安装结束

【任务考评】

考评点	完成情况	评价简述
安装 DM8 数据库	□完成　□未完成	

任务 2.3　认识 DM8 数据库管理工具

【任务描述】

在前面任务中已完成 DM8 数据库的安装。本任务的目的是认识 DM8 数据库的基础管理工具，便于后续数据库配置、数据库服务管理、数据库管理等工作的开展。

【任务分析】

通过本任务，主要了解各工具的基本功能，具体的使用会在后面的项目和任务中进行讲解。其中 DM 管理工具是后续任务中最常使用的工具之一，也是本任务的重点内容。

【任务实施】

2.3.1　DM8 数据库配置助手

在 2.2 节中安装 DM8 数据库时，并没有初始化数据库，用户可以通过 DM8 数据库配置助手来对数据库初始化的参数和属性进行相应的设置，并且选择是否安装示例库。在 DM8 数据库配置助手中，用户可以选择的操作方式包括创建数据库实例、删除数据库实例、注册数据库服务和删除数据库服务四种，本任务只详细介绍创建数据库实例的相关步骤。

DM8 数据库配置助手的图形界面在各个操作系统上保持一致，操作说明如下。

（1）选择操作方式

双击菜单栏中的"达梦数据库配置助手"，在打开的页面上单击"创建数据库实例"单选按钮，然后单击"开始"按钮进入下一步骤，如图 2-35 所示。

（2）创建数据库模板

DM8 数据库配置助手为用户提供了三种数据库模板，包括一般用途、联机分析处理和联机事务处理，用户可以根据自身的需求选择相应的数据库模板，如图 2-36 所示。

图 2-35　"达梦数据库配置助手"初始界面

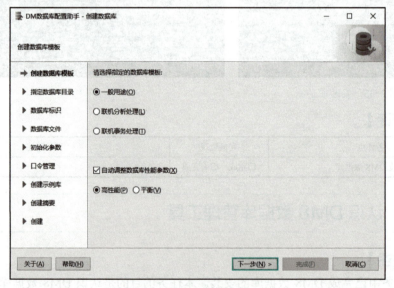

图 2-36　数据库模板选择

（3）选择数据库目录

用户可以通过单击"浏览"按钮或在文本框输入的方式选择数据库所在的目录，如图 2-37 所示。

图 2-37　指定数据库目录

（4）输入数据库标识

用户可以对数据库名、实例名、端口号进行自设置，如图 2-38 所示。

图 2-38　设置数据库标识

（5）确定数据库文件所在位置

用户可通过选择或文本框输入方式确定数据库控制、数据库日志等文件的所在位置，并通过右侧功能按钮，对文件进行添加或删除，如图 2-39 所示。

图 2-39　确定数据库文件所在位置

（6）设置数据库初始化参数

用户可以对数据库的参数进行相应的初始化设置，如簇大小、页大小、日志文件大小、时区设置等，如图 2-40 所示。

图 2-40　设置数据库初始化参数

（7）口令管理

用户可输入 SYSDBA（数据库管理员）、SYSAUDITOR（数据库审计员）的密码（也称口令），对默认口令进行更改。如果安装版本为安全版，则将会增加 SYSSSO（数据库安全员）用户的密码修改。密码设置后应牢记，若忘记密码，则需要厂商协助解决，如图 2-41 所示。

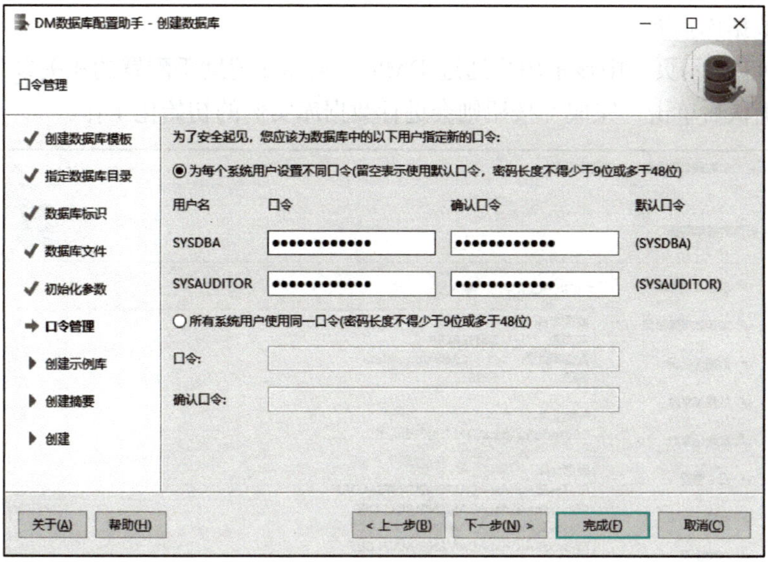

项目 2　建立数据库管理环境

图 2-41　口令管理

【知识拓展】

为了实现数据库管理权限分散，避免权利滥用的风险，将数据库系统的权限分配给不同的角色来管理，并且不同的角色各自偏重于不同的工作职责，使它们能够互相限制和监督，从而有效保证系统的整体安全。

达梦数据库通过"三权分立"安全机制将系统管理员分为数据库管理员、数据库安全员和数据库审计员三类。这三类角色对应的数据库账号分别为：数据库管理员账号 SYSDBA、数据库安全员账号 SYSSSO 和数据库审计员账号 SYSAUDITOR。为进一步提高安全性，还可增加数据库对象操作员角色，其数据库账号为 SYSDBO，形成"四权分立"的安全机制。

（8）选择是否创建示例库

用户可以自由选择是否创建示例库 BOOKSHOP 或 DMHR，如图 2-42 所示。

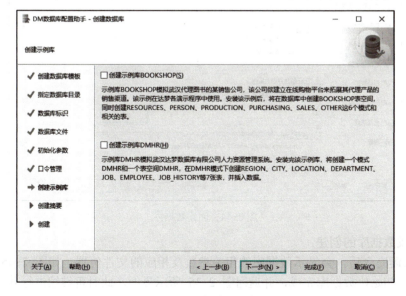

图 2-42　创建示例库

（9）创建数据库摘要

在如图 2-43 所示页面中显示用户通过 DM8 数据库配置助手配置的相关参数，用户可进行进一步确认，确认后单击"完成"按钮则会进行数据库实例的初始化工作。

图 2-43　创建数据库摘要

（10）初始化数据库

在创建数据库时，会显示初始化数据库的进度条，如图 2-44 所示。

图 2-44　创建数据库

（11）完成数据库的创建

在进度条读完之后，会显示数据库的相关参数及相应的文件位置，如图 2-45 所示。单击"继续"按钮，初始化数据库完成，并返回图 2-35 所示界面，此时可继续进行其他操作，或按"取消"按钮退出。

图 2-45　创建数据库完成

2.3.2　DM 服务查看器

DM 服务查看器是对数据库服务进行查看和管理的工具。通过 DM 服务查看器，可以停止、重新启动、刷新和查看数据库服务的状态，方便用户对数据库的管理。在数据库出现异常的情况下，用户可以通过 DM 服务查看器查看数据库的状态，手动对其进行重启或者关闭，如图 2-46 和图 2-47 所示。

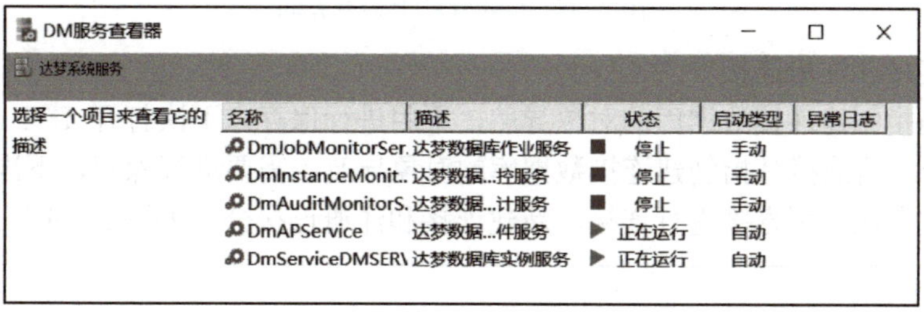

图 2-46　DM 服务查看器主界面

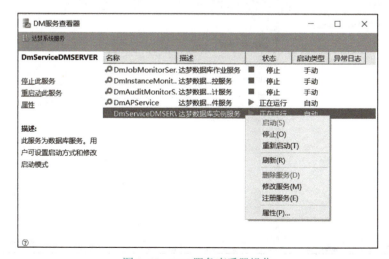

图 2-47　DM 服务查看器操作

2.3.3　DM 管理工具

DM 管理工具是达梦数据库自带的图形化工具，通过这个管理工具可以对多个数据库实例进行管理，也可以方便快捷地对数据进行管理。本任务对创建数据库实例连接的相关步骤进行介绍，操作说明如下。

（1）启动 DM 管理工具

单击计算机桌面上的"开始"图标按钮，展开"达梦数据库"菜单，单击"DM 管理工具"，即可进入程序以对数据库进行相应的管理，如图 2-48 所示。

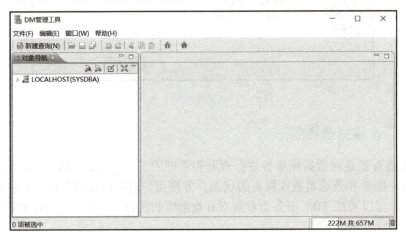

图 2-48　DM 管理工具主界面

（2）新建连接和注册连接

新建连接是指创建连接数据库的对象导航，不用进行保存，下次打开 DM 管理工具时需要重新进行连接；注册连接是指创建连接数据库的对象导航，需要进行保存，下次打开 DM 管理工具时对象导航存在，可直接进行连接。新建连接和注册连接分别如图 2-49 和图 2-50 所示。

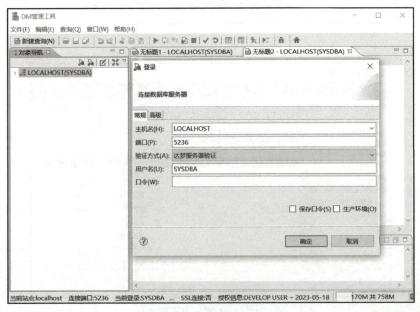

图 2-49　新建连接

项目2　建立数据库管理环境

图 2-50　注册连接

（3）查看数据库实例信息

连接数据库之后，在左侧的对象导航中，选择对应的实例并单击右键，然后在弹出的快捷菜单中选择"管理服务器"，就可以查看数据库实例的相关信息，如图 2-51、图 2-52 所示。

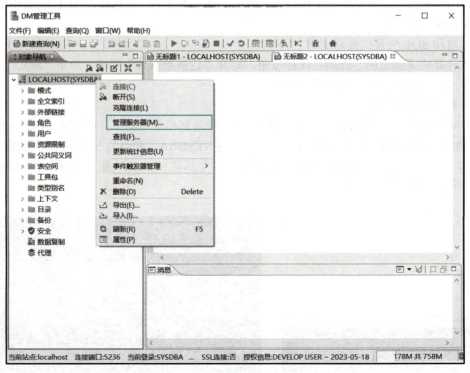

图 2-51　查看数据库实例信息

图 2-52　数据库实例信息

2.3.4　SQL 交互式查询工具（DISQL）

SQL 交互式查询工具是一个命令行客户端工具，用于进行 SQL 的交互式查询，通常用于没有图形界面的操作，或者使用命令行形式的连接工具。本任务简单地对 DISQL 的操作步骤进行介绍，操作说明如下。

（1）启动 SQL 交互式查询工具

单击计算机桌面上的"开始"图标按钮，展开"达梦数据库"菜单，单击"SQL 交互式查询工具"，进入 CMD 窗口，如图 2-53 所示。

（2）登录指定数据库

在 CMD 窗口中，使用 LOGIN 或 CONN 命令登录到指定数据库。以 LOGIN 命令为例，登录到 IP 地址为 192.168.101.59 的机器上，用户名为 SYSDBA，密码为 SYSDBA，但密码不会显示到屏幕上，端口号为 5236，对于其他设置项，全部按〈Enter〉键，即采用默认设置，如图 2-54 所示。

图 2-53　SQL 交互式查询工具

图 2-54　登录指定数据库

项目 2　建立数据库管理环境

【任务考评】

考评点	完成情况	评价简述
了解 DM 数据库配置助手的使用	□完成　□未完成	
了解 DM 服务查看器的使用	□完成　□未完成	
了解 DM 管理工具的使用	□完成　□未完成	
了解 DISQL 工具的使用	□完成　□未完成	

任务 2.4　卸载 DM8 数据库

【任务描述】

本任务的目标是完成 DM8 数据库的卸载。执行时请根据实际情况参考 Windows 或者 Linux 操作系统下的卸载步骤。

【任务分析】

本任务需要注意的是，在 Linux 操作系统下卸载时，要以 root 身份登录。

【任务实施】

2.4.1　Windows 操作系统下卸载 DM8

DM8 提供的卸载方式为全部卸载。

（1）打开卸载程序

对于 Windows 操作系统，在"开始"菜单里面找到"达梦数据库"，右键单击它，然后在弹出的快捷菜单中单击"卸载"菜单项；也可以在 DM8 的安装目录下，找到卸载程序"uninstall.exe"，直接双击该程序对 DM8 进行卸载，如图 2-55 所示。

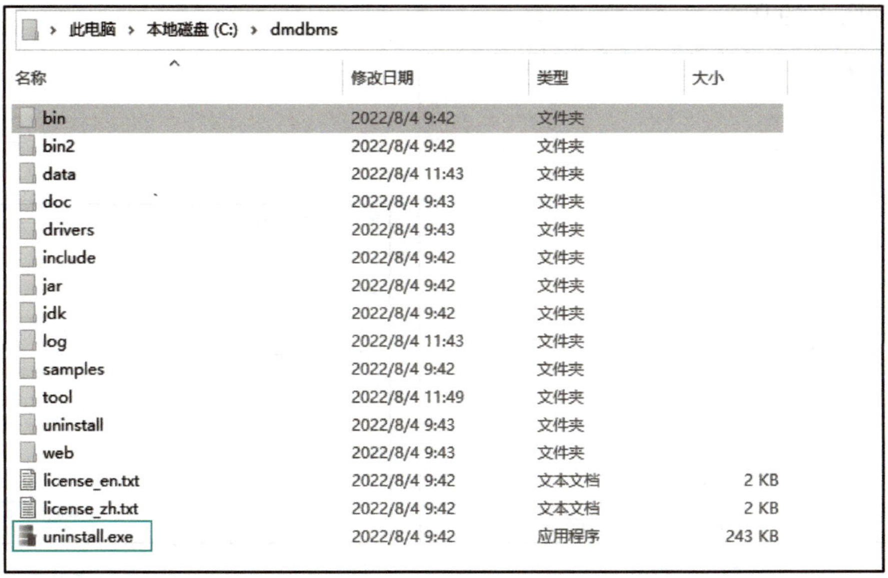

图 2-55　卸载程序位置

（2）确认是否卸载

在直接双击卸载程序后，会弹出提示框，以便用户确认是否卸载程序。单击"确定"按钮会进入卸载小结界面,单击"取消"按钮则会退出卸载程序,如图 2-56 所示。

(3)卸载小结

卸载小结界面显示 DM8 的卸载目录信息,用户对目录信息进行确认,单击"卸载"按钮开始对 DM 进行卸载,若单击"取消"按钮,则退出卸载程序,如图 2-57 所示。

图 2-56 确认卸载

图 2-57 卸载小结

(4)卸载

"卸载数据库"界面会显示 DM8 的卸载进度,如图 2-58 所示。

在进度条读完之后,单击"完成"按钮结束卸载。卸载程序不会删除安装目录下保存有用户数据的库文件以及安装 DM8 后使用过程中产生的一些文件,用户可以根据需要对这些文件进行删除,如图 2-59 所示。

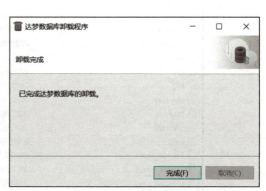

图 2-58 卸载进度

图 2-59 卸载完成

2.4.2 Linux（UNIX）操作系统下卸载 DM8

1．图形化卸载 DM8

1）在 DM8 的安装目录下，找到卸载脚本"uninstall.sh"以对 DM8 进行卸载，用户执行以下命令启动图形化卸载 DM8 程序。

```
# 进入 DM8 安装目录
cd /DM_INSTALL_PATH
# 执行卸载脚本
./uninstall.sh
```

2）运行图形化卸载程序后，程序会弹出提示框让用户确认是否卸载 DM8 程序。单击"确定"按钮进入"达梦数据库卸载程序"窗口，单击"取消"按钮则退出卸载程序。

3）"达梦数据库卸载程序"页面显示 DM8 的卸载目录信息，用户对目录信息进行确认，单击"卸载"按钮开始对 DM8 进行卸载，如图 2-60 所示，单击"取消"按钮则退出卸载程序。

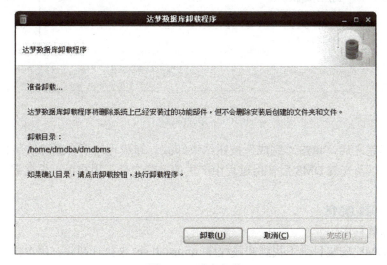

图 2-60　准备卸载

4）"卸载数据库"页面显示 DM8 的卸载进度，如图 2-61 所示。

图 2-61　卸载数据库

在 Linux（UNIX）系统下，使用非 root 用户身份卸载完成时，将会弹出"执行配置脚本"对话框，提示使用 root 以用户身份执行相关命令，用户可根据对话框的说明完成相关操作，之后可关闭此对话框，如图 2-62 所示。

图 2-62　执行配置脚本

在进度条读完之后，单击"完成"按钮结束卸载。卸载程序不会删除安装目录下保存有用户数据的库文件以及安装 DM8 后使用过程中产生的一些文件，用户可以根据需要对这些文件进行删除。

2．命令行卸载 DM8

（1）启动卸载程序

用户可在 DM8 安装目录下找到卸载程序 uninstall.sh 来执行卸载。用户执行以下命令启动命令行卸载程序。

```
# 进入DM8 安装目录
cd /DM_INSTALL_PATH
# 执行卸载脚本命令行时需要添加参数-i
./uninstall.sh -i
```

（2）运行卸载程序

需要在终端窗口中对是否卸载程序进行确认，输入"y/Y"后开始卸载 DM8；输入"n/N"后退出卸载程序，如图 2-63 所示。

图 2-63　运行卸载程序

（3）卸载进度

在终端窗口中显示卸载进度，如图 2-64 所示。

```
[dmdba@localhost dmdbms]$ ./uninstall.sh -i
请确认是否卸载达梦数据库 [y/Y 是 n/N 否]: y

正在删除快捷方式
删除快捷方式完成
正在删除所有数据库库服务
删除数据库服务DmInstanceMonitor
删除数据库服务DmJobMonitor
删除数据库服务DmAPService
删除数据库服务DmAuditMonitor
删除所有数据库库服务完成
正在删除数据库目录
删除bin目录
删除bin目录完成
删除bin2目录
删除bin2目录完成
删除include目录
删除include目录完成
删除desktop目录
删除desktop目录完成
删除doc目录
删除doc目录完成
删除jdbc目录
删除jdbc目录完成
```

图 2-64　卸载进度信息

在 Linux（UNIX）系统下，使用非 root 用户身份卸载完成时，终端将提示“使用 root 用户执行命令”。用户需要手动执行相关命令，如图 2-65 所示。

```
使用root用户执行命令:
/home/dmdba/dmdbms/root_all_service_uninstaller.sh
rm -f /etc/dm_svc.conf
```

图 2-65　提示使用 root 用户执行命令

【任务考评】

考评点	完成情况	评价简述
卸载 DM8 数据库	□完成　□未完成	

任务 2.5　项目总结

【项目实施小结】

通过该项目的实施，项目参与人员能够安装、卸载 DM8 数据库，对 DM8 数据库的基础管理工具有了基本了解。为后续项目和任务的实施做好了数据库管理软件的准备。

【对接产业技能】

1. 指导客户安装数据库软件。
2. 指导客户卸载数据库软件。
3. 解答客户在数据库安装过程中遇到的问题。

任务 2.6 项目评价

项目评价表	项目名称		项目承接人		组号	
	建立数据库管理环境					
项目开始时间		项目结束时间		小组成员		

评分项目			配分	评分细则	自评得分	小组评价	教师评价
项目实施情况（20分）	纪律情况（5分）	项目实施准备	1	准备书、本、笔、设备等			
		积极思考、回答问题	2	视情况得分			
		跟随教师进度	2	视情况得分			
		遵守课堂纪律	0	按规章制度扣分（0~100分）			
	考勤（5分）	迟到、早退	5	迟到、早退每项扣2.5分			
		缺勤	0	根据情况扣分（0~100分）			
	职业道德（5分）	遵守规范	3	根据实际情况评分			
		认真钻研	2	依据实施情况及思考情况评分			
	职业能力（5分）	总结能力	3	按总结完整性及清晰度评分			
		举一反三	2	根据实际情况评分			
核心任务完成情况评价（60分）	数据库知识准备（40分）	认识DM8数据库	2	了解DM8概况			
			2	了解数据库、实例和数据库服务			
			2	认识DM8逻辑结构			
			2	认识DM8物理结构			
		安装DM8数据库	8	安装DM8数据库			
		认识DM8数据库管理工具	5	了解DM配置助手			
			3	了解DM服务查看器			
			5	了解DM管理工具			
			3	了解SQL交互式查询工具			
		卸载DM8数据库	8	卸载DM8数据库			
	综合素养（20分）	语言表达	5	讨论、总结过程中的表达能力			
		问题分析	5	问题分析情况			
		团队协作	5	实施过程中的团队协作情况			
		工匠精神	5	敬业、精益、专注、创新等			
拓展训练（20分）	实践或讨论（20分）	完成情况	10	实践或讨论任务完成情况			
		收获、体会	10	项目完成后收获及总结情况			
总分							
综合得分（自评20%，小组评价30%，教师评价50%）							

组长签字： 教师签字：

任务 2.7 项目拓展训练

【基本技能训练】

一、填空题

1. DM8 提供了多种不同的产品系列，包括_____、_____和_____。
2. DM 数据库指的是磁盘上存放在 DM 数据库中的数据的集合，一般包括_____、_____、_____、_____和_____等。
3. 在 DM8 数据库内部，所有的数据文件组合在一起并被划分到一个或者多个_____中。
4. DM8 典型的物理存储结构包括：用于进行功能设置的_____；用于记录文件分布的_____；用于保存用户实际数据的_____、重做日志文件、归档日志文件、备份文件；用来进行问题跟踪的跟踪_____等。

二、选择题

1. 下面（　　）符合 DM8 逻辑结构中各元素的从属关系。
   A. 簇→页→段→表空间→数据文件　　B. 页→段→簇→表空间→数据文件
   C. 页→簇→段→数据文件→表空间　　D. 簇→段→页→表空间→数据文件
2. 下面（　　）是 DM8 物理存储结构中包含的日志文件。
   A. 重做日志文件　　B. 归档日志文件
   C. 访问日志文件　　D. 错误日志文件
3. 下面的工具中，（　　）能够创建和删除数据库实例。
   A. DMSQL　　B. DISQL
   C. DM 服务查看器　　D. DM 管理工具
4. （　　）是对数据库服务进行查看、管理的工具。
   A. DMSQL　　B. DISQL
   C. DM 服务查看器　　D. DM 管理工具

【综合技能训练】

1. 访问达梦官方网站，了解 DM 系列产品的应用场景。
2. 访问达梦官方网站，针对官网中某个案例，分析 DM 系列数据库在该案例架构中的作用。

项目 3　数据库对象管理

【项目导入】

各类数据库对象是数据库的重要组成部分，包括表空间、模式、表、视图等。对数据库对象以及数据库对象之间关系的理解，是进行数据库管理的基础。

实习员工小达在项目 2 中构建好了基于 DM8 的数据库管理环境。通过本项目中各任务的实施，可以在数据库管理系统中创建和管理各类数据库对象，同时能够加深对各数据库对象的理解，为后续对数据进行管理操作打下基础。

学习目标

知识目标	技能目标	素养目标
1. 理解数据库及实例的概念 2. 理解表空间的概念 3. 理解模式的概念 4. 理解表的概念	1. 掌握数据库及实例的创建和管理方法 2. 掌握表空间的创建和管理方法 3. 掌握模式的创建和管理方法 4. 掌握表的创建和管理方法	1. 培养踏实的工作规划能力 2. 培养尊重规律、严谨务实的工作态度

任务 3.1　数据库、实例的创建及管理

【任务描述】

本任务的主要目标是了解数据库、实例的创建规划，数据库及实例的创建，查看数据库信息，数据库服务的启动及停止，以及数据库、数据库实例及数据库服务的删除。

【任务分析】

本任务是项目 3 中的基础任务。正确创建及管理数据库、实例是后续进行良好的数据库管理的基础。本任务的难点在于如何正确完成数据库及实例的创建过程。

【任务实施】

3.1.1　数据库及实例创建规划

在用户创建数据库之前，需要规划数据库，如数据库名、实例名、端口、文件路径、簇大小、页大小、日志文件大小、SYSDBA 和 SYSAUDITOR 等系统用户的密码等。在数据库实例创建前，应提前做好规划工作。

1）在创建数据库之前需要做如下准备工作。
- 规划数据库表和索引，并估算它们所需的空间大小。
- 确定字符集。所有字符集数据，包括数据字典中的数据，都存储在数据库字符集中，用户在创建数据库时可以指定数据库字符集，若不指定，则使用默认字符集《信息技术　中文编码字符集》（GB 18030—2022）。
- 规划数据库文件的存储路径，可以指定数据库存储路径、控制文件存放路径、日志文件

存放路径等。注意,在指定的路径或文件名中,尽量不要包含中文字符,否则可能由于数据库与操作系统编码方式不一致而导致不可预期的问题。
- 配置数据库时区。
- 设置数据库簇大小、页大小、日志文件大小,在数据库创建时分别由 EXTENT_SIZE、PAGE_SIZE、LOG_SIZE 初始化参数来指定,并且在数据库创建完成之后不能再修改此参数。

2)创建数据库之前,必须满足以下必要条件。
- 除安装必需的 DM 软件以外,还包括为操作系统设置各种环境变量,并为软件和数据库文件建立目录结构。
- 必须有足够的内存来启动 DM 数据库实例。
- 在执行 DM 的计算机上要有足够的磁盘存储空间来容纳规划的数据库。

3.1.2 创建数据库及实例

用户可以在安装 DM 数据库软件时创建数据库,也可以在安装之后创建数据库。创建步骤参见 2.3.1 节。

3.1.3 查看数据库信息

登录 DM 管理工具,通过表空间属性,可以查看数据文件路径、总空间大小、空闲空间大小、空间使用率等,如图 3-1 所示。

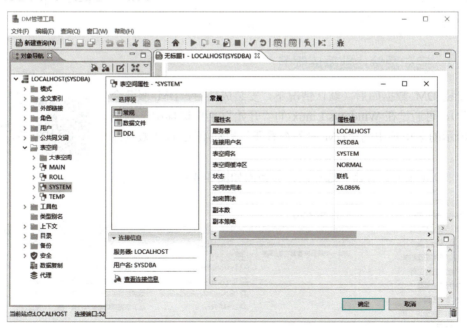

图 3-1 查看表空间属性界面

通过 DM 控制台工具查看实例配置属性,可以查看如下信息:文件位置、实例名、内存池和缓冲区、线程、查询、检查点、输入/输出、数据库、日志、事务、安全、兼容性、请求跟踪、进程守护、Oracle 数据类型兼容和配置文件,如图 3-2 所示。

图 3-2　查看实例配置属性界面

3.1.4　启动及停止数据库服务

在安装 DM 数据库后（默认情况下，安装成功后，DM 服务会自动启动），可通过在 Windows/Linux 的"开始"菜单选项中选择如图 3-3 所示的菜单项中的"DM 服务查看器"启动/停止 DM 数据库的服务。

3.1.4
启动及停止数据库服务

单击"DM 服务查看器"选项后，会弹出如图 3-4 所示的界面。

图 3-3　达梦数据库相关
　　　管理工具菜单选项

图 3-4　"DM 服务查看器"界面

在弹出的界面中选中所要启动的数据库，单击鼠标右键，在弹出的快捷菜单栏中选择"启动"或"停止"。在 Windows 操作系统中，还可以在 Windows 工具的"服务"中启动或停止

DM 数据库服务，具体操作步骤在此不再赘述。

3.1.5 删除数据库、数据库实例及数据库服务

1. 删除数据库及实例

1）删除数据库，包括删除数据库的实例、数据文件、日志文件、控制文件和初始化参数文件。为了保证删除数据库成功，必须保证想要删除的数据库（本例为 DMSERVER）已关闭。可以使用达梦数据库配置助手来删除数据库，首先单击"删除数据库实例"单选按钮，如图 3-5 所示。

2）根据数据库名称，选择要删除的数据库，如图 3-6 所示，也可以通过指定数据库配置文件删除数据库。

图 3-5　达梦数据库配置助手向导界面（删除数据库实例）

图 3-6　删除数据库选择界面

3）确认将要删除的数据库的名称、实例名、数据库目录等，如图 3-7 所示。

4）在删除过程中，首先停止实例，然后删除实例，最后删除数据库，如图 3-8 所示。

图 3-7　删除数据库摘要界面

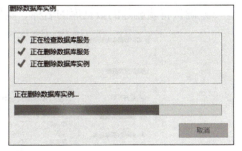

图 3-8　删除数据库实例进度展示界面

5）删除完成之后将显示提示界面，提示完成或错误反馈信息，如图 3-9 所示。

2. 删除数据库服务

1）删除数据库服务，只删除用于启动和停止数据库的服务文件，不会删除数据库的数据文件、日志文件、控制文件和初始化参数文件。用户删除数据库服务可以通过图形化界面实现，如图 3-10 所示，单击"删除数据库服务"单选按钮。

图 3-9　数据库删除完成提示界面

图 3-10　达梦数据库配置助手向导界面（删除数据库服务）

2）根据数据库服务名称，选择要删除的数据库服务，也可以通过指定数据库配置文件删除数据库服务，如图 3-11 所示。

图 3-11　删除数据库服务选择界面

3）确认将要删除的数据库的名称、实例名、数据库服务名、数据库目录等，如图 3-12 所示。

图 3-12　删除服务摘要界面

4）在删除数据库服务过程中，首先检查数据库服务，然后删除数据库服务，如图 3-13 所示。

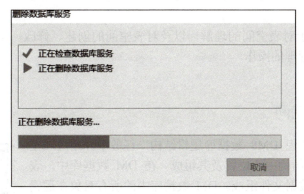

图 3-13　数据库服务删除进度展示界面

5）删除完成之后将显示提示界面，提示完成或错误反馈信息，如图 3-14 所示。

图 3-14　数据库服务删除完成提示界面

【任务考评】

考评点	完成情况	评价简述
了解数据库、实例的创建规划	□完成　□未完成	
了解数据库及实例的创建方法	□完成　□未完成	
了解数据库信息的查看方法	□完成　□未完成	
了解数据库服务的启动及停止	□完成　□未完成	
了解数据库、数据库实例及数据库服务的删除方法	□完成　□未完成	

任务 3.2　表空间创建及管理

【任务描述】

本任务的主要目标是了解表空间的概念、表空间的创建方法、查看表空间的方法、修改表空间的方式和删除表空间的方式。

📖【任务分析】

本任务的难点在于对表空间的理解，以及对表空间的创建、修改。了解表空间的创建和管理有利于后续数据库管理的操作。

📦【任务实施】

3.2.1 理解表空间

在 2.1.3 节的"认识 DM8 数据库逻辑结构"任务中介绍过表空间在 DM 数据库逻辑结构中的位置及其组成。在 DM 数据库中，表空间由一个或者多个数据文件组成。DM 数据库中的所有对象在逻辑上都存放在表空间中，而物理上都存储在所属表空间的数据文件中。

3.2.1
理解表空间

在创建 DM 数据库时，会自动创建 5 个表空间：SYSTEM 表空间、ROLL 表空间、MAIN 表空间、TEMP 表空间和 HMAIN 表空间，如图 3-15 所示，在创建数据库时默认设置了表空间对应的数据文件。

图 3-15 创建数据库时的表空间数据文件设置界面

1）SYSTEM 表空间是系统表空间，存放数据库关键信息，包括有关 DM 数据库的字典信息、动态性能视图等，用户不能在 SYSTEM 表空间创建表和索引。

2）ROLL 表空间是回滚表空间，完全由 DM 数据库自动维护，用户无须干预。该表空间用来存放事务运行过程中执行 DML 操作之前的值，从而为访问该表的其他用户提供表数据的读一致性视图。

3）MAIN 表空间是默认表空间，在初始化库的时候，就会自动创建一个大小为 128MB 的数据文件 MAIN.DBF。在创建用户时，如果没有指定默认表空间，则系统自动指定 MAIN 表空间为用户默认的表空间。

4）TEMP 表空间是临时表空间，完全由 DM 数据库自动维护。当用户的 SQL 语句需要磁盘空间来完成某个操作时，DM 数据库会从 TEMP 表空间分配临时段。如创建索引、无法在内存中完成的排序操作、SQL 语句中间结果集以及用户创建的临时表等都会使用 TEMP 表空间。

5）HMAIN 表空间属于 HTS 表空间（HUGE TABLESPACE），完全由 DM 数据库自动维护，用户无须干涉。当用户在创建 HUGE 表时，未指定 HTS 表空间的情况下，HMAIN 表空间充当默认 HTS 表空间。每一个用户都有一个默认的表空间。对于 SYS、SYSSSO、SYSAUDITOR 系统用户，默认的用户表空间是 SYSTEM，而 SYSDBA 的默认表空间为 MAIN，如果新创建的用户没有指定默认表空间，则系统自动指定 MAIN 表空间为用户默认的表空间。

【知识拓展】

达梦数据库为了应对大数据存储、查询、分析的业务需求，实现了 Huge File System（HFS）存储机制。HFS 是一种针对大数据进行分析的高效、简单的以列方式进行存储的存储机制。达梦在 HFS 存储机制的基础上，引入了列存储表的概念，简称 HUGE 表。HUGE 表的存储空间就是创建在 HTS 上的。HTS 表空间区别于普通表空间，不是以段、簇、页的形式管理的，而是以一个文件系统的形式来管理的。创建一个 HTS 表空间，实际上是创建一个对应的文件目录。当 HUGE 表中插入数据后，系统会在生成的空目录下创建以 "模式-表-列" 目录结构来存储的数据文件。

如果用户在创建表的时候，指定了存储表空间 A，并且和当前用户的默认表空间 B 不一致，则表存储在用户指定的表空间 A 中，并且默认情况下，在这张表上面建立的索引也将存储在 A 中，但是用户的默认表空间是不变的，仍为 B。一般情况下，建议用户自己创建一个表空间来存放业务数据，或者将数据存放在默认的用户表空间 MAIN 中。

表空间的创建、修改、删除等需要供具有权限的用户在 DM 服务器处于打开状态下进行操作。

3.2.2 创建表空间

创建表空间需要遵守以下几个原则。
- 表空间名在数据库中必须唯一。
- 在一个表空间中，数据文件和镜像文件总共不能超过 256 个。
- 如果全库已经加密，就不再支持表空间加密。
- SYSTEM 表空间不允许关闭自动扩展，且不允许限制空间大小。

3.2.2 创建表空间

【温馨提示】

主流数据库执行数据库管理操作一般可以通过 SQL 语句或者图形化管理工具两种方式实现。对于达梦数据库，可以通过 DISQL 或者在 DM 图形化工具（DM 管理工具）的查询窗口中执行 SQL 语句。

（1）通过 SQL 语句创建表空间

创建表空间的 SQL 语法格式如下所示。

CREATE TABLESPACE <表空间名> <数据文件子句>[<数据页缓冲池子句>][<存储加密子句>][<指定 DFS 副本子句>]

【温馨提示】

在讲解具体的 SQL 语句前，先对描述 SQL 语句的一些符号进行约定。
<> 表示一个语法对象，但是尖括号本身不能出现在语句中。
::=为定义符，用来定义一个语法对象。定义符左边为语法对象，右边为相应的语法描述。
|为 "或者" 符，它限定的语法选项在实际的语句中只能出现一个。
{}为大括号，指明大括号内的语法选项在实际的语句中可以出现 0~N 次（N 为大于 0 的自然数），但是大括号本身不能出现在语句中。

[]为中括号,指明中括号内的语法选项在实际的语句中可以出现 0 或 1 次,但是中括号本身不能出现在语句中。

关键字在 DM_SQL 中具有特殊意义。在 SQL 语法描述中,关键字以大写形式出现。但在实际书写 SQL 语句时,关键字可以为大写,也可以为小写。

下面对相关子句进行说明。
① <数据文件子句> ::= DATAFILE<文件说明项>{,<文件说明项>}
② <文件说明项> ::= <文件路径>[MIRROR<文件路径>]SIZE<文件大小>[<自动扩展子句>]
③ <自动扩展子句> ::= AUTOEXTEND <ON [<每次扩展大小子句>][<最大大小子句>] |OFF>
④ <每次扩展大小子句> ::= NEXT <扩展大小>
⑤ <最大大小子句> ::= MAXSIZE <文件最大大小>
⑥ <数据页缓冲池子句> ::= CACHE = <缓冲池名>
⑦ <存储加密子句> ::= ENCRYPT WITH <加密算法> [[BY] <加密密码>]
⑧ <指定 DFS 副本子句> ::= [<指定副本数子句>][<副本策略子句>]
⑨ <指定副本数子句> ::= COPY <副本数>
⑩ <副本策略子句> ::= GREAT | MICRO

下面对相关参数进行说明。
① <表空间名>:表空间的名称,最大长度为 128B。
② <文件路径>:指明新生成的数据文件在操作系统下的路径及其名称。数据文件的存放路径符合 DM 安装路径的规则,且该路径必须是已经存在的。
③ MIRROR:数据文件镜像,用于在数据文件出现损坏时替代数据文件进行服务。MIRROR 数据文件的<文件路径>必须是绝对路径。要使用数据文件镜像,必须在建库时开启页校验的参数 PAGE_CHECK。
④ <文件大小>:整数值,指明新增数据文件的大小(单位为 MB),取值范围为 4096×页大小~2147483647×页大小。
⑤ <缓冲池名>:系统数据页缓冲池名为 NORMAL 或 KEEP。缓冲池名 KEEP 是 DM 的保留关键字,使用时必须加双引号。
⑥ <加密算法>:可通过查看动态视图 V$CIPHERS 获取算法名。
⑦ <加密密码>:最大长度为 128B,若未指定,则由 DM 随机生成。
⑧ <指定 DFS 副本子句>:专门用于指定分布式文件系统(Distributed File System,DFS)中副本的属性。
⑨ <副本数>:表空间文件在 DFS 中的副本数,默认为 DMDFS.INI 中的 DFS_COPY_NUM 的值。
⑩ <副本策略子句>:指定管理 DFS 副本的区块,即宏区(GREAT)或微区(MICRO)。

【知识拓展】

理论上,数据库中最多允许有 65535 个表空间。用户允许创建的表空间的 ID 由系统自动分配,且取值范围为 0~32767,因为超过 32767 的 ID 编号只允许系统使用。还需要注意的是,ID 不能重复使用,即使删除已有表空间,也无法重复使用已用过的 ID,也就是说,只要创建 32768 次表空间,用户就无法再创建表空间。

【案例 3-1】 以 SYSDBA 身份登录数据库后,创建表空间 COMPANY,指定数据文件 CMP.dbf,大小为 128MB。

通过分析该案例,可确定 SQL 语句为 CREATE TABLESPACE <表空间名><数据文件子句>。创建表空间 SQL 语句的各参数如下。

① <表空间名>为 COMPANY。

② <数据文件子句>可分解为 DATAFILE <文件路径> SIZE <文件大小>。

- <文件路径>中的文件名为 CMP.dbf。对于文件路径,需要根据实际情况提供一个确实存在的路径。该案例中以 c:\作为表空间数据文件存储的路径。
- <文件大小>为 128,默认单位为 MB。

所以,创建表空间语句如下。

```
CREATE TABLESPACE COMPANY DATAFILE 'c:\CMP.dbf' SIZE 128;
```

【温馨提示】

在 DISQL 命令行中执行上面的 SQL 语句时,不要忘记最后的分号";",分号的出现表明该 SQL 语句编写完成,可提交执行。

(2)通过图形化工具创建表空间

【案例 3-2】 以 SYSDBA 身份登录数据库后,创建表空间 FACTORY,指定数据文件 FCT.dbf,大小为 128MB。

1)在 DM 管理工具的对象导航窗口中展开并选择"表空间",然后在"表空间"节点上单击右键,在弹出的如图 3-16 所示的快捷菜单中选择"新建表空间"选项。

2)弹出"新建表空间"窗口,如图 3-17 所示,它主要分为左、右两个区域:左边是"选择项"区域,可对新建表空间不同的定义进行分类、选择;右边是定义区域,可根据"选择项"的分类进行相关的具体定义。

图 3-16　表空间对象导航(新建表空间)

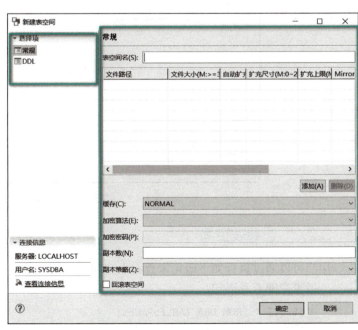

图 3-17　"新建表空间"窗口

3)下面对新建表空间的属性进行设置,如图 3-18 所示。在"表空间名"中输入给定的表空间名"FACTORY",然后单击下方"添加"按钮以添加文件信息,选中文件信息的属性进行相应的设置,为"文件路径"赋值"c:\FCT.dbf",为"文件大小"赋值"128"。

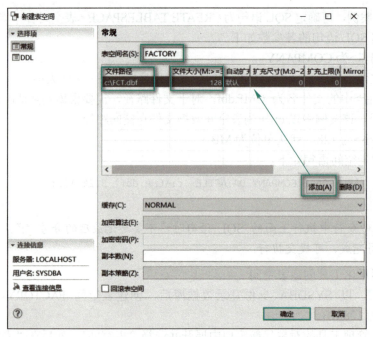

图 3-18 新建表空间属性设置

4）在完成定义后，可以单击"确定"按钮来完成表空间的创建。还可以先在"DDL"选择项中查看创建表空间的 DDL 语句，如图 3-19 所示，进行检查后再单击"确定"按钮。

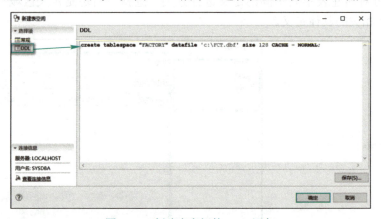

图 3-19 创建表空间的 DDL 语句

3.2.3 查看表空间

用户可以通过执行如下语句来查看表空间的相关信息。
一般表空间查看语句。

```
SELECT * FROM DBA_TABLESPACES;
或
SELECT * FROM V$TABLESPACE;
```

HUGE 表空间查看语句。

```
SELECT * FROM V$HUGE_TABLESPACE;
```

3.2.4 修改表空间

当需要对表空间相关的名称、文件名、文件大小等属性进行调整时，可以对表空间进行修改。修改表空间的 SQL 语句的语法格式如下所示。

```
ALTER TABLESPACE <表空间名> [ONLINE | OFFLINE | CORRUPT|<表空间重命名子句> | <数据文件重命名子句>|<增加数据文件子句>|<修改文件大小子句>|<修改文件自动扩展子句>|<数据页缓冲池子句>]
```

首先，通过修改表空间语句，可以更改表空间的状态，ONLINE 是联机状态，OFFLINE 是脱机状态。系统表空间、回滚表空间、重做日志表空间和临时表空间不允许脱机。在设置表空间状态为脱机状态时，如果该表空间有未提交的事务，则脱机失败并报错。脱机后可对表空间的数据进行备份。

其次，如果表空间发生损坏（表空间还原失败，或者数据文件丢失或损坏），则允许将表空间切换为 CORRUPT 状态。

下面对其他子句进行说明。

① <表空间重命名子句> ::= RENAME TO <表空间名>
② <数据文件重命名子句>::= RENAME DATAFILE <文件路径>{,<文件路径>} TO <文件路径>{,<文件路径>}
③ <增加数据文件子句> ::= ADD <数据文件子句>
④ <数据文件子句>::=见 3.2.2 节中表空间创建语句说明
⑤ <修改文件大小子句> ::= RESIZE DATAFILE <文件路径> TO <文件大小>
⑥ <修改文件自动扩展子句> ::= DATAFILE <文件路径>{,<文件路径>}[<自动扩展子句>]
⑦ <自动扩展子句> ::= 见 3.2.2 节的相关说明
⑧ <数据页缓冲池子句> ::= CACHE = <缓冲池名>

下面对相关参数进行说明。

① <表空间名>：表空间的名称。
② <文件路径>：指明数据文件在操作系统下的路径及其名称。数据文件的存放路径符合 DM 安装路径的规则，且该路径必须是已经存在的。
③ <文件大小>：整数值，指明新增数据文件的大小（单位为 MB）。
④ <缓冲池名>：系统数据页缓冲池名为 NORMAL 或 KEEP。

修改表空间时应注意以下几点。

- ALTER TABLESPACE 操作都会被自动提交。
- 在修改表空间数据文件大小时，其大小必须大于自身大小。
- SYSTEM 表空间不允许关闭自动扩展，且不允许限制空间大小。
- 如果表空间有未提交事务，则表空间不能修改为 OFFLINE 状态。
- 在重命名表空间数据文件时，表空间必须处于 OFFLINE 状态，修改成功后再将表空间修改为 ONLINE 状态。
- 在表空间切换为 CORRUPT 状态后，可删除损坏的表空间，如果在表空间上定义了对象，则需要先将所有对象删除，再删除表空间。

【案例 3-3】 将表空间 FACTORY 的名字修改为 TS_FACTORY。

1）通过执行 SQL 语句实现。

```
ALTER TABLESPACE FACTORY RENAME TO TS_FACTORY;
```

2）通过图形化工具实现。

在 DM 管理工具的对象导航窗口中展开并选择"表空间"，然后选中新建的表空间"FACTORY"，在其上单击右键，在弹出的如图 3-20 所示的快捷菜单中选择"重命名"选项，则会出现如图 3-21 所示的修改表空间名字的页面，将名字修改为"TS_FACTORY"，然后单击"确定"按钮，即可修改成功。

图 3-20　表空间对象导航（重命名）　　　　图 3-21　表空间重命名页面

【案例 3-4】增加一个大小为 128MB、路径为 c:\FCT_1.dbf 的数据文件到表空间 TS_FACTORY。

1）通过执行 SQL 语句实现。

```
ALTER TABLESPACE TS_FACTORY ADD DATAFILE 'c:\FCT_1.dbf' SIZE 128;
```

2）通过图形化工具实现。

① 在 DM 管理工具的对象导航窗口中展开并选择"表空间"，然后选中表空间"TS_FACTORY"，在其上单击右键，在弹出的如图 3-22 所示的快捷菜单中选择"修改"选项。

② 在出现的如图 3-23 所示的修改表空间信息的页面中，单击"添加"按钮，添加文件信息，将文件路径赋值为"c:\FCT_1.dbf"，将文件大小赋值为"128"，然后单击"确定"按钮保存。

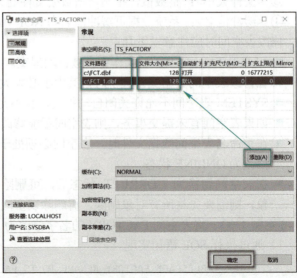

图 3-22　表空间对象导航（修改）　　　　图 3-23　表空间信息修改（增加文件信息）

【案例 3-5】 修改表空间 TS_FACTORY 中数据文件 c:\FCT_1.dbf 的大小为 200MB。
1）通过执行 SQL 语句实现。

```
ALTER TABLESPACE TS_FACTORY RESIZE DATAFILE 'c:\FCT_1.dbf ' TO 200;
```

2）通过图形化工具实现。

① 在 DM 管理工具的对象导航窗口中展开并选择"表空间"，然后选中表空间"TS_FACTORY"，在其上单击右键，在弹出的快捷菜单中选择"修改"选项。

② 在出现的如图 3-24 所示的修改表空间信息的页面中，选中数据文件"c:\FCT_1.dbf"，将文件大小修改为"200"，然后单击"确定"按钮保存。

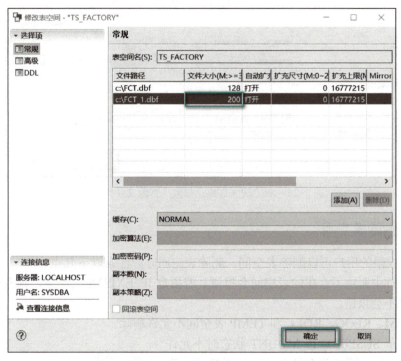

图 3-24　表空间文件信息修改（修改文件大小）

【案例 3-6】 将表空间 TS_FACTORY 的数据文件 c:\FCT_1.dbf 重命名为 c:\FCT_0.dbf。
1）通过执行 SQL 语句实现。

要重命名数据文件，需要在修改前将表空间状态设置为脱机状态，等修改完成后再设置为联机状态。

```
ALTER TABLESPACE TS_FACTORY OFFLINE;
ALTER TABLESPACE TS_FACTORY RENAME DATAFILE 'c:\FCT_1.dbf' TO 'c:\FCT_0.dbf ';
ALTER TABLESPACE TS_FACTORY ONLINE;
```

2）通过图形化工具实现。

① 在 DM 管理工具的对象导航窗口中展开并选择"表空间"，然后选中表空间"TS_FACTORY"，在其上单击右键，在弹出的快捷菜单中选择"修改"选项。

② 在出现的如图 3-25 所示的修改表空间信息的页面中，选中数据文件"c:\FCT_1.dbf"，将它重命名为"c:\FCT_0.dbf"，然后单击"确定"按钮保存。

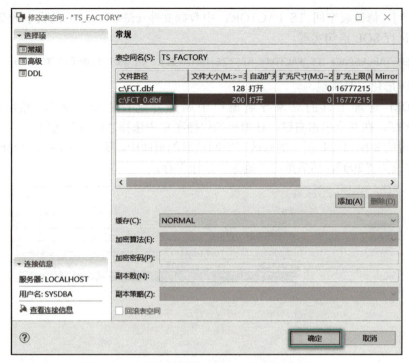

图 3-25　表空间文件信息修改（修改文件路径）

3.2.5　删除表空间

具有相应权限的用户可以删除表空间。删除表空间时应注意以下几点。
- 在命令行中删除不存在的表空间会报错。若指定 IF EXISTS 关键字，则删除不存在的表空间时不会报错。
- SYSTEM、RLOG、ROLL 和 TEMP 表空间不允许删除。
- 系统处于 SUSPEND 或 MOUNT 状态时不允许删除表空间，系统只有处于 OPEN 状态才允许删除表空间。

（1）通过执行 SQL 语句删除表空间

```
DROP TABLESPACE [IF EXISTS] <表空间名>
```

（2）通过图形化工具删除表空间

1）在 DM 管理工具的对象导航窗口中展开并选择"表空间"，然后选中表空间"TS_FACTORY"，在其上单击右键，在弹出的如图 3-26 所示的快捷菜单中选择"删除"选项。

2）在出现的如图 3-27 所示的表空间信息的页面中，显示了对象名、对象类型等信息，用户确认无误后可单击"确定"按钮来删除表空间。

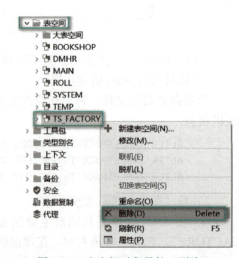

图 3-26　表空间对象导航（删除）

图 3-27　表空间删除信息页面

【任务考评】

考评点	完成情况	评价简述
了解表空间的概念	□完成　□未完成	
了解表空间的创建方法	□完成　□未完成	
了解查看表空间的方法	□完成　□未完成	
了解修改表空间的方式	□完成　□未完成	
了解删除表空间的方式	□完成　□未完成	

任务 3.3　模式创建及管理

【任务描述】

本任务的主要目标是理解模式的概念，了解创建模式的方法、设置模式的方式和删除模式的方法。

【任务分析】

本任务的难点在于对模式的概念的理解，在理解模式的概念的基础上对模式进行创建和管理就相对轻松了。

【任务实施】

3.3.1　理解模式

用户的模式（SCHEMA）指的是用户账号拥有的对象集，在概念上可将其看作包含表、视图、索引和权限定义的对象。DM 模式可以通过 SQL 语句进行操作。DM 模式主要包含以下模式对象：表、视图、索引、触发器、存储过程/函数、序列、全文索引、包、同义词、类、外部链接。

模式对象之外的其他对象统一称为非模式对象。非模式对象主要包括以下几种对象：用户、角色、权限、表空间。

在引用模式对象的时候，一般要在模式对象名前面加上模式名，具体格式如下。

[模式名].对象名

要引用的模式对象所属的模式在当前模式中时，可以省略模式名。如果访问对象时没有指明对象属于哪一个模式，系统就会自动在对象前加上默认的模式名。类似地，如果在创建对象时不指定该对象的模式，则该对象的模式为用户的默认模式。

在 DM8 中，一个用户可以创建多个模式，一个模式只能属于一个用户。系统为每一个用户自动建立了一个与用户名同名的模式作为其默认模式，用户还可以用模式定义语句建立其他模式。一个模式中的对象（表、视图等）可以被多个用户使用。模式不是严格分离的，一个用户可以访问他所连接的数据库中有权限访问的任意模式中的对象。采用模式的优点如下。

- 允许多个用户使用同一个数据库而不会相互干扰。
- 把数据库对象组织成逻辑组，让它们更便于管理。
- 第三方的应用可以放在不同的模式中，这样可以避免和其他对象的名字冲突。模式类似于操作系统层次的目录，只不过模式不能嵌套。

3.3.2 创建模式

模式定义语句创建一个架构，并且可以在概念上将其看作包含表、视图和权限定义的对象。创建模式时应注意下面 7 种情况。

- 在创建新的模式时，如果已存在同名的模式，或存在能够按名字不区分大小写匹配的同名用户（此时认为模式名为该用户的默认模式名），那么创建模式的操作会被跳过。
- AUTHORIZATION<用户名>标识了拥有该模式的用户，它是为其他用户创建模式使用的，默认拥有该模式的用户为 SYSDBA。
- 使用该语句的用户必须具有 DBA 或 CREATE SCHEMA 权限。
- DM 使用 DMSQL 程序模式执行创建模式语句，因此创建模式语句中的标识符不能使用系统的保留字。
- 在定义模式时，用户可以用单条语句同时创建多个表、视图，同时进行多项授权。
- 模式一旦定义，该用户所建基表、视图等均属该模式，其他用户访问该用户建立的基表、视图等均需在表名、视图名前冠以模式名；而在建表者访问自己当前模式所建表、视图时，模式名可省略；若没有指定当前模式，则系统自动以当前用户名作为模式名。
- 在模式未定义之前，其他用户访问该用户所建基表、视图等均需在表名前冠以建表者名。

下面分别介绍如何通过 SQL 语句和图形化工具创建模式。

（1）通过执行 SQL 语句创建模式

创建语法如下所示。

CREATE SCHEMA <模式名> [AUTHORIZATION <用户名>][<DDL_GRANT 子句> {<DDL_GRANT 子句>}];

其中 DDL_GRANT 子句说明如下。

<DDL_GRANT 子句>::=<基表定义>|<域定义>|<基表修改>|<索引定义>|<视图定义>|<序列定义>|<存储过程定义>|<存储函数定义>|<触发器定义>|<特权定义>|<全文索引定义>|<同义词定义>|<包定义>|<包体定义>|<类定义>|<类体定义>|<外部链接定义>|<物化视图定义>|<物化视图日志定义>|<注释定义>

下面对语法中的相关参数进行说明。

① <模式名>：指明要创建的模式的名字，最大长度为 128B。
② <基表定义>：创建表语句。

③ <域定义>:域定义语句。
④ <基表修改>:基表修改语句。
⑤ <索引定义>:索引定义语句。
⑥ <视图定义>:创建视图语句。
⑦ <序列定义>:创建序列语句。
⑧ <存储过程定义>:存储过程定义语句。
⑨ <存储函数定义>:存储函数定义语句。
⑩ <触发器定义>:创建触发器语句。
⑪ <特权定义>:授权语句。
⑫ <全文索引定义>:全文索引定义语句。
⑬ <同义词定义>:同义词定义语句。
⑭ <包定义>:包定义语句。
⑮ <包体定义>:包体定义语句。
⑯ <类定义>:类定义语句。
⑰ <类体定义>:类体定义语句。
⑱ <外部链接定义>:外部链接定义语句。
⑲ <物化视图定义>:物化视图定义语句。
⑳ <物化视图日志定义>:物化视图日志定义语句。
㉑ <注释定义>:注释定义语句。

【温馨提示】

在 DISQL 中使用模式定义语句时必须以"/"结束,如图 3-28 所示,模式定义语句不允许与其他 SQL 语句一起执行。

图 3-28 在 DISQL 中执行创建模式语句

【案例 3-7】 使用 SYSDBA 用户,通过执行 SQL 语句创建模式 SCH_FACTORY,建立的模式属于 SYSDBA。

在创建模式后,还需要通过 AUTHORIZATION 将该模式的归属设置为指定的用户。

CREATE SCHEMA SCH_FACTORY AUTHORIZATION SYSDBA;

(2)通过图形化工具创建模式

【案例 3-8】 使用 SYSDBA 用户,通过图形化工具创建模式 SCH_FACTORY,建立的模式属于 SYSDBA。

1)在 DM 管理工具的"对象导航"窗口中展开并选择"模式",然后在"模式"节点上单击右键,在弹出的如图 3-29 所示的快捷菜单中选择"新建模式"选项。

2)弹出的"新建模式"窗口,如图 3-30 所示,主要分为左、右两个区域:左边是"选择项"区域,可对新建模式不同的定义进行分类、选择;右边是定义区域,可根据"选择项"的分类进行相关的具体定义,包括模式名、模式拥有者和描述。

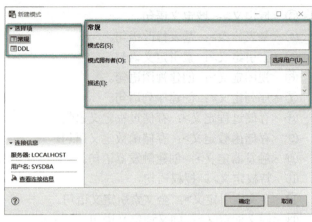

图 3-29　模式对象导航（新建模式）　　　　　图 3-30　"新建模式"窗口

3）对新建模式的属性进行设置，如图 3-31 所示。在"模式名"中输入给定的模式名"SCH_FACTORY"，在"模式拥有者"中输入给定的名字"SYSDBA"。

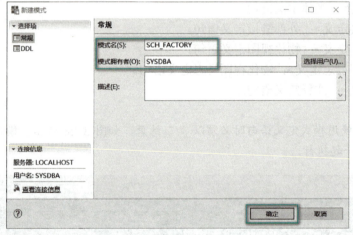

图 3-31　新建模式的属性设置

4）完成定义后可以单击"确定"按钮完成模式的创建。还可以先在"DDL"选择项中查看创建模式的 DDL 语句，如图 3-32 所示，进行检查后再单击"确定"按钮。

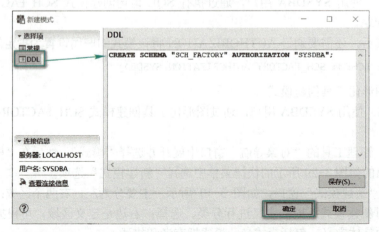

图 3-32　新建模式的 DDL 语句

3.3.3 设置模式

一个用户可能拥有多个模式。通过设置模式，可以在不同的模式之间切换，注意，只能设置成属于自己的模式。在模式切换后，该用户创建的表、视图、索引等对象都会默认创建在该模式下。

使用命令行设置模式的语法如下。

```
SET SCHEMA <模式名>;
```

使用图形化工具设置模式是指在模式列表中进行选择，如图 3-33 所示，选中模式后则可在该模式下进行相关的操作。具体过程在此不进行赘述。

【案例 3-9】 使用命令行将 SYSDBA 用户的模式设置为 SCH_FACTORY。

使用 SYSDBA 用户身份连接数据库后，在命令行执行如下命令。

```
SET SCHEMA SCH_FACTORY;
```

图 3-33 使用图形化工具设置模式

3.3.4 删除模式

当某个模式不再使用或者不再需要时，可以对其进行删除。但只有具有 DBA 角色的用户或被删除模式的拥有者才能执行删除模式操作。

（1）通过执行 SQL 语句删除模式

删除模式的语法如下。

```
DROP SCHEMA [IF EXISTS] <模式名> [RESTRICT|CASCADE];
```

语法中的相关参数说明如下。

① 删除不存在的模式会报错。若指定 IF EXISTS 关键字，则删除不存在的模式时不会报错。

② 如果使用 RESTRICT 选项，那么，只有当模式为空时删除才能成功，否则，当模式中存在数据库对象时，删除失败。默认选项为 RESTRICT。

③ 如果使用 CASCADE 选项，则整个模式、模式中的对象，以及与该模式相关的依赖关系都将被删除。

（2）使用图形化工具删除模式

1）在 DM 管理工具的"对象导航"窗口中展开并选择"模式"，然后选中模式"SCH_FACTORY"，在其上单击右键，在弹出的如图 3-34 所示的快捷菜单中选择"删除"选项。

2）在出现的如图 3-35 所示的模式信息的页面中，显示了对象名、对象类型等信息，用户确认无误后可单击"确定"按钮删除模式。

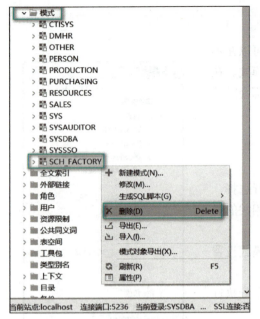

图 3-34　模式对象导航（删除）

图 3-35　删除模式页面

【任务考评】

考评点	完成情况	评价简述
理解模式的概念	□完成　□未完成	
了解创建模式的方法	□完成　□未完成	
了解设置模式的方式	□完成　□未完成	
了解删除模式的方法	□完成　□未完成	

任务 3.4　表创建及管理

【任务描述】

本任务的主要目标是了解表的概念和常规的数据类型，表的创建方法，表的更改方式，完整性约束的管理方式，以及表的删除方法。

【任务分析】

本任务的难点在于理解和掌握表的概念与常规的数据类型，数据类型是数据库中表的基础，只有掌握常规的数据类型才能更好地对表进行管理。

【任务实施】

3.4.1　理解表和常规数据类型

在 1.2.3 节中介绍过关系和关系模式的概念，即一个关系对应一张由行和列组成的二维表。表是数据库中用来存储数据的对象，是有结构的数据的集合，是整个数据库系统的基础。表是数据库中数据存储的基本单元，是对用户数据进行操纵的逻辑实体。DM 数据库的表可以分为两类，分别为数据库内部表和外部表。数据库内部表由数据库管理系统自行组织管理，而外部表在数据库的外部组织，是操作系统文件。其中内部表包括数据库基表、HUGE 表和水平分区表。在本书中，若无明确说明，则均指数据库基表。

每个关系都有一个关系名，即每个表都有一个表名。关系表中的每一列（即每个属性或字段）都来自同一个域，属于同一种数据类型。在创建数据表之前，需要为表中的每一个属性设置一种数据类型。DM8 中常见的数据类型见表 3-1。

表 3-1　DM8 中常见的数据类型

数据类型	数据类型子类	存储长度及空间	备注
字符型	CHAR	需要 1～8188 字节，受到页面大小和记录大小的共同限制	定长字符串。常用于固定长度的字符串存储，如身份证号码、订单号等字符串的存储
	VARCHAR	需要 1～8188 字节，受到页面大小和记录大小的共同限制	可变长度字符型数据。常用于不能确定长度的字符串存储，如姓名、地址等字符串的存储
整数数值型	TINYINT	需要 1 字节	用于存储有符号整数，取值范围为 -128～127。常用于记录较小的数字，如年龄、成绩、百分比等数字
	SMALLINT	需要 2 字节	用于存储有符号整数，取值范围为 -32768（-2^{15}）～32767（$2^{15}-1$）
	INT	需要 4 字节	用于存储有符号整数，取值范围为 -2147483648（-2^{31}）～2147483647（$2^{31}-1$）
	BIGINT	需要 8 字节	用于存储有符号整数，取值范围为 -9223372036854775808（-2^{63}）～9223372036854775807（$2^{63}-1$）
近似数值型	FLOAT	需要 4 字节	带二进制精度的浮点数，取值范围为 -1.7E+308～1.7E+308
	DOUBLE	需要 4 字节	带二进制精度的浮点数，其设置是为了移植的兼容性，取值范围和 FLOAT 相同，也为 -1.7E+308～1.7E+308
	REAL	需要 4 字节	带二进制精度的浮点数，取值范围为 -3.4E+38～3.4E+38
	DOUBLE PRECISION	需要 8 字节	双精度浮点数，其设置是为了移植的兼容性，取值范围和 FLOAT 相同，也为 -1.7E+308～1.7E+308
二进制数据型	BINARY	需要 1～8188 字节，受到页面大小和记录大小的共同限制	存放固定长度的二进制数据
	VARBINARY	需要 1～8188 字节，受到页面大小和记录大小的共同限制	存放可变长度的二进制数据
精确小数数据型	NUMERIC	需要 1～20 字节	用于存储 0、正负定点数
	DECIMAL	需要 1～20 字节	与 NUMERIC 相似，用于存储 0、正负定点数
一般日期时间数据类型	DATE	需要 3 字节	包括年、月、日信息，定义了 "-4712-01-01" 和 "9999-12-31" 之间的任何一个有效的格里高利日期
	TIME	需要 5 字节	包括时、分、秒信息，定义了 "00:00:00.000000" 和 "23:59:59.999999" 之间的任何一个有效的时间
	TIMESTAMP	需要 8 字节	包括年、月、日、时、分、秒信息，定义了 "-4712-01-01 00:00:00.000000" 和 "9999-12-31 23:59:59.999999" 之间的任何一个有效格里高利日期时间。在语法中，"TIMESTAMP" 也可以写成 "DATETIME"
标准时区数据类型	TIME WITH TIME ZONE	需要 7 字节	描述一个带时区的 TIME 值，在 TIME 值后面加上时区信息
	TIMESTAMP WITH TIME ZONE	需要 10 字节	描述一个带时区的 TIMESTAMP 值，在 TIMESTAMP 值后面加上时区信息

下面对表 3-1 中的数据类型进行说明。
- CHAR 和 VARCHAR 都是字符型数据，其中 CHAR 用于存放固定长度的字符数据，表现形式为 CHAR(n)；VARCHAR 用于存放可变长度的字符数据，表现形式为 VARCHAR(n)。CHAR 和 VARCHAR 的区别在于，当前者长度不足时，系统自动填充空格，故为"定长"；而后者只占用实际的字节空间，不会自动填充空格，故为"可变长度"。
- TINYINT、SMALLINT、INT 和 BIGINT 都是整数数值型，其划分标准是整数数值的范围大小，从小到大依次划分，分别占用 1 字节、2 字节、4 字节和 8 字节。在实际应用中应根据取值的范围选择适当的整数数值型。
- DECIMAL 和 NUMERIC 都是精确小数数据型，用于定义可带小数部分的数字，最大存储大小随精度而变化，二者相似，通常使用 DECIMAL。
- DATE 是日期类型，TIME 是时间类型，DATETIME 是日期时间类型。DATETIME 数据类型是 DATE 类型和 TIME 类型的结合，需要对三者的表示方法特别注意，并注意三者的取值范围。
- TIME 和 TIME WITH TIME ZONE 都是时间类型，但是 TIME 类型表示的时间与时区无关，而 TIME WITH TIME ZONE 类型表示的时间与时区相关。同理，TIMESTAMP 和 TIMESTAMP WITH TIME ZONE 都是时间戳类型，但是 TIMESTAMP 类型表示的时间与时区无关，而 TIMESTAMP WITH TIME ZONE 类型表示的时间与时区相关。

3.4.2 表的创建

数据表是由行和列组成的，创建数据表的过程就是定义数据表的列的过程，也就是定义数据表结构的过程。在用户数据库建立后，就可以定义基表来保存用户数据的结构了。创建表时需指定如下信息：表名、表所属的模式名，列定义，以及完整性约束等。

（1）通过执行 SQL 语句创建表

创建表的完整语法较复杂，下面介绍常用的基本语法。

```
CREATE TABLE [<模式名>.]<表名>
(
    <列定义> {,<列定义>}
    [,<表级约束定义>{,<表级约束定义>}]
)
[<STORAGE 子句>]
```

<列定义>具体语法为

```
<列名> <数据类型> [DEFAULT <列默认值表达式> | <IDENTITY 子句> | <列级约束定义>]
```

<IDENTITY 子句>可以将某列定义为自增列，具体语法为

```
IDENTITY [(<种子>,<增量>)]
```

<STORAGE 子句>具体语法为

```
STORAGE(
    [INITIAL <初始簇数目>] |
    [NEXT <下次分配簇数目>] |
    [MINEXTENTS <最小保留簇数目>] |
    [ON <表空间名>] |
    [FILLFACTOR <填充比例>]
```

)

<列级约束定义>和<表级约束定义>具体语法和参数见 3.4.4 节。

创建表语句中的参数说明如下。

① <模式名>指明该表属于哪个模式，默认为当前模式。
② <表名>指明被创建的基表名，基表名最大长度为 128 字节。
③ <列名>指明基表中的列名，列名最大长度为 128 字节。
④ <数据类型>指明列的数据类型。
⑤ <种子>和<增量>分别指定 IDENTITY 的起始值与增量值。
⑥ <列默认值表达式>通过 DEFAULT 指定的一个默认值，当写入数据行时，若该列的值未指定，则使用默认值。DEFAULT 表达式串的长度不能超过 2048 字节。
⑦ <STORAGE 子句>：
- INITIAL 为初始簇大小；
- MINEXTENTS 为最小保留簇数目；
- NEXT 为下次分配簇数目；
- FILLFACTOR 为填充比例。

【案例 3-10】 使用命令行以 SYSDBA 用户身份登录，创建一个表 TEST。该表有两列，第一列的列名是 ID，数据类型是 INT，并且该列是自增列，从 2022001 开始，增量为 1；第二列的列名是 NAME，数据类型是 VARCHAR(50)。该表创建在哪个模式下？

按照要求，创建该表的语法为 "CREATE TABLE <表名定义>(<列名> <数据类型>, <列名> <数据类型>);"。

```
CREATE TABLE TEST (
    ID INT IDENTITY(2022001,1),
    NAME VARCHAR(50)
);
```

若在登录后未设置模式，则登录后的模式应为默认模式。SYSDBA 的默认模式为 SYSDBA 模式。那么 TEST 表应该创建在 SYSDBA 模式下。

【案例 3-11】 使用命令行以 SYSDBA 用户身份登录，将案例 3-10 中的表创建在 SCH_FACTORY 模式（若该模式不存在，则先创建模式）下。

在 3.3.2 节中创建过模式 SCH_FACTORY，将表创建在该模式下可以使用下列两种方式。

1）将模式设置为 SCH_FACTORY，如下列语法

```
SET SCHEMA SCH_FACTORY;
```

然后按照案例 3-10 中的方法创建表。

2）表名定义时使用<模式名>.<表名>的方式。创建表的语法为

```
CREATE TABLE SCH_FACTORY.TEST (
    ID INT IDENTITY(2022001,1),
    NAME VARCHAR(50)
);
```

【案例 3-12】 按照表 3-2 中的描述，将职工表 STAFF 建立在 SCH_FACTORY 模式下和表空间 TS_FACTORY 中。建表时指定存储信息，初始簇大小为 5，最小保留簇数目为 5，下次分配簇数目为 2，填充比例为 85（即 85%）。

表 3-2 职工表 STAFF 结构描述

列名	数据类型	是否允许为空	默认值	约束
职工号	INT	×		主键约束
姓名	VARCHAR(50)	√		
性别	CHAR(2)	√		
年龄	TINYINT	√		
电话号码	CHAR(13)	√		
籍贯	VARCHAR(50)	√	'重庆'	

根据表中的描述，职工号需要设置主键约束（注意，设置为主键的列默认同时设置为非空的），籍贯的默认值为'重庆'。SQL 语句具体写法如下。

```
CREATE TABLE SCH_FACTORY.STAFF
(
    职工号 INT PRIMARY KEY,
    姓名 VARCHAR(50),
    性别 CHAR(2),
    年龄 TINYINT,
    电话号码 CHAR(13),
    籍贯 VARCHAR(50) DEFAULT '重庆')
STORAGE
(
    INITIAL 5,
    MINEXTENTS 5,
    NEXT 2,
    ON TS_FACTORY,
    FILLFACTOR 85);
```

【实践 3-1】 在 SCH_FACTORY 模式下创建经理表 MANAGER。经理作为职工的基本信息记录在职工表中。经理表有三列，分别为经理号（类型为 INT）、职工号（类型为 INT）、备注（类型为 VARCHAR(128)）。经理号为主键列，自增列自 10001 开始，增量为 1。

（2）通过图形化工具创建表

【案例 3-13】 按照表 3-3 中的描述，将项目表 PROJECT 通过图形化工具建立在 SCH_FACTORY 模式下。

表 3-3 项目表 PROJECT 结构描述

列名	数据类型	是否允许为空	默认值	约束
项目号	INT	×		主键约束，自增从10001开始，增量为1
项目名	VARCHAR(50)	×		唯一约束
项目开始时间	DATETIME	√		

1）在 DM 管理工具的"对象导航"窗口中依次展开"模式→SCH_FACTORY→表"，定位到表节点。

2）在"表"节点上单击右键，在弹出的如图 3-36 所示的快捷菜单中选择"新建表"选项。

3）弹出的"新建表"窗口，如图 3-37 所示，主要分为左、右两个区域：左边是"选择项"区域，可对新建表不同的定义进行分类、选择；右边是定义区域，可根据"选择项"的分类进行相关的具体定义，如在"约束"中可以添加主键约束、外键约束、检验约束、唯一约束，在"选项"中可以选择表的类型、提交选项、日志选项等，在"存储"中可设置表空间、分配簇数、哈希分区定位规则等。

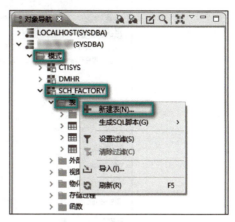

因为是在 SCH_FACTORY 模式下进行"新建表"操作，所以模式名默认为 SCH_ FACTORY，表名为 PROJECT。

图 3-36 "表"节点操作快捷菜单

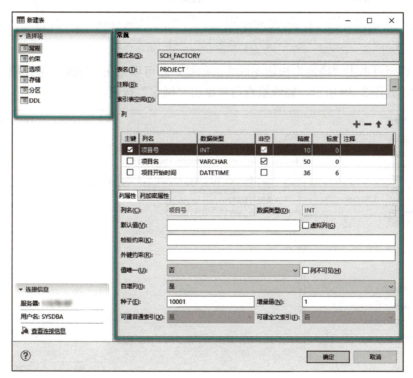

图 3-37 "新建表"定义窗口

4）继续对列进行设置，如图 3-38 所示，每单击"+"一次就增加一列（选中列后单击"-"可删除该列的定义，单击"↑"和"↓"可调整列的顺序）。增加列后可设置"列是否为主键""列名""数据类型"（可通过下拉菜单选择）"是否非空""精度"等。

接下来可以对列的"列属性"进行定义，如"默认值""检验约束""外键约束""自增列"等。

【温馨提示】

注意，在设置"列属性"前，应该选中要设置的列，如图 3-38 中正在对"项目号"列进行设置。

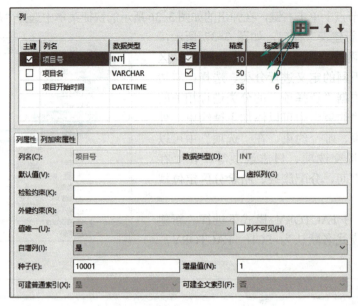

图 3-38 "新建表"的"列"定义区域

5）定义后则可单击"确定"按钮完成表的创建。还可以先在"DDL"选择项中查看创建表的 DDL 语句，如图 3-39 所示，完成检查后再单击"确定"按钮。

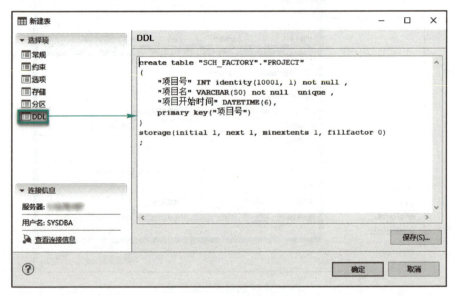

图 3-39 "DDL"选择项界面

3.4.3 表的更改

如果想更改的表在所属当前用户的模式中，则用户必须具有执行 ALTER TABLE 命令的数据库权限；若在其他模式中，则用户必须有执行 ALTER ANY TABLE 命令的数据库权限。

通过更改表，用户可以对数据库中的表做如下修改。

- 重命名表。
- 添加或删除列。

- 修改现有列的定义（列名、数据类型、长度、默认值）。
- 添加、修改或删除与表相关的完整性约束。
- 启动或停用与表相关的触发器。
- 增、删自增列等。

（1）通过执行 SQL 语句更改表

更改表命令 ALTER TABLE 的基本语法如下。

```
ALTER TABLE [<模式名>.]<表名>
    RENAME TO <表名> |                                    --修改表名
    ADD < <列定义> | (<列定义> {,<列定义>}) > |             --添加列定义
    MODIFY <列定义>|                                      --修改列定义
    DROP < <列名> | IDENTITY > |                          --删除列或自增列属性
    ALTER [COLUMN] <列名>                                 --指定要修改的列名
<
    SET DEFAULT <列默认值表达式>|                          --设置列的默认值
    DROP DEFAULT |                                        --删除列的默认值
    RENAME TO <列名> |                                    --修改列名
    SET <NULL | NOT NULL>|                                --设置列是否允许空值
    SET [NOT] VISIBLE |                                   --设置列是否可见
>
    MOVE TABLESPACE <表空间名>|                           --移动表至新的表空间
    ADD <列名>[<IDENTITY 子句>]                           --添加列的自增属性
    ADD <表级约束定义>|                                   --添加表级约束
    ADD [CONSTRAINT [<约束名>]] <表级完整性约束> [<CHECK 选项>] [ENABLE|DISABLE]|
    DROP CONSTRAINT <约束名> [RESTRICT | CASCADE] |       --删除约束
    MODIFY CONSTRAINT <约束名> TO <表级完整性约束>         --更改表级约束
        [<CHECK 选项>][RESTRICT | CASCADE]|
    <ENABLE | DISABLE> CONSTRAINT <约束名>                --启用或停用约束
```

<列定义>参见 3.4.2 节。

更改表时对<列级约束定义>、<表级约束定义>与<表级完整性约束>的更改的具体语法和参数见 3.4.4 节。

【案例 3-14】 在案例 3-11 中创建了 SCH_FACTORY 模式下的 TEST 表，现将其表名修改为 TEST1。

```
ALTER TABLE SCH_FACTORY.TEST RENAME TO TEST1;
```

【案例 3-15】 将表 TEST1 移动到表空间 TS_FACTORY 中。

```
ALTER TABLE SCH_FACTORY.TEST1 MOVE TABLESPACE TS_FACTORY;
```

【案例 3-16】 在 TEST1 中添加"电话号码"列（数据类型为 CHAR(13)）、"籍贯"列（数据类型为 VARCHAR(50)）、"备注"列（数据类型为 VARCHAR(255)）。

```
ALTER TABLE SCH_FACTORY.TEST1 ADD (
    电话号码 CHAR(13),
    籍贯 VARCHAR(50),
    备注 VARCHAR(255)
);
```

【案例 3-17】 使用 MODIFY 将 TEST1 中的"籍贯"列的数据类型修改为 VARCHAR(75)，且默认值为'重庆'。

```
ALTER TABLE SCH_FACTORY.TEST1 MODIFY 籍贯 VARCHAR(75) DEFAULT '重庆';
```

【案例 3-18】 将 TEST1 中的"备注"列删除，将"ID"列的自增列属性删除。

```
ALTER TABLE SCH_FACTORY.TEST1 DROP 备注;
ALTER TABLE SCH_FACTORY.TEST1 DROP IDENTITY;
```

【案例 3-19】 按照以下要求对 TEST1 中的列进行修改。

1）将"NAME"列的名称修改为"姓名"。
2）设置"姓名"列为非空。
3）删除"籍贯"列的默认值。

```
ALTER TABLE SCH_FACTORY.TEST1 ALTER NAME RENAME TO 姓名;
ALTER TABLE SCH_FACTORY.TEST1 ALTER 姓名 SET NOT NULL;
ALTER TABLE SCH_FACTORY.TEST1 ALTER 籍贯 DROP DEFAULT;
```

【案例 3-20】 将前面创建的 STAFF 表中的"职工号"列修改为自增列，起始值为 3001，自增量为 1。

```
ALTER TABLE SCH_FACTORY.STAFF ADD COLUMN 职工号 IDENTITY(3001,1);
```

（2）通过图形化工具更改表

【案例 3-21】 将在 SCH_FACTORY 模式下建立的项目表 PROJECT（见案例 3-13）中的"项目号"列的名称修改为"ID"，且设置为主键，保持非空；在项目表 PROJECT 中添加新列"项目结束时间"，数据类型为"DATETIME"。

1）在 DM 管理工具的"对象导航"窗口中展开并选择"模式"，然后选中并展开模式"SCH_FACTORY"，选择并展开"表"选项，选中在案例 3-13 中新建的项目表"PROJECT"，在其上单击右键，在弹出的如图 3-40 所示的快捷菜单中选择"修改"选项。

图 3-40　表对象导航（修改）

2）在出现的如图 3-41 所示的修改表的页面中，将列名"项目号"修改为"ID"，然后选中"主键"复选框，同时保持其为非空状态。接着，单击右上方的"＋"，添加新列"项目结束时间"，并修改其数据类型为"DATETIME"，然后单击"确定"按钮，即可修改成功。

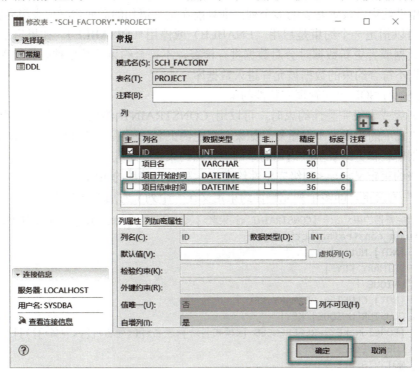

图 3-41　修改表信息

【温馨提示】

在完成案例 3-21 后，请将"ID"列的列名重新修改为"项目号"，因为后续将继续使用"项目号"进行完整性约束和数据管理方面的操作。

3.4.4　管理完整性约束

完整性约束规则是限制表中一个或者多个列的值的规则。在 1.2.5 节中介绍过，关系完整性包括实体完整性、参照完整性和域完整性。定义后的完整性约束存入系统的数据字典中，在用户操作数据库时，由数据库管理系统进行完整性控制，确保数据在添加、更新后仍然满足完整性约束，保证了数据库的正确运行。

3.4.4 管理完整性约束

在 DM8 中，实体完整性通过主键约束（PRIMARY KEY）保证，参照完整性通过外键约束（FOREIGN KEY）保证，域完整性通过非空约束（NOT NULL）、唯一约束（UNIQUE）、默认约束（DEFAULT）和检验约束（CHECK）保证。

在创建表和更改表时介绍过<列级约束定义>与<表级约束定义>子语句，但当时并未展开讲解。首先应理解"约束定义""完整性约束"。实际上，列级约束和表级约束都是为了实现完整性约束，从名称上较好理解。

- 列级约束：只能应用于一列上，用空格分隔后直接跟在该列的其他定义之后。非空约束和默认约束仅能在列级约束中定义。

- 表级约束：与列定义相互独立，一般在完成列定义后定义，与列定义用","分隔。约束可应用于一列上，也可以应用在一个表中的多个列上，可定义约束名。

如果完整性约束只涉及当前正在定义的列，则既可定义成列级约束，也可以定义成表级约束；如果完整性约束涉及该基表的多个列，则只能在定义语句的后面定义成表级完整性约束。

用户还可以指定一个约束是启用（ENABLE）或停用（DISABLE）。如果启用一个约束，那么在插入数据或者更新数据时会对数据进行检查，不符合约束的数据被阻止进入。如果约束是停用的，则不符合约束的数据被允许进入数据库。

（1）通过执行 SQL 语句管理完整性约束

在定义列级或表级完整性约束时，可以用 CONSTRAINT<约束名>子句对约束进行命名，系统中相同模式下的约束名不得重复。如果不指定约束名，则系统将为此约束自动命名。

下面在创建表和更改表基础语句的基础上介绍约束定义语句。

1）<列级约束定义> ::= <列级完整性约束>{_<列级完整性约束>}

此处"_"为空格，即多个列完整性约束定义在一个列上时用空格分隔。

```
<列级完整性约束> ::= [CONSTRAINT <约束名>] < column_constraint_action>[ENABLE|DISABLE]
<column_constraint_action>::=
    [NOT] NULL |
    PRIMARY KEY |
    UNIQUE |
    [NOT] CLUSTER PRIMARY KEY |
    CLUSTER[UNIQUE] KEY|
    [FOREIGN KEY] REFERENCES [<模式名>.]<表名>[(<列名>{[,<列名>]})]|
    CHECK (<检验条件>)|
    NOT VISIBLE
```

列级完整性约束相关参数说明如下。

① NOT NULL 为非空约束，指明指定列不可以包含空值；NULL 指明指定列可以包含空值，为默认选项。

② UNIQUE 为唯一约束，指明指定列作为唯一关键字，列可以包含空值。

③ PRIMARY KEY 为主键约束，指定列作为基表的主关键字，列不可包含空值。

【知识拓展】

表（列存储表和堆表除外）都是使用 B+树（以下简称 B 树）索引（索引的内容详见任务 4.4）结构管理的，每一个普通表都有一个聚集索引，数据通过聚集索引键排序，根据聚集索引键，可以快速查询任何记录。

当建表语句未指定聚集索引键时，DM 的默认聚集索引键是 ROWID，即记录默认以 ROWID 在页面中排序。ROWID 是 B 树为记录生成的逻辑递增序号，表上不同记录的 ROWID 是不一样的，并且最新插入的记录的 ROWID 最大。很多情况下，以 ROWID 创建的默认聚集索引并不能提高查询速度，因为实际情况下很少有人根据 ROWID 查找数据。

④ CLUSTER PRIMARY KEY，指明指定列作为基表的聚集索引（也叫聚簇索引）主关键字，也称为聚簇主键。

⑤ NOT CLUSTER PRIMARY KEY，指明指定列作为基表的非聚集索引主关键字，也称为非聚簇主键。

⑥ CLUSTER KEY 指定列为聚集索引键，但是是非唯一的。

⑦ CLUSTER UNIQUE KEY 指定列为聚集索引键，并且是唯一的。

⑧ REFERENCES 指明指定列的引用约束。引用约束要求引用对应列类型必须基本一致。之所以强调"基本",是因为 CHAR 与 VARCHAR、BINARY 与 VARBINARY、TINYINT、SMALLINT 与 INT 在此被认为是一致的。

⑨ CHECK 为检验约束,指明指定列必须满足的条件。

⑩ NOT VISIBLE 表示列不可见。当指定某列不可见时,使用"SELECT *"进行查询时将不添加该列作为选择列。在使用 INSERT 语句无显式指定列进行插入时,值列表不能包含隐藏列的值。

【案例 3-22】 每个部门都有一个部门经理,每个经理都只担任一个部门的经理。在 SCH_FACTORY 模式下创建如表 3-4 要求的部门表 DEPT 时,其中部门不能重名,命名规范要求部门名必须以"部"结尾。使用列级约束创建相关约束。

表 3-4 部门表 DEPT 结构描述

列名	数据类型	是否允许为空	约束	备注
部门号	INT	×	主键	自增列
部门名	VARCHAR(50)	×	CHECK(部门名 LIKE '%部')	
经理号	INT	×	REFERENCES SCH_FACTORY.MANAGER(经理号)	

部门和经理是 1:1 联系,在 1.2.4 节中介绍过,对于 1:1 联系,每个实体的键均是该联系关系的候选键。这种联系可以在简化后将键放在联系两端任一端实体的表中。此处将联系的经理号放在部门表中。部门表中的"经理号"是外键,引用经理表中的主键"经理号"。

```
CREATE TABLE SCH_FACTORY.DEPT
(
    部门号 INT IDENTITY(100001,1) PRIMARY KEY,
    部门名 VARCHAR(50) NOT NULL UNIQUE CHECK(部门名 LIKE '%部'),
    --LIKE 操作符将在任务 4.2 中介绍
    经理号 INT NOT NULL FOREIGN KEY REFERENCES SCH_FACTORY.MANAGER(经理号)
);
```

注意,在创建 DEPT 表时没有指定其所属的表空间,因此将创建至创建该表的用户的默认表空间中。此案例中使用 SYSDBA 用户创建表,故该表属于表空间 MAIN。可以使用前面介绍的更改表的方法将该表移动至其他表空间中。

【案例 3-23】 在案例 3-12 中创建了职工表 STAFF。现根据业务需求,一个职工只属于一个部门,一个部门可以有多个职工,先按照以下要求来更改表。

①"姓名"列添加非空约束。
②"性别"列添加检验约束,值只能为"男"或"女"。
③"电话号码"列添加非空约束和唯一约束。

```
ALTER TABLE SCH_FACTORY.STAFF ALTER 姓名 SET NOT NULL;
ALTER TABLE SCH_FACTORY.STAFF ADD CHECK (性别 = '男' OR 性别 = '女');
ALTER TABLE SCH_FACTORY.STAFF MODIFY 电话号码 CHAR(13) NOT NULL UNIQUE;
```

2) <表级约束定义>::=[CONSTRAINT <约束名>] <表级完整性约束>[ENABLE | DISABLE]

```
<表级完整性约束> ::=
UNIQUE | PRIMARY KEY | [NOT] CLUSTER PRIMARY KEY | CLUSTER [UNIQUE] KEY (<列名> {,<列名>})|
FOREIGN KEY (<列名>{,<列名>}) REFERENCES [<模式名>.]<表名>[(<列名>{[,<列名>]})][WITH INDEX]|
CHECK (<检验条件>)
```

<表级完整性约束>中的参数说明如下。

① UNIQUE 为唯一约束，指明指定列或列的组合作为唯一关键字。

② PRIMARY KEY 为主键约束，指明指定列或列的组合作为基表的主关键字。在"列级完整性约束"中介绍过，指明 CLUSTER，表明是主关键字上聚集索引；指明 NOT CLUSTER，表明是主关键字上非聚集索引。

③ FOREIGN KEY 指明表级引用约束，如果其使用 WITH INDEX 选项，则为引用约束建立索引，否则不建立索引，通过其他内部机制保证约束正确性。

④ CHECK 为检验约束，指明基表中的每一行都必须满足的条件。

【案例 3-24】 在介绍 E-R 概念模型时，定义了某高科技制造企业的职工参与项目的联系，且一个职工可以参与多个项目，一个项目也可以有多个职工参与，故职工与项目是 m∶n 联系。前面的案例中已经创建了职工表和项目表，现创建能够表示这种联系的表。

对于 m∶n 联系，关系的键是诸实体的键的组合。所以，对于 m∶n 联系，按照惯例，创建表名为"STAFF_PROJECT"，主键是联系两端实体的主键组合的表。由于这种情况下主键是两个列的组合，故只能以表级约束方式定义主键。

对于职工号和项目号来说，它们分别引用了职工表和项目表，是 STAFF_PROJECT 表的外键。这里也使用表级约束方式来定义外键。

```
CREATE TABLE SCH_FACTORY.STAFF_PROJECT(
    职工号 INT,
    项目号 INT,
    加入时间 DATETIME,
    PRIMARY KEY(职工号, 项目号),
    CONSTRAINT FK_SP_STAFF FOREIGN KEY (职工号) REFERENCES SCH_FACTORY.STAFF (职工号),
    CONSTRAINT FK_SP_PROJECT FOREIGN KEY (项目号) REFERENCES SCH_FACTORY. PROJECT (项目号)
);
```

【案例 3-25】 一个职工只属于一个部门，一个部门可以有多个职工，部门和职工是 1∶n 联系。现通过修改表来体现这种联系。

对于 1∶n 联系，关系的键为 n 端实体的键，此处为职工号，职工号决定了部门号。故在职工表中添加一个"部门号"列，数据类型为 INT，添加外键约束（引用部门表中的部门号）。

```
ALTER TABLE SCH_FACTORY.STAFF ADD 部门号 INT;      --增加列时不允许同时建立引用约束
ALTER TABLE SCH_FACTORY.STAFF ADD CONSTRAINT FK_STAFF_DEPT FOREIGN KEY (部门号) REFERENCES SCH_FACTORY.DEPT(部门号);
```

【实践 3-2】 在实践 3-1 中创建了经理表。经理作为职工的基本信息记录在职工表中，但在创建经理表时未指定相应的外键约束。在本实践中请执行正确的 SQL 语句为经理表添加外键约束。外键为"职工号"，引用的主表的主键为"职工表"中的"职工号"。

（2）通过图形化工具管理完整性约束

【案例 3-26】 为在 SCH_FACTORY 模式下建立的项目表 PROJECT（见案例 3-13）中的"项目名"列、"项目开始时间"列和"项目结束时间"列添加非空约束。使用列级约束创建相关约束。

1) 在 DM 管理工具的"对象导航"窗口中展开并选择"模式"，然后选中并展开模式"SCH_FACTORY"，选择并展开"表"选项，选中在案例 3-13 中新建的项目表"PROJECT"，在其上单击右键，在弹出的如图 3-42 所示的快捷菜单中选择"修改"选项。

图 3-42　表对象导航（修改）

2）在出现的如图 3-43 所示的修改表的页面中，分别选中"项目名"列、"项目开始时间"列和"项目结束时间"列，然后选中对应的"非空"复选框，建立非空约束，最后单击"确定"按钮，即可修改成功。

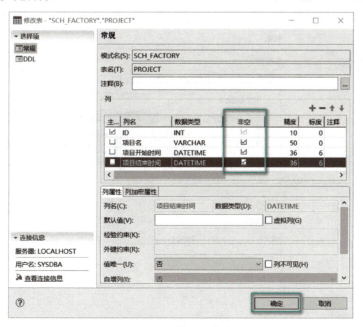

图 3-43　修改表信息

【案例 3-27】　一个部门可实施多个项目，一个项目可由多个部门共同实施，部门和项目是 m：n 联系。现使用图形化工具创建表以实现这种联系的约束。

对于 m：n 联系，创建一个表 DEPT_PROJECT 来实现这种联系。对于部门号和项目号来说，它们分别引用了职工表和项目表，是 DEPT_PROJECT 表的外键。这里也使用表级约束方式定义外键。为了描述部门在项目中负责的内容，添加一个"备注"列，数据类型为 VARCHAR(255)。具体创建过程如下。

1）在 DM 管理工具的"对象导航"窗口中依次展开"模式→SCH_FACTORY→表"，定位到表节点。

2）在"表"节点上单击右键，在弹出的如图 3-44 所示的快捷菜单中选择"新建表"选项。

3）在"创建表"窗口中定义表名及列的基本属性，如图 3-45 所示。

图 3-44 "表"节点操作快捷菜单

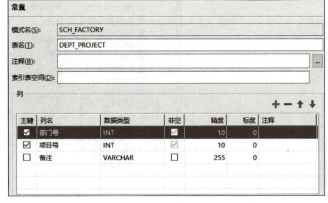

图 3-45 定义表名及列的基本属性界面

4）完成基本设置后，在"选择项"列表中选择"约束"，然后如图 3-46 所示依次单击"添加"→"外键约束"→"确定"。

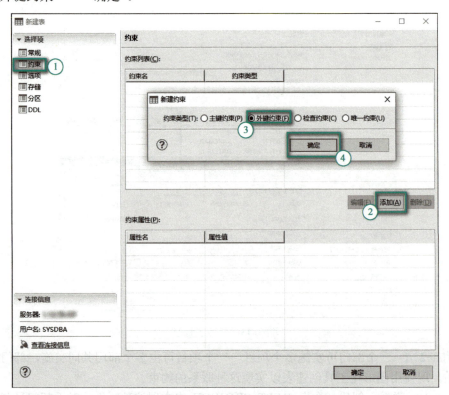

图 3-46 "约束"选择项下的约束定义界面

5)在弹出的"配置外键约束"窗口中,依次进行"定义外键名→外键列选择→参照模式和参照表选择→具体参照列选择"操作,如图 3-47 所示,单击"确定"按钮完成外键约束配置。

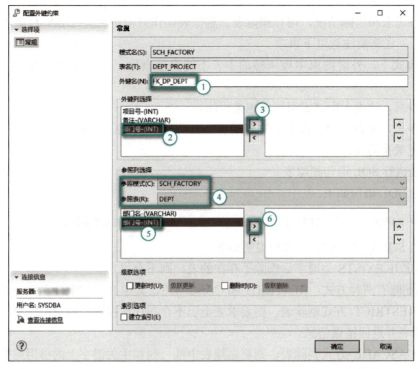

图 3-47 外键约束配置窗口

6)如图 3-48 所示,外键约束已经创建成功,最后单击"确定"按钮完成表的创建。完成后按照同样的步骤创建外键"项目号"的外键约束。

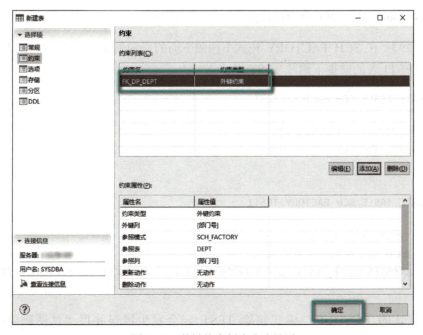

图 3-48 外键约束创建成功界面

3.4.5 表的删除

根据业务需求和实际情况，可以删除表。删除表操作只能由具有 DBA 权限的用户或该表的拥有者执行。还需要注意以下事项。

- 默认模式下，外键约束中被依赖的主表不能直接删除，需要先解除依赖关系或者删除从表。
- 删除表后，该表上所建索引同时也被删除。
- 删除表后，所有用户在该表上的权限也会自动取消，以后系统中再建的同名基表是与该表毫无关系的表。

（1）通过执行 SQL 语句删除表

删除表的 SQL 语句如下。

```
DROP TABLE [IF EXISTS] [<模式名>.]<表名> [RESTRICT|CASCADE];
```

删除表的 SQL 语句中的相关参数说明如下。

① 若指定 IF EXISTS 关键字后删除不存在的表，则不会报错。

② 表的删除有两种方式：RESTRICT 和 CASCADE。其中 RESTRICT 为默认值。

如果以 RESTRICT 方式删除表，则要求表上已不存在任何视图以及引用完整性约束，否则 DM 不会删除表并返回错误信息。

如果以 CASCADE 方式删除表，则将删除表中唯一列和主关键字上的引用完整性约束。当设置 INI 参数（达梦数据库配置参数）DROP_CASCADE_VIEW 的值为 1 时，还可以删除所有建立在基表上的视图。

【案例 3-28】 使用用户 SYSDBA 删除 SCH_FACTORY 模式下的 TEST1 表。

```
DROP TABLE SCH_FACTORY.TEST1;
```

【案例 3-29】 在 SCH_FACTORY 模式下按照下面的语句创建主表 TEST 和从表 TEST1，要求在保留 TEST1 表的前提下删除 TEST 表。

```
CREATE TABLE SCH_FACTORY.TEST
(
    TESTID INT PRIMARY KEY,
    NAME VARCHAR(50) NOT NULL
);

CREATE TABLE SCH_FACTORY.TEST1
(
    ID INT PRIMARY KEY,
    NAME VARCHAR(50) NOT NULL,
    CONSTRAINT FK_TEST1_TEST FOREIGN KEY (ID) REFERENCES SCH_FACTORY.TEST (TESTID)
);
```

直接以默认的 RESTRICT 模式删除 TEST 表会发生错误并报"试图删除被依赖对象 [TEST]"错误。这里介绍两种删除 TEST 表的方式。

1）以 CASCADE 模式删除。

```
DROP TABLE SCH_FACTORY.TEST CASCADE;
```

2）先删除依赖关系，再删除表。

```
ALTER TABLE SCH_FACTORY.TEST1 DROP CONSTRAINT FK_TEST1_TEST;
DROP TABLE SCH_FACTORY.TEST;
```

（2）通过图形化工具删除表

【案例 3-30】 删除在 SCH_FACTORY 模式下存在的 STUDENT 表。

首先创建一个 STUDENT 表。

```
CREATE TABLE SCH_FACTORY.STUDENT
(
    ID INT PRIMARY KEY,
    NAME VARCHAR(50) NOT NULL
);
```

在 DM 管理工具的"对象导航"窗口中展开并选择"模式"，然后选中并展开模式"SCH_FACTORY"，选择并展开"表"选项，选中已经存在的表"STUDENT"，在其上单击右键，在弹出的如图 3-49 所示的快捷菜单中选择"删除"选项，则会出现如图 3-50 所示的表信息页面，该页面中显示了对象名、对象类型、所属模式等信息，用户确认后可单击"确定"按钮删除表。

图 3-49 表对象导航（删除）

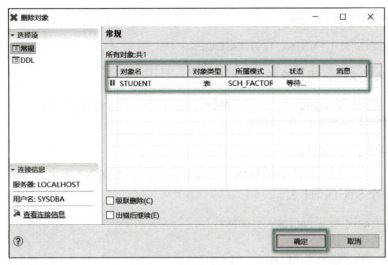

图 3-50 删除表页面

【任务考评】

考评点	完成情况		评价简述
了解表的概念和常规的数据类型	□完成	□未完成	
了解表的创建方法	□完成	□未完成	
了解表的更改方式	□完成	□未完成	
了解完整性约束的管理方式	□完成	□未完成	
了解表的删除方法	□完成	□未完成	

任务 3.5　项目总结

【项目实施小结】

通过该项目的实施，项目参与人员能够创建及管理数据库、实例、表空间、模式、表中各个数据库对象，为后续项目和任务的实施打好了基础。

【对接产业技能】

1. 指导客户创建数据库实例
2. 指导客户注册数据库服务
3. 指导客户删除数据库实例
4. 指导客户创建数据库表空间
5. 指导客户扩容数据库表空间
6. 指导客户删除数据库表空间
7. 解答客户在数据库实例管理过程中遇到的问题
8. 解答客户在数据库表空间管理过程中遇到的问题

任务 3.6　项目评价

项目评价表		项目名称		项目承接人		组号		
		数据库对象管理						
项目开始时间		项目结束时间		小组成员				
评分项目			配分	评分细则		自评得分	小组评价	教师评价
项目实施情况（20分）	纪律情况（5分）	项目实施准备	1	准备书、本、笔、设备等				
		积极思考、回答问题	2	视情况得分				
		跟随教师进度	2	视情况得分				
		遵守课堂纪律	0	按规章制度扣分（0～100分）				
	考勤（5分）	迟到、早退	5	迟到、早退每项扣2.5分				
		缺勤	0	根据情况扣分（0～100分）				
	职业道德（5分）	遵守规范	3	根据实际情况评分				
		认真钻研	2	依据实施情况及思考情况评分				
	职业能力（5分）	总结能力	3	按总结完整性及清晰度评分				
		举一反三	2	根据实际情况评分				
核心任务完成情况评价（60分）	数据库知识准备（40分）	数据库、实例的创建及管理	2	了解数据库、实例的创建规划				
			3	了解数据库及实例的创建方法				
			1	了解数据库信息的查看方法				
			2	了解数据库服务的启动及停止				
			2	了解数据库、数据库实例及数据库服务的删除方法				
		表空间的创建及管理	2	了解表空间的概念				
			3	了解表空间的创建方法				
			1	了解查看表空间的方法				
			2	了解修改表空间的方式				
			2	了解删除表空间的方式				
		模式的创建及管理	3	理解模式的概念				
			3	了解创建模式的方法				
			2	了解设置模式的方式				
			2	了解删除模式的方法				
		表的创建及管理	3	了解表的概念和常规的数据类型				
			1	了解表的创建方法				
			2	了解表的更改方式				
			2	了解完整性约束的管理方式				
			2	了解表的删除方法				
	综合素养（20分）	语言表达	5	讨论、总结过程中的表达能力				
		问题分析	5	问题分析情况				
		团队协作	5	实施过程中的团队协作情况				
		工匠精神	5	敬业、精益、专注、创新等				
拓展训练（20分）	实践或讨论（20分）	完成情况	10	实践或讨论任务完成情况				
		收获体会	10	项目完成后收获及总结情况				
总分								
综合得分（自评20%，小组评价30%，教师评价50%）								
组长签字：				教师签字：				

任务 3.7　项目拓展训练

【基本技能训练】

一、填空题

1. 在 DM8 中创建表对象时，应该创建在_____和_____下。
2. 在 DM8 支持的常规数据类型中，_____表示时间，_____表示日期，_____表示日期和时间，_____表示带时区的时间，_____表示带时区的日期和时间。
3. DM8 中的字符类型包括_____和_____，其中_____表示可变长度的字符类型。
4. 在概念上可以将用户的模式看作包含_____、_____、_____和_____的对象。
5. 在所属当前用户模式中更改表时，用户必须具有_____权限。

二、选择题

1. 下列工具中，(　　)能够管理数据库对象。
   A．DMSQL　　　　　　　　B．DISQL
   C．DM 服务查看器　　　　　D．DM 管理工具
2. 下列常规数据类型中，(　　)能够表示如姓名、地址等字符串的存储。
   A．CHAR　　　　　　　　　B．INT
   C．VARCHAR　　　　　　　D．DOUBLE

【综合技能训练】

参考本项目，自定义创建数据库及实例，并在数据库中创建表空间、模式和表。要求分别采用 SQL 语句方式和图形化工具方式进行创建。

项目 4 数据查询及管理

【项目导入】

数据库是按照数据结构来组织、存储和管理数据的仓库。数据的查询与管理是数据库管理工作中非常重要的内容,包括对表中数据的"增、删、改、查"这些在数据库管理中执行频繁的操作、基于查询的视图的管理、提升查询效率的索引的管理等。小达已经完成了项目 3 中数据库对象的创建任务。在本项目中,他将完成数据的插入、删除、修改和查询,视图的创建和管理,以及索引的使用和管理等任务,掌握对具体数据的管理技能。

学习目标

知识目标	技能目标	素养目标
1. 理解数据的更新 2. 理解各类数据查询的概念 3. 理解视图及视图与表的关系 4. 理解索引及其管理准则	1. 掌握数据的更新语句 2. 掌握 WHERE 子句用法 3. 掌握单表查询和连接查询 4. 掌握查询子句 5. 掌握子查询 6. 掌握视图创建及管理 7. 掌握索引的分析及创建	1. 培养科学看待事物发展规律的意识 2. 具有规则意识 3. 培养多角度分析问题的意识

任务 4.1 视图创建及管理

【任务描述】

视图是一种非常灵活的数据库对象,能够针对业务需求将表中的数据重新组合为一个虚拟表。本任务主要包括了解视图的概念、原理,掌握视图的创建、删除以及视图数据的更新操作。

【任务分析】

视图的创建非常方便,视图数据的查询也相对简单。但要注意理解视图数据的插入、修改和删除操作基表对视图的限制,以及视图数据更新对基表的影响。

【任务实施】

4.1.1 理解视图

1. 视图的概念

从系统实现的角度来看,视图是一个虚表,是由一个或几个表(或视图)通过 SELECT 查询语句导出的表。数据字典中只存放视图的定义(由视图名和查询语句组成),而不存放对应的数据。视图中被查询的表称为视图的基表。当对一个视图进行查询时,视图将查询其对应的基表,并且将所查询的结果以视图所规定的格式和次序进行返回。但需要注意的是,这些数据仍存放在原来的基表中。因此,当基表中的数据发生变化时,从视图中查询出的数据也随之改变了。

从用户的角度来看,视图就像一个窗口,通过它可以看到数据库中用户感兴趣的数据和变化,故称为视图。视图是关系数据库系统提供给用户以多种角度观察数据库中数据的重要机制，也是数据库技术中一项十分重要的功能。在实际解决问题过程中，分析角度不同可能会得到不同的结果。所以，在解决问题时，与视图数据列选取一样，应根据实际情况、实际需求选取问题分析的角度，多方位综合考虑，才能更好地解决问题。

当用户所需的数据仅为一张表的部分列或部分行，或者多个表中一部分列和行的集合时，就可以创建视图来将这些满足条件的行和列组织成一个虚拟表，而不需要修改表的属性或者创建新的表。这样不仅简化了用户的操作，还可以提高数据的逻辑独立性，实现数据的共享和保密。

2. 视图的作用

尽管在对视图进行查询和更新时有各种限制，但视图是提供给用户以多种角度观察数据库中数据的重要机制，它简化了用户数据模型，提供了逻辑数据独立性，实现了数据共享和数据的安全保密。用户可以对那些经常进行的查询建立相应视图，合理使用 DM_SQL 创建视图，能够给用户建立自己的管理信息系统带来很多的好处和便利。视图的作用主要有以下几点。

（1）定制用户数据

可针对不同需要建立相应视图，使不同用户从不同的角度观察同一数据库中的数据，如某科技企业职工表中的生日可以从工会视角在职工生日慰问时使用，也可以从人事部门视角作为人员计算工龄的年龄依据。

（2）简化用户操作

由于视图是从用户的实际需要中抽取出来的虚表，因此从用户角度来观察这种数据库结构时必然简单清晰。另外，用户也可以对那些经常进行的查询建立相应视图，由于复杂的条件查询已在视图定义中一次给定，因此用户再对该视图查询时也更加简单方便。

（3）提高数据安全性

由于可对不同用户定义不同的视图，需要隐蔽的数据不会出现在不应该看到这些数据的用户视图上，因此由视图机制自动提供了对机密数据的安全保密功能。如职工表中的薪酬信息，通过设置该信息就不会出现在用于查看其生日的工会职工的视图中。

（4）提供结构逻辑独立性

在建立调试和维护管理信息系统的过程中，由于用户需求的变化、信息量的增长等原因，数据库的结构经常发生变化，如增加新的基表、在已建好的基表中增加新的列和需要将一个基表分解成两个子表等，这称为数据库重构。当数据库重构时，使用视图可在很大程度上减少对现有用户和用户程序的影响。故视图对数据库结构提供了一定程度的逻辑独立性。

4.1.2 视图的创建

创建视图的基本语法如下。

```
    CREATE [OR REPLACE] VIEW [<模式名>.]<视图名>[(<列名> {,<列名>})] AS <查询说明>
[WITH [LOCAL|CASCADED]CHECK OPTION]|[WITH READ ONLY];
```

其中"查询说明"的语法说明如下。

```
<查询说明>::=<表查询> | <表连接>
<表查询>::=<子查询表达式>[ORDER BY 子句]
```

语法中涉及的参数说明如下。

① <模式名> 指明被创建的视图属于哪个模式，默认为当前模式。
② <视图名> 指明被创建的视图的名称。
③ <列名> 指明被创建的视图中列的名称。
④ <子查询表达式> 标识视图基于的表的行和列。其语法遵循 SELECT 语句的语法规则。

⑤ <表连接>可参见连接查询部分（见 4.3.3 节）。

⑥ WITH CHECK OPTION 用于可更新视图中，指明在向该视图中插入或更新数据时，插入行或更新行的数据必须满足视图定义中<查询说明>所指定的条件。[LOCAL|CASCADED]用于当前视图是根据另一个视图定义的情况。当通过视图向基表中插入或更新数据时，LOCAL 或 CASCADED 决定了满足 CHECK 条件的范围。指定 LOCAL，要求数据必须满足当前视图定义中<查询说明>所指定的条件；指定 CASCADED，数据必须满足当前视图，以及所有相关视图定义中<查询说明>所指定的条件。

⑦ WITH READ ONLY 指明该视图是只读视图，只可以查询，不可以做其他 DML 操作；如果不带该选项，则根据 DM 自身判断视图是否可更新的规则来判断视图是否只读。

【案例 4-1】 在 SCH_FACTORY 模式下创建一个视图 VSTAFF，数据来自职工表 STAFF 中小于 27 岁的职工，隐藏职工的年龄、性别和籍贯，并且添加 WITH CHECK OPTION。

```
CREATE OR REPLACE VIEW SCH_FACTORY.VSTAFF AS SELECT 职工号, 姓名, 电话号码, 部门号 FROM SCH_FACTORY.STAFF WHERE 年龄 < 27 WITH CHECK OPTION;
```

查看视图的数据的方法与查看表数据一致，可以使用下面的语法查询 VSTAFF 视图。

```
SELECT * FROM SCH_FACTORY.VSTAFF;
```

【案例 4-2】 在 SCH_FACTORY 模式下创建一个视图 VNEWEMP，查询部门是"新员工培训部"的职工，列包括职工号、姓名、电话号码、部门名。

```
SET SCHEMA SCH_FACTORY;
CREATE VIEW VNEWEMP AS SELECT 职工号,姓名,电话号码,部门名 FROM STAFF LEFT JOIN DEPT ON STAFF.部门号=DEPT.部门号 WHERE DEPT.部门名='新员工培训部';
```

4.1.3 视图数据的更新

视图数据的更新包括插入（INSERT）、删除（DELETE）和修改（UPDATE）三类操作。由于视图是虚表，并没有实际存放数据，因此对视图的更新操作均要转换成对基表的操作。在 SQL 中，对视图数据更新的语句与对基表数据更新的语句在格式和功能方面是一致的。

4.1.3 视图数据的更新

【案例 4-3】 在 SCH_FACTORY 模式下向视图 VSTAFF 中插入一个姓名为"测试用户 88"，电话号码为"0755-889900"，部门号为 100001 的记录。

```
INSERT INTO SCH_FACTORY.VSTAFF (姓名, 电话号码, 部门号) VALUES ('测试用户 88', '0755-889900', '100001');
```

系统执行该语句，会报告违反约束错误，因为 VSTAFF 尽管是视图，但在插入数据时一样要考虑基表间的一些非空约束。

【案例 4-4】 在 SCH_FACTORY 模式下修改 VSTAFF 中所有职工的部门号为 100001。

```
UPDATE SCH_FACTORY.VSTAFF SET 部门号='100001';
```

可以验证，视图中的数据被修改了，STAFF 中符合 VSTAFF 视图条件的数据也被修改了。由于以上视图定义包含可选项 WITH CHECK OPTION，因此以后对该视图进行插入、修改和删除操作时，系统均会自动用 WHERE 后的条件进行检查，对于不满足条件的数据，则不能通过该视图更新相应基表中的数据。

【案例 4-5】 在 SCH_FACTORY 模式下创建一个视图 VSTAFF2，数据来自职工表 STAFF 中大于或等于 27 岁的职工，隐藏职工的年龄、性别和籍贯，并且添加 WITH CHECK

OPTION。然后删除该视图中姓名包含"测试""删除"两个关键字的记录。

首先创建视图。

```
CREATE OR REPLACE VIEW SCH_FACTORY.VSTAFF2 AS SELECT 职工号，姓名，电话号码，部门号 FROM SCH_FACTORY.STAFF WHERE 年龄 >= 27 WITH CHECK OPTION;
```

接着按要求删除记录。

```
DELETE FROM SCH_FACTORY.VSTAFF2 WHERE 姓名 LIKE '%测试%删除%';
COMMIT;
```

最后经过验证可知，不仅在视图中删除了该记录，在基表中的记录也被删除了。

4.1.4 视图的删除

视图本质上是基于其他基表或视图的查询，这种对象间的关系称为依赖。用户在创建视图成功后，系统还隐式地建立了相应对象间的依赖关系。在一般情况下，当一个视图不被其他对象依赖时，可以随时删除该视图。

视图删除的语法格式如下。

```
DROP VIEW [IF EXISTS] [<模式名>.]<视图名> [RESTRICT | CASCADE];
```

语法中相关的参数说明如下。

① <模式名> 指明被删除视图所属的模式，默认为当前模式。

② <视图名> 指明被删除视图的名称。

【案例 4-6】 删除在 SCH_FACTORY 模式下的视图 VSTAFF2。

```
DROP VIEW SCH_FACTORY.VSTAFF2;
```

【任务考评】

考评点	完成情况	评价简述
理解视图的概念	□完成 □未完成	
掌握创建视图的方法	□完成 □未完成	
了解视图数据的更新	□完成 □未完成	
掌握删除视图的方法	□完成 □未完成	

任务 4.2 数据的插入、删除和修改

【任务描述】

本任务通过数据操纵语言实现数据的插入、修改和删除。这三种语句都属于数据的更新语句，实现了数据的写入和维护。它们是在使用数据库的系统开发过程中必然会使用的指令。除了数据插入以外，数据修改和数据删除都要配合一些限定条件来影响指定范围的内容，这就涉及 WHERE 子句的用法。

【任务分析】

数据插入和修改两种语句使用的格式要求严格对应表的定义，如列的个数、各列的数据内容排列顺序、数据类型，以及关键约束、唯一约束、引用约束、检查约束的内容均要符合要

求，否则就很容易出错。

【任务实施】

4.2.1 数据的插入

（1）通过执行 SQL 语句插入数据

数据插入语句 INSERT 用于向已定义好的表中插入单个或成批的数据。

INSERT 语句有两种形式：一种形式是值插入，即构造一行或者多行，并将它们插入表中；另一种形式为查询插入，它通过<查询表达式>返回一个查询结果集以构造要插入表的一行或多行。无论使用哪一种形式，插入的数据都必须符合对应列的数据类型，且符合相应的约束，以保证表中数据的完整性。

```
INSERT [INTO] [<模式名>.]<表名>
    <[(<列名>{,<列名>})] VALUES (<插入的列值>{,<插入的列值>})> |
    <查询表达式>                                          --详见任务 4.3
```

其中插入的列值的语法说明如下。

```
<插入的列值>::={表达式 | NULL | DEFAULT}
```

数据插入语句的相关参数说明如下。

① <列名>：列名是可以省略的。如果列名列表被省略，则在 VALUES 子句和查询中必须为表中的所有列指定值，且对应值的顺序与表结构中列的顺序一一对应；在选择部分列的列名作为插入指定的数据时，列的顺序没有特定要求，未被选中的列要满足相应的约束（如允许为空、定义了默认约束、为自增列等），且对应值的顺序要按照选中列的顺序一一对应。

② <插入的列值>：指明在列名列表中对应的列插入的列值。如果省略了列名列表，则插入的列值按照表结构中列的定义顺序排列。

③ <查询表达式>：将一个 SELECT 语句返回的记录插入表中，子查询中选择的列表必须和 INSERT 语句中列名清单中的列具有相同的数量；带有<查询表达式>的插入方式称为查询插入。插入中使用的<查询表达式>也称为查询说明。

【温馨提示】

在 DM8 的"图形管理工具"中，"查询分析器"默认不会自动提交。对于 INSERT、UPDATE、DELETE 等操作，需要执行 COMMIT 命令进行手动提交。想要修改为自动提交，可通过单击"窗口"→"选项"，在"选项设置"窗口的"查询分析器"中勾选"自动提交"进行设置。

【案例 4-7】 通过执行 SQL 语句，将表 4-1 中前 6 名职工数据插入数据库的职工表 STAFF 中。

表 4-1 职工表数据

职工号	姓名	性别	年龄	电话号码	籍贯	部门号
3001	张童	女	26	023-8888881	江西	100001
3002	徐六	女	25	023-8888882	安徽	100002
3003	梁一	男	27	023-8888883	重庆	100003
3004	刘思	女	27	023-8888884	重庆	100001
3005	李厚	男	26	023-8888885	山东	100001
3006	梁花	女	25	023-8888886	山东	100002
3007	徐瓜	女	29	023-8888887	江西	100002
3008	梁东	男	31	023-8888888	山西	100003
3009	徐谦	女	31	023-8888889	江苏	100003

部门号是 STAFF 表的外键。但当前各表中都没有任何数据，当插入数据时，由于部门号不能引用部门表中与之对应的主键，故不能满足参照完整性约束。此时可以通过停用职工表中外键约束 FK_STAFF_DEPT 的方式来临时解决该问题，待部门表完善后再将该外键约束启用。停用约束的语句如下。

```
ALTER TABLE SCH_FACTORY.STAFF DISABLE CONSTRAINT FK_STAFF_DEPT;
```

在插入数据时，职工表中的职工号是起始值为 3001、增量为 1 的自增列，可以不指定其列和对应值；也可以不指定列名列表，直接按顺序指定对应列的值。下面使用这两种方式来进行数据的插入。

1）列名列表指定部分列。

```
INSERT INTO SCH_FACTORY.STAFF
    (部门号, 姓名, 性别, 籍贯, 年龄, 电话号码) VALUES
        (100001, '张童', '女', '江西', 26, '023-8888881'),
        (100002, '徐六', '女', '安徽', 25, '023-8888882'),
        (100003, '梁一', '男', '重庆', 27, '023-8888883'),
        (100001, '刘思', '女', '重庆', 27, '023-8888884'),
        (100001, '李厚', '男', '山东', 26, '023-8888885');
```

插入数据的查询结果如图 4-1 所示，插入语句中未指定的职工号从 3001 开始进行自增赋值。虽然列名列表与表中的列顺序不一致，但由于对应关系正确，相关的数据也正常插入表中了。

职工号 INT	姓名 VARCHAR(50)	性别 CHAR(2)	年龄 TINYINT	电话号码 CHAR(13)	籍贯 VARCHAR(50)	部门号 INT
3001	张童	女	26	023-8888881	江西	100001
3002	徐六	女	25	023-8888882	安徽	100002
3003	梁一	男	27	023-8888883	重庆	100003
3004	刘思	女	27	023-8888884	重庆	100001
3005	李厚	男	26	023-8888885	山东	100001
<!NOT NULL>	<!NOT NULL>	<!NULL>	<!NULL>	<!NOT NULL>	<!NULL>	<!NULL>

图 4-1　插入数据的查询结果

【知识拓展】

数据的查询将在后面章节实施。目前查看数据可以使用图形化工具，具体方法如图 4-2 所示，首先展开要查看数据表所在的模式，然后在要查看的数据表上单击右键，最后选择"浏览数据"选项，即可查看该表中的数据。

2）不指定列名列表。

在不指定列名列表时，除了自增列以外，其他列对应的值按照表中列的顺序一一对应。SQL 语句如下。

```
INSERT INTO SCH_FACTORY.STAFF VALUES
    ('梁花', '女', 25, '023-8888886', '山东', 100002)
```

插入后查询结果如图 4-3 所示，可见按照自增列的规则生成了职工号。

项目 4　数据查询及管理　　107

图 4-2　浏览表数据操作界面　　　　　图 4-3　不指定列名列表而插入数据后的查询结果

【知识拓展】

仅当指定列名列表，且 SET IDENTITY_INSERT 为 ON 时，才能对自增列赋值。

【实践 4-1】 将表 4-1 中最后三名职工的相关数据插入职工表 STAFF 中。

【实践 4-2】 将表 4-2 中的数据插入项目表 PROJECT 中，将表 4-3 中的数据插入职工参与项目表 STAFF_PROJECT 中。

表 4-2　项目表数据

项目号	项目名	项目开始时间	项目结束时间
10001	2022 新职工培训	2022-07-10	2022-07-20
10002	2022 年三季度设备采购项目	2022-08-01	2022-08-31
10003	某公司机械臂配件生产项目	2022-08-06	2022-12-31
10004	西部"智造强国"工程招商洽谈会	2022-09-30	2022-10-10

表 4-3　职工参与项目表数据

职工号	项目号	加入时间
3001	10001	2022-07-10
3002	10002	2022-08-01
3003	10002	2022-08-01
3003	10003	2022-08-06
3006	10003	2022-08-06
3009	10002	2022-08-15

（2）通过图形化工具插入数据

【案例 4-8】 对于表 4-4 所示的经理表数据，请使用图形化工具将它们插入数据库的 MANAGER 表中。

表 4-4　经理表数据

经理号	职工号	备注
10001	3001	
10002	3002	
10003	3003	

1）在通过图形化工具插入数据时，首先按照图 4-2 所示的方法打开拟插入数据的表的"数据浏览"界面。

2）在"数据浏览"界面内数据列表的带"*"号的这一行中，可以进行新数据的录入。并且，每录入一行新数据，"*"号都会向下移动一行，如图 4-4 所示。

图 4-4　在图形化工具中插入数据操作界面

3）在完成需要插入的数据录入后，单击"💾"按钮即可将数据插入表中。

【实践 4-3】　对于表 4-5 所示的部门表数据，请使用图形化工具将它们插入数据库的 DEPT 表中。

表 4-5　部门表数据

部门号	部门名	经理号
100001	新员工培训部	10001
100002	设备管理部	10002
100003	生产部	10003

【温馨提示】

此时部门表中的数据已经插入数据库，可以启用前面停用的职工表中的外键约束了。重新启用约束的 SQL 语句如下。

```
ALTER TABLE SCH_FACTORY.STAFF ENABLE CONSTRAINT FK_STAFF_DEPT;
```

4.2.2　数据的修改

对于已经插入数据库的数据，时常要根据实际情况变化的需求、业务需求变化的需求或者更正的需求进行修改。

（1）通过执行 SQL 语句修改数据

数据修改语句用于修改表中已存在的数据。修改数据的 SQL 基本语法如下。

```
UPDATE [<模式名>.]<基表名> SET
    <列名>=<<值表达式>|DEFAULT>{,<列名>=<<值表达式>|DEFAULT>}
    [<WHERE 子句>]
```

<WHERE 子句>详见 4.2.3 节。需要特别注意的是，当省略 WHERE 子句时，表示对所有的行进行相同的修改。一般情况下，UPDATE 语句会指定 WHERE 子句，所以在实际操作中应仔细检验，避免产生误操作。

【案例 4-9】　将 STAFF 表中所有职工的性别都修改为"女"，年龄都修改为 35。

```
UPDATE SCH_FACTORY.STAFF SET 性别='女', 年龄=35;
```

(2)通过图形化工具修改数据

【案例 4-10】 将 STAFF 表中职工号为 3001 的职工的年龄修改为 26。

1)首先打开 STAFF 表的"浏览数据"窗口。

2)在数据列表中找到"职工号"为 3001 的数据行,然后在该行对应的"年龄"列的单元格上双击,则可进入编辑模式,如图 4-5 所示。

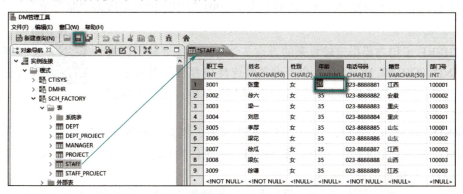

图 4-5 利用图形化工具进行数据修改界面

3)接着将年龄数据修改为 26,最后单击" 💾 "按钮以保存对数据的修改。

【实践 4-4】 使用图形化工具将 STAFF 表中除职工号为 3001 的职工以外的其他职工的性别和年龄按照表 4-1 修改正确。

4.2.3 掌握 WHERE 子句用法

WHERE 子句用于提取那些满足指定条件的行,指明操作所作用的行必须符合的条件。如果省略此子句,则相关操作作用在表或视图中的所有行。WHERE 子句可以与数据修改、数据删除、数据查询等操作结合使用。

WHERE 子句的基本语法形式为

WHERE <条件表达式>

条件表达式的种类包括比较条件、逻辑条件、范围条件、模糊匹配条件、列表条件及空值判断条件,相应的运算符见表 4-6。下面结合数据修改与 WHERE 子句进行案例介绍。

表 4-6 条件表达式运算符汇总

运算符	含义
=、>、<、>=、<=、<>	比较运算符,比较大小
AND、OR、NOT	逻辑运算符,包含与、或、非
BETWEEN AND	确定范围
LIKE	模糊匹配运算符
IN	确定是否在一个列表中
IS NULL	空值判断运算符

1. 比较条件

当使用比较条件时,数值数据可根据其代数值的大小进行比较,字符串的比较则是按序对同一顺序位置的字符逐一进行比较。若两字符串长度不同,应在短的一方后增加空格,在两串长度相同后再进行比较。

4.2.3
掌握 WHERE
子句用法—比较条件

【案例 4-11】 执行 SQL 语句将 STAFF 表中年龄大于 30 岁的职工的年龄改为 40 岁。

```
UPDATE SCH_FACTORY.STAFF SET 年龄=40 WHERE 年龄>30;
```

【案例 4-12】 执行 SQL 语句将 STAFF 表中年龄为 40 岁的职工的年龄改为 31 岁。

```
UPDATE SCH_FACTORY.STAFF SET 年龄=31 WHERE 年龄=40;
```

【实践 4-5】 执行 SQL 语句将 STAFF 表中 3001 号职工的姓名改为"张童童"。

2．逻辑条件

当 WHERE 子句需要指定较复杂的查询条件时，则需要使用逻辑运算符 AND、OR 和 NOT 将各个查询条件连接成复合的逻辑表达式。逻辑运算符的优先级由高到低为 NOT、AND、OR，用户可以使用括号改变优先级顺序。

4.2.3 掌握 WHERE 子句用法—逻辑条件

1）AND：组合两个条件，当两个条件都为真时，组合后的条件为真。
2）OR：组合两个条件，当两个条件中有一个条件为真时，组合后的条件为真。
3）NOT：对指定的条件取反。

【案例 4-13】 执行 SQL 语句将 STAFF 表中年龄为 26 且籍贯为"江西"的职工的名字修改为"张童"。

```
UPDATE SCH_FACTORY.STAFF SET 姓名='张童' WHERE 年龄=26 AND 籍贯='江西';
```

【案例 4-14】 执行 SQL 语句将 STAFF 表中职工号为 3003 或电话号码为"023-8888884"的职工的名字改为"梁一一"。

```
UPDATE SCH_FACTORY.STAFF SET 姓名='梁一一' WHERE 职工号=3003 OR 电话号码='023-8888884';
```

【案例 4-15】 执行 SQL 语句将 STAFF 表中姓名为"梁一一"且性别不为"男"的职工的名字改为"刘思"。

```
UPDATE SCH_FACTORY.STAFF SET 姓名='刘思' WHERE 姓名='梁一一' AND NOT 性别='男';
```

【实践 4-6】 执行 SQL 语句将 STAFF 表中籍贯为"重庆"或部门号为 100003，且年龄不等于 31 岁的男职工的名字修改为"梁一"。

【温馨提示】
编写 SQL 语句中的 WHERE 子句时要注意逻辑条件的优先级。

3．范围条件

在 WHERE 子句中限定某个取值范围的数据时，除了使用逻辑条件的组合以外，还可以使用更加简便的范围条件。

4.2.3 掌握 WHERE 子句用法—范围条件

【案例 4-16】 执行 SQL 语句将 STAFF 表中年龄在 27（含）～29（含）范围内的职工的籍贯更改为"上海"。

```
UPDATE SCH_FACTORY.STAFF SET 籍贯='上海' WHERE 年龄 BETWEEN 27 AND 29;
```

从结果可见，AND 关键字左右两边的数值都是包含在范围内的。其结果等价于

```
UPDATE SCH_FACTORY.STAFF SET 籍贯='上海' WHERE 年龄>=27 AND 年龄<=29;
```

【实践 4-7】 执行 SQL 语句将 STAFF 表中年龄为 27 和 28 的职工的籍贯更改为"重庆"。

4.2.3 掌握 WHERE 子句用法—模糊匹配条件

4．模糊匹配条件

模糊匹配条件用于对条件不完全确定的情况，如查找所有姓

"李"的员工、查找名字包含某个字的项目等。使用模糊匹配条件的 WHERE 子句的语法如下。

WHERE<列名>[NOT] LIKE '<匹配字符串>'

其中，<列名>必须是可以转化为字符类型的数据类型的列。为了匹配这种部分确定的条件，<匹配字符串>由确定的字符和"通配符"组成。通配符及其说明见表 4-7。

表 4-7 通配符及其说明

通配符	说明	通配符	说明
%	代表任意长的字符串	_	代表任意一个字符

【案例 4-17】 执行 SQL 语句将 STAFF 表中姓"徐"且电话号码以"7"结束的职工的姓名改为"徐瓜瓜"，籍贯改为"江西"。

UPDATE SCH_FACTORY.STAFF SET 姓名='徐瓜瓜',籍贯='江西' WHERE 姓名 LIKE '徐%' AND 电话号码 LIKE '%7';

【案例 4-18】 执行 SQL 语句将 STAFF 表中姓"徐"，且名字为三个字的职工的电话号码改为"0898-8888887"。

UPDATE SCH_FACTORY.STAFF SET 电话号码='0898-8888887' WHERE 姓名 LIKE '徐__';

5．列表条件

如果列取值的范围不是一个连续的区间，则可以使用列表条件来实现数据行的筛选。其语法形式如下。

4.2.3 掌握 WHERE 子句用法——列表条件

WHERE<列名>[NOT] IN (<列表值>)

【案例 4-19】 执行 SQL 语句将 STAFF 表中职工号为 3006、3008、3009 的职工的所属部门调整至 100001。

UPDATE SCH_FACTORY.STAFF SET 部门号=100001 WHERE 职工号 IN (3006,3008,3009);

【实践 4-8】 执行 SQL 语句将 STAFF 表中职工号为 3006、3009 的职工的所属部门调整至 100003。

【实践 4-9】 执行 SQL 语句将 MANAGER 表中经理号为 10001 和 10003 的备注内容设置为"备注 1"。

6．空值判断条件

空值是未知的值。当列的类型为数值类型时，NULL 并不表示 0；当列的类型为字符串类型时，NULL 也并不表示空串，因为 0 和空串也是确定值。NULL 只能是一种标识，表示它在当前行中的相应列值还未确定或未知。对空值判断的语法形式如下。

4.2.3 掌握 WHERE 子句用法——空值判断条件

WHERE<列名>IS [NOT] NULL

【案例 4-20】 执行 SQL 语句将 MANAGER 表中为空的备注设置为"备注 2"。

UPDATE SCH_FACTORY.MANAGER SET 备注='备注 2' WHERE 备注 IS NULL;

4.2.4 数据的删除

当数据失效或者不符合要求时，可以进行删除。数据删除是删除表中已存在的数据行的操作。

（1）通过执行 SQL 语句删除数据

一般数据删除操作应配合筛选条件使用，从而达到删除特定行的目的。删除数据命令的基本语法如下。

DELETE [FROM] [<模式名>.]<表名> <WHERE 子句>

【案例 4-21】 使用图形化工具在职工表 STAFF 中添加两名职工:"测试职工 1"和"测试职工 2",如图 4-6 所示,电话号码分别为"023-8888890"和"023-8888891",籍贯都为"重庆",部门号都为 100001。然后,使用 DELETE 语句删除"测试职工 1"。

	职工号 INT	姓名 VARCHAR(50)	性别 CHAR(2)	年龄 TINYINT	电话号码 CHAR(13)	籍贯 VARCHAR(50)	部门号 INT
1	3010	测试职工1	NULL	NULL	023-8888890	重庆	100001
2	3011	测试职工2	NULL	NULL	023-8888891	重庆	100001
*	<!NOT NULL>	<!NOT NULL>	<!NULL>	<!NULL>	<!NOT NULL>	<!NULL>	<!NULL>

图 4-6 在职工表中添加两名职工

DELETE FROM SCH_FACTORY.STAFF WHERE 职工号=3010;

(2)通过图形化工具删除数据

【案例 4-22】 使用图形化工具删除"测试职工 2"。

1)首先打开 STAFF 表的"浏览数据"窗口,如图 4-7 所示。单击左键选中需要删除的数据(可以使用"Ctrl+左键单击"选择多行;筛选功能详见 4.3.1 节),在选中的行的范围内单击右键,可弹出快捷菜单。

2)在快捷菜单中选择"删除"选项,最后单击菜单栏中的" "按钮来保存修改。

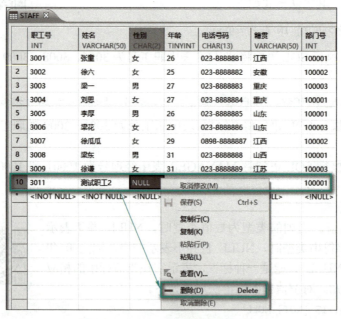

图 4-7 STAFF 表"浏览数据"窗口

【任务考评】

考评点	完成情况	评价简述
掌握数据插入的方法	□完成 □未完成	
掌握数据修改的方法	□完成 □未完成	
掌握 WHERE 子句的用法	□完成 □未完成	
掌握数据删除的方法	□完成 □未完成	

任务 4.3 数据的查询

【任务描述】

数据查询是数据库的核心操作,几乎所有的数据库操作均涉及查询,因此数据库从业人员必须熟练掌握查询语句的使用。本任务包括了单表查询、常用的查询子句、多表查询和子查询等内容。

【任务分析】

来源单一的数据一般存放在一张表中,这种情况下使用单表查询即可。对于数据源自多张表的查询,要使用多表查询。多表查询根据连接方式的不同分为左连接、右连接、全连接等。在查询中配合查询子句,可以对结果集进行排序、分组等;配合子查询,可以在查询中嵌套查询。在DM_SQL 的有些定义语法中,包含查询语句,如视图定义语句、游标定义语句等(后面的任务或者项目中会涉及)。为了区分,将这类出现在其他定义语句中的查询语句称为查询说明。

【任务实施】

每种查询都有适用场景,使用得当会大大提高查询效率。本任务以 4.2.1 节中插入数据操作装入的数据作为查询基础,完成各类查询任务。

4.3.1 单表查询

仅从一个表或视图中检索数据,称为单表查询。

1. 简单查询

简单查询是数据查询操作中基本的查询操作。其基本语法如下。

```
SELECT [TOP {起始行,}结束行] <* | <列名列表>> FROM [<模式名>.]<表名>
<列名列表>::=[All| DISTINCT] <列名 [AS 别名]{,列名 [AS 别名]}>
```

简单查询基本语法中的主要参数包括下面几个。

① <列名列表>:指定查询结果集中要包含列的名称,如果表中所有的列都包含在结果集中,则可以用"*"代替列名列表。

② ALL:返回所有被选择的行,包括所有重复的副本,默认值为 ALL。

③ DISTINCT:从选出的具有重复行的每一组中仅返回一个这些行的副本。

④ AS 别名:为列表达式提供不同的名称,使之成为列的标题。列别名不会影响实际的名称。别名在该查询中被引用。

【案例 4-23】 使用 SELECT 语句查询 STAFF 表中所有列、所有行的数据信息。

```
SELECT * FROM SCH_FACTORY.STAFF;
```

【案例 4-24】 使用 SELECT 语句查询 STAFF 表中前 6 行数据信息。

```
SELECT TOP 6 * FROM SCH_FACTORY.STAFF;
```

【案例 4-25】 使用 SELECT 语句查询 STAFF 表中的籍贯信息,命名列的别名为"职工籍贯汇总",并去除重复的籍贯信息。

```
SELECT DISTINCT 籍贯 AS 职工籍贯汇总 FROM SCH_FACTORY.STAFF;
```

2. 条件查询

条件查询在简单查询的基础上添加了<WHERE 子句>。"WHERE 子句"内容参见 4.2.3 节。

【案例 4-26】 使用 SELECT 语句查询 STAFF 表中部门号为 100001 的职工的所有信息。

```
SELECT * FROM SCH_FACTORY.STAFF WHERE 部门号=100001;
```

【案例 4-27】 使用 SELECT 语句查询 STAFF 表中年龄在 27 岁（含）～30 岁（含）之间的职工的所有信息。

```
SELECT * FROM SCH_FACTORY.STAFF WHERE 年龄 BETWEEN 27 AND 30;
```

【案例 4-28】 使用 SELECT 语句查询 STAFF 表中姓"徐"的职工的所有信息。

```
SELECT * FROM SCH_FACTORY.STAFF WHERE 姓名 LIKE '徐%';
```

【实践 4-10】 使用 SELECT 语句查询 STAFF 表中电话号码（不含区号）第二位是"8"的职工的所有信息。

结合 WHERE 子句可以快速筛选查询出所需的数据集合。在图形化工具中，同样可以利用这些筛选条件对数据进行筛选。下面通过案例来了解使用图形化工具筛选查询数据的步骤。

【案例 4-29】 使用图形化工具查询 STAFF 表中姓"梁"的职工的所有信息。

首先进入"浏览数据"窗口，操作步骤如图 4-8 所示。

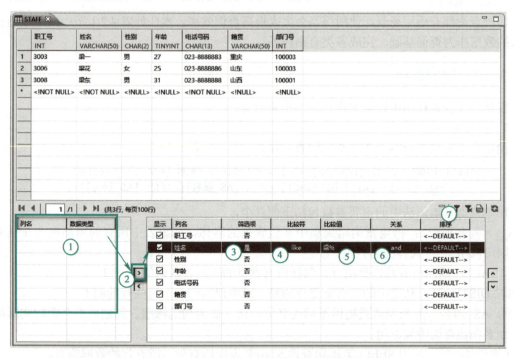

图 4-8　使用图形化工具筛选查询数据的步骤

1）在左侧"待选择列"区域选择需要包含在查询结果集中的列。

2）单击">"将选中的列添加至右侧"已选择列"区域中（单击"<"可将列移回左侧"待选择列"区域）。

3）根据条件对指定列进行"筛选项"设置，此处将"姓名"列的"筛选项"值设置为"是"。

4）选择"比较符"，对于姓"梁"的职工，选择用模糊匹配 like 比较符。

5）填写"比较值"："梁%"。

6）根据实际情况选择"关系"，默认为"and"，且只有一个筛选项时不会生效。

7）最后单击应用查询条件按钮"▼"得到结果集。

3. 列运算查询

通过列运算查询，可以将数据集中指定的列进行统一的运算以形成运算以后的结果。计算列中可以有+、-、*、/、%，可以在一列上进行计算，也可以多列计算。

【案例 4-30】 使用 SELECT 语句查询 STAFF 表中的姓名和年龄信息，在年龄列中为每一位职工的年龄加 1。

```
SELECT 姓名,年龄+1 FROM SCH_FACTORY.STAFF;
```

【案例 4-31】 使用 SELECT 语句查询 STAFF 表中的职工号和年龄的和。

```
SELECT 职工号+年龄 FROM SCH_FACTORY.STAFF;
```

4. 聚合函数查询

SQL 提供了许多库函数，增强了基本检索能力。其中聚合函数可以将一列的多个值按照要求进行结算，得到的一个计算结果将作为查询结果返回。常见的聚合函数见表 4-8。

表 4-8 常见的聚合函数

函数名称	功能
COUNT	按列统计个数
SUM	按列计算值的和
AVG	按列计算平均值
MIN	求一列中最小的值
MAX	求一列中最大的值

使用聚合函数查询的语法格式如下。

```
SELECT 聚合函数 ([* | [ALL|DISTINCT]列名]){, ([* | [ALL|DISTINCT]列名])}
```

【案例 4-32】 使用聚合函数统计 STAFF 表中籍贯是"重庆"的职工的个数。

```
SELECT COUNT(*) FROM SCH_FACTORY.STAFF WHERE 籍贯='重庆';
```

【温馨提示】

该案例中的聚合函数形式可以是 COUNT(*)，也可以是 COUNT(列名)。这两种形式的区别在于，COUNT(*)统计数据的行数；COUNT(列名)统计列中有效数据的行数，列中包含 NULL 的行不会统计在内。

【实践 4-11】 在 STAFF 表中添加"姓名"为"测试职工 3"的职工，年龄设置为 NULL。使用聚合函数 COUNT 对年龄列进行统计。

【案例 4-33】 使用聚合函数统计 STAFF 表中职工的平均年龄。

```
SELECT AVG(年龄) FROM SCH_FACTORY.STAFF;
```

【案例 4-34】 使用聚合函数统计 STAFF 表中年龄最大的职工的岁数。

```
SELECT MAX(年龄) FROM SCH_FACTORY.STAFF;
```

4.3.2 查询子句

1. 分组子句

在实际应用中，用户经常需要获得按照分类进行汇总的数据，如公司导出职工名单时希望按照部门进行分类汇总统计人数，工会活动时希望按照年龄分类汇总统计等。GROUP BY 子句是查询语句的可

4.3.2
查询子句-分组子句

选项部分，用于定义分组表。GROUP BY 子句基本语法如下。

```
GROUP BY<列名>{,<列名>}
```

使用分组子句时要注意以下问题。
- GROUP BY 子句中的列名应为 FROM 子句中表的列名或列的别名。
- 分组列的数据类型不能是多媒体数据类型。
- 分组列不能为聚合函数表达式或者在 SELECT 子句中定义的别名。
- 当分组列值包含空值时，空值作为一个独立组。
- 当分组列包含多个列名时，按照 GROUP BY 子句中列出现的顺序进行分组。

【案例 4-35】 使用 GROUP BY 子句，对职工表 STAFF 按照籍贯进行分类汇总。

```
SELECT 籍贯 FROM SCH_FACTORY.STAFF GROUP BY 籍贯；
```

【案例 4-36】 使用 GROUP BY 子句，对职工表 STAFF 按照年龄进行人数统计。

```
SELECT 年龄,COUNT(*) FROM SCH_FACTORY.STAFF GROUP BY 年龄；
```

【案例 4-37】 使用 GROUP BY 子句，对职工表 STAFF 按照部门号及籍贯进行人数统计。该统计能够统计出每个部门各籍贯的人数。

```
SELECT 部门号, 籍贯, COUNT(*) FROM SCH_FACTORY.STAFF GROUP BY 部门号，籍贯；
```

2. HAVING 子句

HAVING 子句是 SELECT 语句的可选项部分，定义了一个成组表，其中只含有搜索条件表达式为真（TRUE）的那些组。HAVING 子句与组的关系正如 WHERE 子句与表中行的关系。WHERE 子句用于选择表中满足条件的行，而 HAVING 子句用于选择满足条件的组。HAVING 子句前通常有一个 GROUP BY 子句。

4.3.2 查询子句-HAVING 子句

HAVING 子句语法如下。

```
HAVING <表达式>
```

【案例 4-38】 使用 HAVING 子句统计 STAFF 表中同一年龄的职工数量小于 2 的年龄和数量。在案例 4-36 中已经统计过各年龄段职工的人数，在此基础上加入 HAVING 子句。

```
SELECT 年龄,COUNT(*) FROM SCH_FACTORY.STAFF GROUP BY 年龄 HAVING COUNT(*) < 2；
```

3. 排序子句

排序子句可以选择性地出现在查询语句中。排序子句在最终结果上进行排序，一般放在查询语句的最后。排序子句规定了当行由查询返回时应具有的顺序，其语法如下。

4.3.2 查询子句-排序子句

```
ORDER BY < <排序项> {,<排序项>}>
```

语法中的相关参数说明如下。

① <排序项>：<<列名>|<第几列>> [ASC | DESC]。可以指定多个排序项，以顺序决定排序的层次。

② <列名>：可以是任何在查询清单中的列的名称，但不支持多媒体数据类型（如 IMAGE、TEXT、BLOB 和 CLOB）。

③ <第几列>：按照结果集中的第几列进行排序。

④ ASC：结果按照升序排序，为默认排序方式，可省略。

⑤ DESC：结果按照降序排序。

【案例 4-39】 使用 ORDER BY 子句，查询 STAFF 表中所有职工的信息，并按年龄进行升序排序。

SELECT * FROM SCH_FACTORY.STAFF ORDER BY 年龄；

【案例 4-40】 使用 ORDER BY 子句，查询 STAFF 表中的职工号、姓名、籍贯，并按第 3 列（此处为"籍贯"）进行升序排序。

SELECT 职工号，姓名，籍贯 FROM SCH_FACTORY.STAFF ORDER BY 3;

【案例 4-41】 使用 ORDER BY 子句，查询 STAFF 表中所有职工的信息，并按部门号升序、年龄降序的方式进行排序。

SELECT * FROM SCH_FACTORY.STAFF ORDER BY 部门号,年龄 DESC;

4.3.3 连接查询

在 1.2.6 节中介绍过连接的关系代数运算的内容，在开始介绍连接查询的操作之前可以先进行一些回顾。在具体的实现中，连接查询就是把两个或者多个表的行通过不同的连接方式，按照给定的条件连接生成新的结果集，从中查询数据。常见的连接查询如下。

1. 交叉连接查询

交叉连接查询又称笛卡儿积查询。在实际数据库管理工作中，一般不会使用交叉连接查询，因为对于函数较多的表进行交叉连接会产生很大的结果集，造成数据库资源极大的占用甚至数据库崩溃。交叉连接查询的基本语法如下。

4.3.3
连接查询—交叉连接查询

SELECT <*|[<表名.|别名.>]列名{,[<表名.|别名.>]列名}> FROM 表名 [别名] CROSS JOIN 表名 [别名]{, CROSS JOIN 表名 [别名]} [WHERE 子句]

当连接的两个或者多个表中使用重复的列名时，需要通过添加表名为"表名.列名"来进行区分。

【案例 4-42】 交叉连接查询职工表和部门表，查询职工号、职工表的部门号、部门名的信息。

SELECT 职工号，STAFF.部门号，DEPT.部门名 FROM SCH_FACTORY.STAFF CROSS JOIN SCH_FACTORY.DEPT;

2. 自然连接查询

把两张连接表中的同名列作为连接条件，进行等值连接，这样的连接称为自然连接。自然连接的连接表中必须存在同名列，如果连接表中没有同名列，或者同名列类型不匹配，则报错。如果有多个同名列，则会产生多个等值连接条件。自然连接的基本语法如下。

4.3.3
连接查询—自然连接查询

SELECT <*|[<表名.|别名.>]列名{,[<表名.|别名.>]列名}> FROM 表名 [别名] NATURAL JOIN 表名 [别名]{, NATURAL JOIN 表名 [别名]} [WHERE 子句]

【案例 4-43】 查询经理表自然连接职工表再自然连接部门表的所有数据的结果。

SELECT * FROM SCH_FACTORY.MANAGER NATURAL JOIN SCH_FACTORY.STAFF NATURAL JOIN SCH_FACTORY.DEPT;

3. 内连接查询

根据连接条件对表内一个或多个共享列值进行比较，结果集仅包含满足全部连接条件的记录，这样的连接称为内连接。内连接的基本

4.3.3
连接查询—内连接查询

语法如下。

```
SELECT <*|[<表名.|别名.>]列名{,[<表名.|别名.>]列名}> FROM 表名 [别名] [INNER] JOIN 表名 [别名] ON <连接条件> {, [INNER] JOIN 表名 [别名]} [WHERE 子句]
```

内连接分为等值连接和非等值连接。等值连接是使用"="运算符设置<连接条件>的连接，而非等值连接则是使用"<、>、<=、>=、<>"等运算符设置<连接条件>的连接。在实际运用中，常使用等值连接。

【**案例 4-44**】 通过职工表中的部门号等值连接部门表中的部门号，查询"职工表"内连接"部门表"的职工号、姓名、部门号、部门名列的结果集。

```
SELECT 职工号，姓名，D.部门号，部门名 FROM SCH_FACTORY.STAFF S INNER JOIN SCH_FACTORY.DEPT D ON S.部门号=D.部门号；
```

4. 外连接查询

外连接对结果集进行了扩展，会返回一张表的所有记录，对于另一张表无法匹配的字段，用 NULL 填充返回。DM 数据库支持三种外连接方式：左外连接、右外连接、全外连接。外连接中位于左侧的表，称为左表；位于右侧的表，称为右表。

4.3.3
连接查询—外连接查询

外连接的基本语法如下。

```
SELECT <*|[<表名.|别名.>]列名{,[<表名.|别名.>]列名}> FROM 表名 [别名] <LEFT | RIGHT | FULL>[OUTER] JOIN 表名 [别名]{, <LEFT | RIGHT | FULL>[OUTER] JOIN 表名 [别名]} [WHERE 子句]
```

【**案例 4-45**】 分别用左外连接、右外连接、全外连接来连接职工表 STAFF、职工参与项目表 STAFF_PROJECT 和项目表 PROJECT。结果集中显示职工号、姓名、项目号、项目名、项目开始时间、（职工）加入时间。

（1）左外连接

```
SELECT S.职工号, S.姓名, P.项目号, P.项目名, P.项目开始时间, SP.加入时间
    FROM SCH_FACTORY.STAFF S
    LEFT JOIN SCH_FACTORY.STAFF_PROJECT SP ON S.职工号=SP.职工号
    LEFT JOIN SCH_FACTORY.PROJECT P ON SP.项目号=P.项目号；
```

结果如图 4-9 所示，由此可见，尽管有一部分职工没有参加任何项目，但左表的所有职工都出现在结果中。对于没有参加任何项目的职工的项目相关信息，用 NULL 进行了补齐。

	职工号 INT	姓名 VARCHAR(50)	项目号 INT	项目名 VARCHAR(50)	项目开始时间 DATETIME (6)	加入时间 DATETIME (6)
1	3001	张童	10001	2022新职工培训	2022-07-10	2022-07-10
2	3002	徐六	10002	2022年三季度设备采购项目	2022-08-01	2022-08-01
3	3003	梁一	10002	2022年三季度设备采购项目	2022-08-01	2022-08-01
4	3003	梁一	10003	某公司机械臂配件生产项目	2022-08-06	2022-08-06
5	3004	刘思	NULL	NULL	NULL	NULL
6	3005	李厚	NULL	NULL	NULL	NULL
7	3006	梁花	10003	某公司机械臂配件生产项目	2022-08-06	2022-08-06
8	3007	徐瓜瓜	NULL	NULL	NULL	NULL
9	3008	梁东	NULL	NULL	NULL	NULL
10	3009	徐谦	10002	2022年三季度设备采购项目	2022-08-01	2022-08-15
11	3012	测试职工3	NULL	NULL	NULL	NULL

图 4-9　左外连接查询结果

(2) 右外连接

```
SELECT S.职工号, S.姓名, P.项目号, P.项目名, P.项目开始时间, SP.加入时间
    FROM SCH_FACTORY.STAFF S
    RIGHT JOIN SCH_FACTORY.STAFF_PROJECT SP ON S.职工号=SP.职工号
    RIGHT JOIN SCH_FACTORY.PROJECT P ON SP.项目号=P.项目号;
```

结果如图 4-10 所示，由于距离项目开始时间较久，项目 10004 暂时未安排参与人员。但对于职工相关信息，用 NULL 进行了补齐，右表的所有项目都出现在结果中。

职工号 INT	姓名 VARCHAR(50)	项目号 INT	项目名 VARCHAR(50)	项目开始时间 DATETIME(6)	加入时间 DATETIME(6)
1	3001	张童	10001	2022新职工培训	2022-07-10	2022-07-10
2	3002	徐六	10002	2022年三季度设备采购项目	2022-08-01	2022-08-01
3	3003	梁一	10002	2022年三季度设备采购项目	2022-08-01	2022-08-01
4	3009	徐谦	10002	2022年三季度设备采购项目	2022-08-01	2022-08-15
5	3003	梁一	10003	某公司机械臂配件生产项目	2022-08-06	2022-08-06
6	3006	梁花	10003	某公司机械臂配件生产项目	2022-08-06	2022-08-06
7	NULL	NULL	10004	西部"智造强国"工程招商洽谈会	2022-09-30	NULL

图 4-10　右外连接查询结果

(3) 全外连接

```
SELECT S.职工号, S.姓名, P.项目号, P.项目名, P.项目开始时间, SP.加入时间
    FROM SCH_FACTORY.STAFF S
    FULL JOIN SCH_FACTORY.STAFF_PROJECT SP ON S.职工号=SP.职工号
    FULL JOIN SCH_FACTORY.PROJECT P ON SP.项目号=P.项目号;
```

结果如图 4-11 所示，全外连接结合了左外连接和右外连接的特点，左表、右表中的记录行都进行了保留，所有职工和项目都在结果集中。

职工号 INT	姓名 VARCHAR(50)	项目号 INT	项目名 VARCHAR(50)	项目开始时间 DATETIME(6)	加入时间 DATETIME(6)
1	3001	张童	10001	2022新职工培训	2022-07-10	2022-07-10
2	3002	徐六	10002	2022年三季度设备采购项目	2022-08-01	2022-08-01
3	3003	梁一	10002	2022年三季度设备采购项目	2022-08-01	2022-08-01
4	3003	梁一	10003	某公司机械臂配件生产项目	2022-08-06	2022-08-06
5	3004	刘思	NULL	NULL	NULL	NULL
6	3005	李厚	NULL	NULL	NULL	NULL
7	3006	梁花	10003	某公司机械臂配件生产项目	2022-08-06	2022-08-06
8	3007	徐瓜瓜	NULL	NULL	NULL	NULL
9	3008	梁东	NULL	NULL	NULL	NULL
10	3009	徐谦	10002	2022年三季度设备采购项目	2022-08-01	2022-08-15
11	3012	测试职工3	NULL	NULL	NULL	NULL
12	NULL	NULL	10004	西部"智造强国"工程招商洽谈会	2022-09-30	NULL

图 4-11　全外连接查询结果

4.3.4　子查询

子查询指的是一个查询语句中包含另一个查询语句，外层的查询语句称为外部查询，内层的查询语句称为内部查询或子查询。在 DM_SQL 中，一个 SELECT-FROM-WHERE 语句称为一个查询块。如果在一个查询块中嵌套一个或多个查询块，则这种查询称为子查询。

4.3.4
子查询

子查询会返回一个值（标量子查询，即只返回一行一列）或一个表（表子查询，即返回多行多列）。它通常采用"(查询语句)"的形式嵌套在表达式中。子查询语法如下。

```
<子查询> ::= (<查询表达式>)
```

<查询表达式>一般就是 SELECT 查询语句，但需要注意以下几点问题。
- 在子查询中不得有 ORDER BY 子句。
- 子查询不能包含在聚合函数中。
- 在子查询中允许嵌套子查询。

通常子查询出现在外部查询的 WHERE 子句中，并与比较运算符、列表运算符 IN、存在运算符 EXISTS 等一起构成查询条件，完成查询操作。

1. 比较运算符子查询

标量子查询可以配合比较运算符与外部查询的列进行比较。比较结果为真的行加入结果集，否则不加入结果集。

【案例 4-46】 使用子查询找出 STAFF 表中小于平均年龄的职工的所有信息。

首先，查询职工平均年龄的语句如下。

```
SELECT AVG(年龄) FROM SCH_FACTORY.STAFF;
```

上面查询语句的返回结果为一个值，即平均年龄。可以将该查询语句作为子句，结合比较运算符，放入一个包含判断年龄 WHERE 子句的职工表外部查询中。

```
SELECT * FROM SCH_FACTORY.STAFF WHERE 年龄 < (SELECT AVG(年龄) FROM SCH_FACTORY.STAFF);
```

查询结果如图 4-12 所示。

职工号 INT	姓名 VARCHAR(50)	性别 CHAR(2)	年龄 TINYINT	电话号码 CHAR(13)	籍贯 VARCHAR(50)	部门号 INT
1	3001	张童	女	26	023-8888881	江西	100001
2	3002	徐六	女	25	023-8888882	安徽	100002
3	3003	梁一	男	27	023-8888883	重庆	100003
4	3004	刘思	女	27	023-8888884	重庆	100001
5	3005	李厚	男	26	023-8888885	山东	100001
6	3006	梁花	女	25	023-8888886	山东	100003

图 4-12 小于平均年龄的职工信息

2. 关键字 IN 子查询

如果子查询返回的是单列多个值，则可以将结果集作为一个集合，使用 IN 运算符来对外部查询的列值进行判断。比较结果为真的行加入结果集，否则不加入结果集。可以使用 NOT IN 获得与 IN 相反的结果集。

【案例 4-47】 使用子查询查找部门名大于 3 个字符的职工的所有信息。

【知识拓展】

使用内置函数 LEN(char)，可以得到给定字符串表达式的字符（而不是字节）个数，其中不包含尾随空格。

查找部门名大于 3 个字符的部门号的语句如下。

```
SELECT 部门号 FROM SCH_FACTORY.DEPT WHERE LEN(部门名)>3;
```

上面语句得到的结果是一个 1 列 2 行的结果集。将该语句作为子句，结合 IN 运算符，放入一个包含判断部门号 WHERE 子句的职工表外部查询中。

```
SELECT * FROM SCH_FACTORY.STAFF WHERE 部门号 IN (SELECT 部门号 FROM SCH_FACTORY.DEPT WHERE LEN(部门名)>3);
```

查询结果如图 4-13 所示。

	职工号 INT	姓名 VARCHAR(50)	性别 CHAR(2)	年龄 TINYINT	电话号码 CHAR(13)	籍贯 VARCHAR(50)	部门号 INT
1	3001	张童	女	26	023-8888881	江西	100001
2	3002	徐六	女	25	023-8888882	安徽	100002
3	3004	刘思	女	27	023-8888884	重庆	100001
4	3005	李厚	男	26	023-8888885	山东	100001
5	3007	徐瓜瓜	女	29	0898-8888887	江西	100002
6	3008	梁东	男	31	023-8888888	山西	100001

图 4-13　部门名大于 3 个字符的职工信息

【实践 4-12】使用子查询找出参与项目名中带有"2022"关键字的职工的所有信息。

3. EXISTS 关键字子查询

EXISTS 判断是对子查询返回结果是否为非空集合的判别操作。若表子查询返回至少一行，则 EXISTS 返回 TRUE，否则返回 FALSE。反之，若表子查询返回 0 行，则 NOT EXISTS 返回 TRUE，否则返回 FALSE。

4.3.4
子查询—
EXISTS 关键字子查询

【案例 4-48】使用子查询找出参与项目的职工的所有信息。

如果一个职工参与了项目，则在 STAFF_PROJECT 表中会有其职工号的记录。故可在子查询中以 STAFF_PROJECT 表外部查询中的职工号为条件，判断在子查询的表中是否存在该职工号。如果存在，则将符合条件的行加入结果集。

```
SELECT * FROM SCH_FACTORY.STAFF AS S WHERE EXISTS (SELECT * FROM SCH_FACTORY.STAFF_PROJECT AS SP WHERE SP.职工号 = S.职工号);
```

查询结果如图 4-14 所示。

	职工号 INT	姓名 VARCHAR(50)	性别 CHAR(2)	年龄 TINYINT	电话号码 CHAR(13)	籍贯 VARCHAR(50)	部门号 INT
1	3001	张童	女	26	023-8888881	江西	100001
2	3002	徐六	女	25	023-8888882	安徽	100002
3	3003	梁一	男	27	023-8888883	重庆	100003
4	3006	梁花	女	25	023-8888886	山东	100003
5	3009	徐谦	女	31	023-8888889	江苏	100003

图 4-14　参与项目的职工的所有信息

【实践 4-13】使用子查询查询未参与项目的职工的所有信息。

EXISTS 子查询的连接条件可以包含外表列，也可以不包含外表列。上面案例中 EXISTS 子查询的查询结果与外表相关，即连接条件中包含内表和外表列，这种类型的子查询称为相关子查询；反之，子查询的连接条件不包含外表列，即查询结果不受外表影响，这种类型的子查询称为非相关子查询。

4. ANY 和 ALL 关键字子查询

如果子查询返回的是单列多个值，则在需要比较时，一般与 ANY 和 ALL 运算符配合使用。如果比较结果为真，则加入结果集，否则不加入结果集。

4.3.4
子查询—ANY 和 ALL 关键字子查询

ANY 表示在进行比较运算时，只要集合中任意一行能使结果为真，整体结果就为真。如"1000＜ANY(1, 2, 1001)"结果为真。

ALL 表示在进行比较运算时，只有集合中所有行都使结果为真，整体结果才为真。如"1000＜ALL(1, 2000, 1001)"结果为假。

【案例 4-49】 使用子查询找出每个部门年龄最小的职工的所有信息。

在查询过程中，对于每个职工，其年龄是整个部门中最小的才符合条件加入结果集。查询结果如图 4-15 所示。

```
SELECT * FROM SCH_FACTORY.STAFF S WHERE 年龄 <= ALL(SELECT 年龄 FROM SCH_FACTORY.STAFF S1 WHERE 年龄 IS NOT NULL AND S1.部门号=S.部门号);
```

	职工号 INT	姓名 VARCHAR (50)	性别 CHAR (2)	年龄 TINYINT	电话号码 CHAR (13)	籍贯 VARCHAR (50)	部门号 INT
1	3001	张童	女	26	023-8888881	江西	100001
2	3002	徐六	女	25	023-8888882	安徽	100002
3	3005	李厚	男	26	023-8888885	山东	100001
4	3006	梁花	女	25	023-8888886	山东	100003

图 4-15 每个部门年龄最小的职工

【任务考评】

考评点	完成情况	评价简述
掌握单表查询方法	□完成 □未完成	
了解查询子句	□完成 □未完成	
掌握连接查询方法	□完成 □未完成	
了解子查询	□完成 □未完成	

任务 4.4 索引使用及管理

【任务描述】

索引是提升查询效率非常有效的手段。本任务主要包括理解索引的概念和作用、管理索引的准则，以及掌握索引的创建和删除。通过本任务的实施，能够掌握索引的分析及创建方法。

【任务分析】

创建索引能够提升查询的效率，但是索引的管理和存储也需要消耗资源。比如索引本身需要存储资源，当数据变化后，维护索引需要计算资源等。在创建索引时，要遵循一些准则，为适合创建索引的数据创建索引，避免索引的滥用。

【任务实施】

4.4.1 理解管理索引的准则

在数据库中建立索引是为了加快数据的查询速度。数据库中的索引与书籍中的目录类似。

例如在本书中查找索引的相关内容，首先利用目录可以快速得知项目 4 是关于数据库查询及管理方面的内容，接着进入子目录，可见任务 4.4 正是关于索引的内容，找到对应的页码直接翻开，这样就无须翻阅整本书。同样，在数据库中，索引使得对数据的查找不需要对整个表进行扫描，就可以在其中找到所需数据。书籍的索引表是一个词语列表，其中注明了包含各个词的页码。而数据库中的索引是一个表中所包含的列值的列表，其中注明了表中包含各个值的行数据所在的存储位置。可以为表中的单个列建立索引，也可以为一组列建立索引。

索引是与表相关的可选的结构（聚簇索引除外），它能使对应于表的 SQL 语句执行得更快，因为有索引比没有索引能更快地定位信息。DM8 索引提供更快访问表数据的路径，可以不用重写任何查询而使用索引，其结果与不使用索引是一样的，但速度更快。

DM8 提供了多种类型的索引，对不同场景有不同的功能。常见的索引如下。

- 聚簇索引：也称聚集索引，每一个普通表有且只有一个聚簇索引。
- 唯一索引：索引数据根据索引键唯一。
- 全文索引：在表的文本列上创建的索引。

索引一般采用 B 树结构。索引由索引项组成，索引项由来自表中每一行的一个或多个列（称为搜索关键字或索引关键字）组成。B 树按搜索关键字排序，可以在组成搜索关键字的任何子词条集合上进行高效搜索。索引在逻辑和物理上都与相关的表的数据无关。而且，索引和书籍的目录一样，需要使用额外的空间来存储这个"目录"。

创建或删除一个索引，不会影响基本的表、数据库应用或其他索引。当插入、更改和删除相关的表的行时，DM8 会自动管理索引。如果删除索引，则所有的应用仍继续工作，但访问以前被索引的数据时速度可能会变慢。

1. 创建索引基本准则

有以下情况时需要考虑创建索引。

- 如果经常需要检索大表中的少量的行，就为查询键创建索引。
- 为了改善多个表的连接的性能，可为连接列创建索引。
- 主键和唯一键自动具有索引，很多情况下也在外键上创建索引。
- 表中数据的查询量远多于数据变化量时，也会创建索引。

注意，小表不需要创建索引。

选取表中的索引列时可以考虑以下几点。

- 列中的值重复较少。
- 取值范围大时适合建立索引。
- CLOB 和 TEXT 都只能建立全文索引，BLOB 不能建立任何索引。

2. 限制表中索引数量

一个表可以有任意数量的索引。但是，索引越多，修改表数据的开销就越大，正如字典的目录加上按第一笔查字的目录、按最后一笔查字的目录等，目录就会变得非常庞大。当插入或删除行时，表上的所有索引也要被更改；在更改一个列时，包含该列的所有索引也要被更改，维护这个索引目录也增加了很多的开销。因此，在从表中检索数据的速度和更新表的速度之间有一个折中。例如，如果一个表主要用于读，则索引多就有好处；如果一个表经常被更新，则索引不宜多建。

3. 为每个索引指定表空间

可以在除临时表空间、日志表空间和回滚表空间以外的其他任何表空间中创建索引，也可以在其索引的表的相同或不同的表空间中创建索引。如果表及其索引使用相同的表空间，则能更方便地对数据库进行管理（如表空间或文件备份）或保证应用的可用性，因为所有有关的数据总是在一起联机。然而，将表及其索引放在不同的表空间（在不同磁盘上）产生的性能比放在相同的表空间更好，因为这样做减少了磁盘竞争。但是，在将表及其索引放在不同的表空间时，如果一个表上某索引所在的表空间脱机了，则涉及这张表的 SQL 语句可能由于执行计划仍旧需要使用被脱机的索引而无法成功执行。

4. 为性能而安排索引列

在 CREATE INDEX 语句中，列的排序会影响查询的性能。通常，将最常用的列放在最前面。如果查询中有多个字段组合定位，则不应为每个字段单独创建索引，而应该创建一个组合索引。当两个或多个字段都是等值查询时，组合索引中各个列的前后关系是无关紧要的。但是如果是非等值查询，想要有效利用组合索引，则应该按等值字段在前、非等值字段在后的原则创建组合索引，查询时只能利用一个非等值的字段。

4.4.2 索引的创建

1. 通用索引的创建

用户要在自己的模式中创建索引，至少要满足如下条件之一。
- 要被索引的表需要在用户自己的模式中。
- 在要被索引的表上有 CREATE INDEX 权限。
- 具有 CREATE ANY INDEX 的数据库权限。
- 要在其他模式中创建索引，用户必须具有 CREATE ANY INDEX 的数据库权限。

为了提高系统的查询效率，DM 系统提供了索引。但需要注意，索引会降低那些影响索引列值的命令的执行效率，如增、删、改的性能，因为 DM 不但要维护基表数据，还要维护索引数据。

创建索引的基本语法格式如下。

```
CREATE [OR REPLACE] [CLUSTER|NOT PARTIAL][UNIQUE] INDEX <索引名> ON [<模式名>.]<表名>(<索引列定义>{,<索引列定义>}) [GLOBAL] [<STORAGE 子句>][NOSORT] [ONLINE] [REVERSE];
```

索引列定义的语法说明如下。

```
<索引列定义>::= <索引列表达式>[ASC|DESC]
```

STORAGE 子句的语法说明如下。

```
<STORAGE 子句>::= STORAGE(<STORAGE 项> {,<STORAGE 项>})
```

STORAGE 项的语法说明如下。

```
<STORAGE 项> ::=
    [INITIAL <初始簇数目>] |
    [NEXT <下次分配簇数目>] |
    [MINEXTENTS <最小保留簇数目>] |
    [ON <表空间名>] |
    [FILLFACTOR <填充比例>]|
    [BRANCH <BRANCH 数>]|
    [BRANCH (<BRANCH 数>, <NOBRANCH 数>)]|
    [NOBRANCH ]|
    [<CLUSTERBTR>]|
    [SECTION (<区数>)]|
    [STAT NONE]
```

语法中的参数说明如下。
① CLUSTER 指明该索引为聚簇索引，不能应用到函数索引中。
② NOT PARTIAL 指明该索引为非聚簇索引，默认为非聚簇索引。
③ UNIQUE 指明该索引为唯一索引。
④ <索引名> 指明被创建索引的名称。索引名的最大长度为 128 字节，方便后续管理，不能与其他索引名重复。
⑤ <模式名> 指明被创建索引的基表属于哪个模式，默认为当前模式。
⑥ <表名> 指明被创建索引的基表的名称。
⑦ <索引列定义> 指明创建索引的列定义。
⑧ <索引列表达式> 指明被创建的索引列可以为列名、列名列表或表达式。
⑨ GLOBAL 指明该索引为全局索引，用于水平分区表，非水平分区表忽略该选项。
⑩ ASC 表示递增排序。
⑪ DESC 表示递减排序。
⑫ <STORAGE 项>中，BRANCH 和 NOBRANCH 只能用以指定聚簇索引。
⑬ NOSORT 指明该索引相关的列已按照索引中指定的顺序排序，不需要在建立索引时排序，可提高建立索引的效率。若数据非有序却指定了 NOSORT，则在建立索引时会报错。
⑭ ONLINE 表示支持异步索引，即创建索引过程中可以对索引依赖的表做增、删、改操作。
⑮ REVERSE 表示将当前索引创建为反向索引，即按索引数据的原始数据的反向排列顺序创建索引（默认为按原始数据的正向排列顺序创建索引）。

在 3.4.4 节介绍完整性约束时提到过，在表的创建或者修改时，也可以定义主键索引、唯一索引、聚簇索引等，这里不再赘述。

【案例 4-50】 为 SCH_FACTORY.STAFF 的姓名列创建索引 INDEX_STAFF_XM。

```
CREATE INDEX INDEX_STAFF_XM ON SCH_FACTORY.STAFF(姓名);
```

【案例 4-51】 以 SCH_FACTORY.STAFF 的姓名和籍贯为索引列建立唯一索引 UNINDEX_STAFF_XMJG。

```
CREATE UNIQUE INDEX UNINDEX_STAFF_XMJG ON SCH_FACTORY.STAFF(姓名，籍贯);
```

2．全文索引的创建

用户可以在指定的表的文本列上建立全文索引。创建全文索引的语法格式如下。

```
CREATE CONTEXT INDEX <索引名> ON [<模式名>.] <表名> (<索引列定义>) [<STORAGE 子句>]
[LEXER <分词参数>] [<SYNC 子句>];
```

<索引列定义>、<STORAGE 子句>请参考上面"通用索引的创建"相关内容。<SYNC 子句>的语法说明如下。

```
<SYNC 子句> ::= SYNC [TRANSACTION]
```

语法中的参数说明如下。
① <索引名> 指明要创建的全文索引的名称。由于系统会为全文索引名加上前缀与后缀，因此用户指定的全文索引名的长度不能超过 122 字节。
② <模式名> 指明要创建全文索引的基表属于哪个模式，默认为当前模式。
③ <表名> 指明要创建全文索引的基表的名称。
④ <分词参数> 指明全文索引分词器的分词参数。

⑤ <STORAGE 子句>只有在指定表空间参数时有效，对于其他参数无效（即 STORAGE ON xxx 或者 TABLESPACE xxx 有效，而诸如 INITIAL、NEXT 等无效）。

⑥ LEXER 有 5 种可选项：CHINESE_LEXER，中文最少分词；CHINESE_VGRAM_LEXER，机械双字分词；CHINESE_FP_LEXER，中文最多分词；ENGLISH_LEXER，英文分词；DEFAULT_ LEXER，中英文最少分词，也是默认分词。

⑦ <SYNC 子句> 指明全文索引的同步类型。在不指定<SYNC 子句>而创建全文索引后，系统不进行全文索引填充；在指定为 SYNC 时，系统将在全文索引建立后对全文索引执行一次完全填充；在指定为 SYNC TRANSACTION 时，系统将在每次事务提交后，自动以增量更新方式填充全文索引，不需要用户手动填充。

需要注意下面几点问题。
- 全文索引必须在一般用户表上定义，而不能在系统表、视图、临时表、列存储表和外部表上定义。
- 一个全文索引只能作用于表的一个文本列，不允许为组合列和计算列。
- 同一列只允许创建一个全文索引。
- 全文索引<索引列定义>中的列名是要创建全文索引的列的名称，且对应列应为文本列，即类型可为 CHAR、CHARACTER、VARCHAR、LONGVARCHAR、TEXT 和 CLOB。
- TEXT、CLOB 类型的列可存储二进制字符流数据。如果用于存储 DM 全文检索模块能识别的格式简单的文本文件（如 TXT、HTML 等），则可为其建立全文索引。
- 全文索引支持简体中文和英文。

【案例 4-52】 为 SCH_FACTORY.MANAGER 的"备注"列创建全文索引 FTINDEX_MANAGER_REMARK，使用中文最多分词，即 CHINESE_FP_LEXER。

```
CREATE CONTEXT INDEX FTINDEX_MANAGER_REMARK ON SCH_FACTORY.MANAGER(备注) LEXER CHINESE_FP_LEXER;
```

4.4.3 索引的删除

DM 系统允许用户在建立索引后还可随时删除索引。删除索引的语法格式如下。

```
DROP INDEX [IF EXISTS] [<模式名>.]<索引名>;
```

删除索引的语法中的参数说明如下。
① <模式名> 指明被删除索引所属的模式，默认为当前模式。
② <索引名> 指明被删除索引的名称。

使用过程中需要注意的是，只有具有 DBA 角色的用户或该索引所属基表的拥有者才能删除索引。删除不存在的索引会报错。若指定 IF EXISTS 关键字，则删除不存在的索引不会报错。

【案例 4-53】 删除唯一索引 UNINDEX_STAFF_XMJG。

```
DROP INDEX SCH_FACTORY.UNINDEX_STAFF_XMJG;
```

【任务考评】

考评点	完成情况	评价简述
理解管理索引的准则	□完成 □未完成	
掌握索引的创建方法	□完成 □未完成	
掌握索引的删除方法	□完成 □未完成	

任务 4.5　项目总结

【项目实施小结】

通过该项目的实施，理解了视图、索引等数据查询和管理对象，掌握了数据的插入、删除、修改方法，以及数据查询及管理的准则和方法，能够对数据进行基本的操作和管理。

【对接产业技能】

1. 根据客户需求推荐合理使用数据查询语句
2. 根据客户需求编写相应的分组查询语句
3. 根据客户需求编写相应的多表连接查询语句
4. 根据客户需求编写相应的子查询语句
5. 根据客户需求编写相应的视图定义语句
6. 根据客户需求合理规划索引
7. 根据客户需求编写相应的数据插入语句
8. 根据客户需求编写相应的数据更新语句
9. 根据客户需求编写相应的数据删除语句

任务 4.6　项目评价

项目评价表		项目名称		项目承接人		组号	
		数据查询及管理					
项目开始时间		项目结束时间		小组成员			

	评分项目		配分	评分细则	自评得分	小组评价	教师评价
项目实施情况（20分）	纪律情况（5分）	项目实施准备	1	准备书、本、笔、设备等			
		积极思考、回答问题	2	视情况得分			
		跟随教师进度	2	视情况得分			
		遵守课堂纪律	0	按规章制度扣分（0～100分）			
	考勤（5分）	迟到、早退	5	迟到、早退每项扣2.5分			
		缺勤	0	根据情况扣分（0～100分）			
	职业道德（5分）	遵守规范	3	根据实际情况评分			
		认真钻研	2	依据实施情况及思考情况评分			
	职业能力（5分）	总结能力	3	按总结完整性及清晰度评分			
		举一反三	2	根据实际情况评分			
核心任务完成情况评价（60分）	数据库知识准备（40分）	视图创建及管理	3	理解视图的概念			
			3	掌握创建视图的方法			
			3	了解视图数据的更新方法			
			2	掌握删除视图的方法			

（续）

项目评价表	项目名称		项目承接人	组号	
	数据查询及管理				
项目开始时间	项目结束时间		小组成员		

评分项目			配分	评分细则	自评得分	小组评价	教师评价
核心任务完成情况评价（60 分）	数据库知识准备（40 分）	数据的插入、删除和修改	3	掌握数据插入的方法			
			3	掌握数据修改的方法			
			2	掌握 WHERE 子句的用法			
			2	掌握数据删除的方法			
		数据的查询	3	掌握单表查询方法			
			3	了解查询子句			
			3	掌握连接查询方法			
			3	了解子查询			
		索引使用及管理	3	理解管理索引的准则			
			2	掌握索引的创建方法			
			2	掌握索引的删除方法			
	综合素养（20 分）	语言表达	5	讨论、总结过程中的表达能力			
		问题分析	5	问题分析情况			
		团队协作	5	实施过程中的团队协作情况			
		工匠精神	5	敬业、精益、专注、创新等			
拓展训练（20 分）	实践或讨论（20 分）	完成情况	10	实践或讨论任务完成情况			
		收获体会	10	项目完成后收获及总结情况			
总分							
综合得分（自评 20%，小组评价 30%，教师评价 50%）							
组长签字：				教师签字：			

任务 4.7　项目拓展训练

【基本技能训练】

一、填空题

1. DMSQL 程序采用_____语句向已定义好的表中插入单个或成批数据。

2. 模糊匹配条件用于条件不完全确定的情况，如查找所有姓"李"的员工、查找名字包含某个字的项目等，此时应该采用_____语句。

3. 在实际应用中，用户经常需要获得按照分类进行汇总的数据，_____语句是查询语句的可选项部分，用于定义分组表。

4. 在连接查询中，_____的连接表中必须存在同名列，如果连接表中没有同名列，或者同名列类型不匹配，则会报错；如果有多个同名列，则会产生多个等值连接条件。

5. 在 DM_SQL 中，一个 SELECT-FROM-WHERE 语句称为一个查询块，如果在一个查询块中嵌套一个或多个查询块，则这种查询为_____。

6. 视图是一个_____，是从一个或几个表（或视图）通过 SELECT 查询语句导出的表，数据字典中只存放视图的定义（由视图名和查询语句组成），而不存放对应的数据。

7. 在 DMSQL 程序中，用户采用_____可以用多种角度观察数据库中的数据，_____简化了用户数据模型，提供了逻辑数据独立性，实现了数据共享和数据的安全保密。

二、选择题

1. 对于已经插入数据库的数据，时常要根据实际情况变化的需求、业务需求变化的需求或者更正的需求进行修改，DMSQL 程序采用（   ）语句进行修改。
  A．UPDATE   B．INSERT
  C．WHERE   D．DELETE

2. 当 WHERE 子句需要指定一个以上的查询条件时，需要使用逻辑运算符 AND、OR 和 NOT 将各个查询条件连接成复合的逻辑表达式。逻辑运算符优先级由高到低为（   ），用户可以使用括号改变优先级顺序。
  A．NOT、OR、AND   B．AND、OR、NOT
  C．OR、NOT、AND   D．NOT、AND、OR

3. SQL 提供了许多库函数，增强了基本检索能力。其中聚合函数可以将一列的多个值按照要求进行结算，得到的计算结果将作为查询结果返回。用于按列统计个数的聚合函数为（   ）。
  A．SUM   B．COUNT
  C．MAX   D．AVG

4. 在 DMSQL 程序中，使用（   ），可以查询 STAFF 表中所有职工的信息，并按年龄进行升序排序。
  A．HAVING   B．GROUP BY
  C．ORDER BY   D．INTO 子句

5. 在 DMSQL 程序中，子查询会返回一个值（标量子查询，即只返回一行一列）或一个表（表子查询，即返回多行多列），子查询中不能包含（   ）语句。
  A．HAVING   B．GROUP BY
  C．ORDER BY   D．INTO 子句

【综合技能训练】

1. 向职工表、部门表、项目表中插入一些合理的数据。
2. 修改职工表、部门表、项目表中新插入的部分数据。
3. 删除职工表、部门表、项目表中小部分数据。
4. 通过一次查询获取新创建职工的姓名、部门名及参与的项目名。
5. 创建一个视图，显示职工的姓名、部门以及参与项目的个数。

项目 5　数据库事务及锁管理

【项目导入】

小达目前已经能够进行基本的数据库对象管理及数据管理了。但是，在数据管理过程中，他发现了一些问题，如有一些操作是相互联系的，当某一个操作步骤出现问题时，要将前序操作恢复，工作烦琐，容易遗漏；又如，公司智能产线设备非常多，涉及零件的库存种类也很多，需要注意确保同时操作同一个表或者数据行时相互不受影响且结果正确。

带着这些问题，小达通过实施本项目中的任务，可掌握数据库事务及锁管理。

学习目标

知识目标	技能目标	素养目标
1. 理解事务的基本概念 2. 理解事务的特性 3. 理解事务的锁定 4. 理解事务的锁粒度 5. 理解事务隔离级	1. 掌握事务的提交和回滚 2. 掌握事务的锁模式的事务相容性 3. 掌握显示锁定表 4. 了解事务锁等待及死锁等待 5. 了解闪回技术	1. 培养科学看待事物相互制约规律的意识 2. 理解合作与冲突的辩证关系 3. 培养多角度分析问题的意识

任务 5.1　事务管理

【任务描述】

数据库是一个共享资源，可以被大量应用程序所共享。这些应用程序可以串行运行，但在绝大多数情况下，为了有效利用数据库资源，多个应用程序会并发访问数据库，这就是数据库的并发操作。此时，如果不对并发操作进行控制，则会存取不正确的数据，或破坏数据库数据的一致性。DM 数据库通过事务管理相关技术，有效解决了上述问题。本任务将阐述事务的定义，并讲解如何使用事务来管理 DM 数据库。

【任务分析】

首先应理解事务的概念及原理。在理解了相关概念和原理的基础上，思考与实际应用的结合。还应注意事务提交和回滚的时机选择。

【任务实施】

5.1.1　认识事务及其特性

1. 认识事务

数据库中的事务（Transaction）是数据库处理的单个逻辑工作单元，是一系列看作一个整体的操作的集合。一个事务内操作的集合一般包括插入（增）、删除（删）、修改（改）和检索（查）数据。这些操作要么全部执行，要么全部不执行，保证数据的有效性和一致性。

数据库应用的领域非常广泛，如银行、航天、科学计算等，都要求数据处理时做到准确有效。特别是在航天领域,毫米级的差错就有可能影响航天设备的升空。所以,在数据库设计、数据处理和数据库维护过程中,应踏实细致,避免数据与实际不一致。

【工匠故事】

在北斗三号全球卫星导航系统建成开通的新闻发布会上,北斗系统工程副总设计师、北斗三号工程卫星系统总设计师谢军谈到:北斗系统是一个高风险、复杂的系统,技术上的特点是混合星座,有约 36000 千米高度的 GEO、IGSO 卫星,有约 21000 千米高度的 MEO 卫星,卫星指标要求高、空间环境复杂,同时工作寿命也是大于 10 年和 12 年,作为卫星的产品,它的质量具有在轨很难维护、很难修复、很难更换的特点,所以研制和入轨后,做了大量细致有效的工作。通过细致的管理,研制过程更加严格,上天以后不放松监测,整个系统的理念是"先于故障发现问题、先于问题发现苗头、先于苗头解决问题",能够为全世界范围内的用户提供连续、稳定、可靠的一流服务。

数据资源的共享是数据库的一个重要特点,因此多个用户同时访问相同的数据是常见的状态。当多个用户同时操作相同的数据时,如果不采取任何措施,则可能会造成数据异常。如在客户 A 通过银行向客户 B 转账的过程中,如果不采取限制措施,则可能会造成客户 A 的账户金额减少,但客户 B 的账户余额未增加的情况,见表 5-1。事务就是为防止这种情况发生而产生的一个概念。

表 5-1 银行转账发生网络故障时的业务流程示意表

时间	客户 A	B
t1	账户余额:1000	账户余额:2000
t2	向 B 转账 100 账户余额:900	
t3	发生网络故障,转账未完成	
t4	账户余额:900	账户余额:2000

对于 DM 数据库来说,第一次执行 SQL 语句时,隐式地启动一个事务,以提交(COMMIT)或回滚(ROLLBACK)语句/方法显式地结束事务。COMMIT 操作会将该语句所对应事务对数据库的所有更新持久化(即写入磁盘),数据库此时进入新的一致性状态,并结束该事务。ROLLBACK 操作将该语句所对应事务对数据库的所有更新全部撤销,把数据库恢复到该事务初启动前的一致性状态。

2. 事务的特性

事务具有 4 个特性,即原子性(Atomicity)、一致性(Consistency)、隔离性(Isolation)和持久性(Durability)。这 4 个特征也简称为事务的 ACID 特性。这些特性用于保证事务执行后数据库仍然是正确的状态。事务是数据库并发控制和恢复的基本单位。保证事务的 ACID 特性是事务处理的重要任务。

(1)原子性

事务的原子性保证事务包含的一组操作是原子不可分的,也就是说,这些操作是一个整体,对数据库而言,全做或者全不做,不能部分地完成。这一性质即使在系统崩溃之后仍能得到保证。在系统崩溃之后,将进行数据库恢复,用来恢复和撤销系统崩溃时处于活动状态的事务对数据库的影响,从而保证事务的原子性。系统在对磁盘上的任何实际数据修改之前都会将修改操作本身的信息记录到磁盘上。当发生崩溃时,系统能根据这些操作记录当时该事务处于何种状态,以此确定是撤销对该事务所做出的所有修改操作,还是将修改的操作重新执行。

(2)一致性

事务的一致性是指,表示客观世界同一事务状态的数据,不管出现在何时何处,都是一致的、正确的、完整的。或者说，事务执行的结果必须是使数据库从一个一致性状态变到另一个一致性状态。如上文所述的购票事务，必须保证购票后所有乘客购票及余票的总数量与购票前是一致的。因此，当事务成功提交时，数据库就从事务开始前的一致性状态转到了事务结束后的一致性状态。同样，如果由于某种原因，在事务尚未完成时就出现了故障，那么就会导致事务中的一部分操作已经完成，而另一部分操作还没有做，这样就有可能使数据库产生不一致的状态，因此，事务中的操作如果有一部分成功，一部分失败，为避免产生数据不一致状态，数据库管理系统会自动将事务中已完成的操作撤销，使数据回到事务开始前的状态。因此，事务的一致性和原子性是密切相关的。事务的一致性要求事务在并发执行的情况下其一致性仍然满足。

（3）隔离性

事务的隔离性是指数据库中一个事务的执行不能被其他事务干扰，即事务是隔离的，每个事务的执行效果与系统中只有该事务的执行效果一样。也就是说，某个并发事务所做的修改必须与任何其他的并发事务所做的修改相互隔离，并发执行的各个事务之间不能相互干扰。只有某个值被一个事务修改完并提交，才会影响另一个事务。事务只会识别另一并发事务修改之前或者修改完成之后的数据，不会识别处于这中间状态的数据。事务的隔离行为依赖于指定的隔离级别。

（4）持久性

事务的持久性也称为永久性。持久性是指一个事务一旦被提交，它对数据库中数据的改变就是永久性的，接下来的其他操作和数据库故障不应该对其有任何影响。一旦一个事务提交，数据库管理系统就应该能保证它对数据库中数据的改变是永久性的。

在 DM 数据库中，如果数据库或者操作系统出现故障，那么在数据库重启的时候，数据库会自动恢复。如果某个数据驱动器出现故障，并且数据丢失或者损坏，可以通过备份和联机重做日志来恢复数据库。若备份驱动器也出现故障，且系统没有准备其他的可靠性解决措施，备份就会丢失，那么就无法恢复数据库了。

5.1.2 事务的提交及回滚

1. 事务提交

提交事务就是提交事务对数据库所做的操作，将事务中一系列看作一个整体的所有操作的结果保存到数据库中。同时提交事务会将任何更改的记录都写入日志文件并最终写入数据文件，并且释放由事务占用的资源。如果提交时数据还没有写入数据文件，则 DM 数据库后台线程会在适当时机（如检查点、缓冲区满）将它写入。

5.1.2 事务的提交及回滚

具体来说，在一个修改了数据的事务被提交之前，DM 数据库进行了以下操作。

- 生成回滚记录。回滚记录包含了事务中各 SQL 语句所修改的数据的原始值。
- 在系统的重做日志缓冲区中生成重做日志记录。重做日志记录包含了对数据页和回滚页所进行的修改，这些记录可能在事务提交之前被写入磁盘。
- 对数据的修改已经被写入数据缓冲区，这些修改也可能在事务提交之前被写入磁盘。已提交事务中对数据的修改被存储在数据库的缓冲区中，它们不一定被立即写入数据文件内。DM 数据库自动选择适当的时机进行写操作以保证系统的效率。因此写操作既可能发生在事务提交之前，也可能发生在事务提交之后。

当事务被提交之后，DM 数据库进行以下操作。

- 将事务任何更改的记录写入日志文件并最终写入数据文件。
- 释放事务上的所有锁，将事务标记为完成。
- 返回提交成功消息给请求者。

在 DM 数据库中还存在 3 种事务模式：自动提交模式、手动提交模式和隐式提交模式。

（1）自动提交

除了命令行交互式工具 DISQL 以外，DM 数据库默认都采用自动提交模式。在用户通过 DM 数据库的其他管理工具、编程接口访问 DM 数据库时，如果不手动或编程设置提交模式，则所有的 SQL 语句都会在执行结束后提交，或者在执行失败时回滚，此时每个事务都只有一条 SQL 语句。在 DISQL 中，用户也可以通过执行如下语句来打开或关闭当前会话自动提交模式。

1）打开自动提交模式。

```
SET AUTOCOMMIT ON;
```

2）关闭自动提交模式。

```
SET AUTOCOMMIT OFF;
```

（2）手动提交

在手动提交模式下，DM 数据库用户或者应用开发人员可以明确定义事务的开始和结束，这些事务也称为显式事务。在 DISQL 中，没有设置自动提交时，就是处于手动提交模式，此时 DISQL 连接到服务器后的第一条 SQL 语句或者事务结束后的第一条语句就标记着事务的开始，可以执行 COMMIT 或者 ROLLBACK 来提交或者回滚事务。

（3）隐式提交

在手动提交模式下，当遇到 DDL 语句时，DM 数据库会自动提交前面的事务，然后开始一个新的事务执行 DDL 语句。这种事务提交称为隐式提交。DM 数据库在遇到以下 SQL 语句时会自动提交前面的事务：CREATE、ALTER、TRUNCATE、DROP、GRANT、REVOKE、审计设置语句。

2. 事务回滚

回滚事务是撤销该事务所做的任何更改，回到事务开始前或者保存点的一致性状态。回滚有两种形式：DM 数据库自动回滚和通过程序或 ROLLBACK 命令手动回滚。除此之外，与回滚相关的还有回滚到保存点和语句级回滚。下面分别进行介绍。

（1）自动回滚

若事务运行期间连接断开，则 DM 数据库会自动回滚该连接所产生的事务。回滚会撤销事务执行的所有数据库更改，并释放此事务使用的所有数据库资源，确保数据的一致性。DM 数据库在恢复时也会使用自动回滚。如在运行事务时服务器突然断电，接着系统重新启动，DM 数据库就会在重启后执行自动恢复操作。

自动恢复要从事务重做日志中读取信息以重新执行没有写入磁盘的已提交事务，或者回滚断电时还没有来得及提交的事务。

（2）手动回滚

在实际应用中，当某条 SQL 语句执行失败时，用户可主动使用 ROLLBACK 语句或者编程接口提供的回滚函数来回滚整个事务，避免不合逻辑的事务"污染"数据库而导致数据不一致。如果发生错误后确实只用回滚事务中的一部分，则需要用到回滚到保存点的功能。

（3）回滚到保存点

除了回滚整个事务之外，DM 数据库的用户还可以部分回滚未提交事务。用户在事务内可以声明多个称为保存点的标记，将一个大事务划分为几个较小的片段。之后用户在对事务进行回滚操作时，就可以选择从当前执行位置回滚到事务内的任意一个保存点，即从事务的末端回滚到事务中任意一个称为保存点的标记处。

（4）语句级回滚

如果在一条 SQL 语句的执行过程中发生了错误，则此语句对数据库产生的影响将被回滚。回滚后就如同此语句从未执行过，这种操作称为语句级回滚。语句级回滚只会使此语句所做的数据修改无效，不会影响此语句之前所做的数据修改。

【案例 5-1】 以职工部门转换业务为例介绍事务。由于要成立新的部门，因此需要对职工进行部门调整，首先将 3009 号职工的部门号转换为 100001，然后将 3004 号职工的部门号转换为 100004。其具体业务步骤如下。

1）设置 SCHEMA：

```
SET SCHEMA SCH_FACTORY;
```

如图 5-1 所示，查询出了当前职工表中数据的结果集。

2）将 3009 号职工的部门号转换为 100001：

```
UPDATE STAFF SET 部门号=100001 WHERE 职工号=3009;
```

3）将 3004 号职工的部门号转换为 100004：

```
UPDATE STAFF SET 部门号=100004 WHERE 职工号=3004;
```

如图 5-2 所示，在 3004 号职工的部门转换过程中，因为部门号中暂时不存在 100004，所以造成了违反引用约束错误。由查询结果可见，3009 号职工的部门号修改成功，而 3004 号职工的部门号未修改。

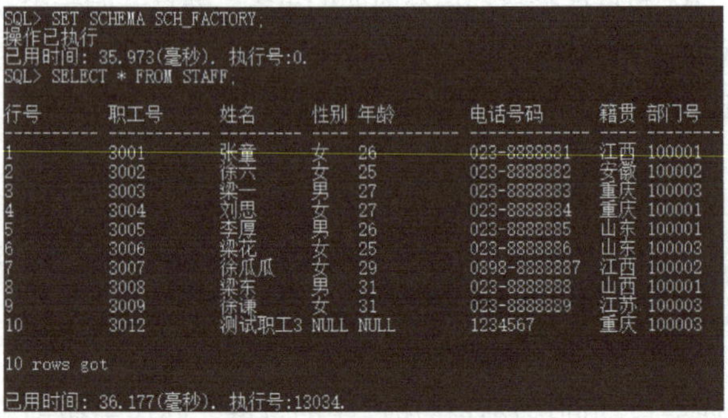

```
SQL> SET SCHEMA SCH_FACTORY;
操作已执行
已用时间: 35.973(毫秒). 执行号:0.
SQL> SELECT * FROM STAFF;

行号       职工号     姓名       性别 年龄       电话号码      籍贯 部门号
---------- ---------- ---------- ---- ---------- ------------- ---- ------
1          3001       张童       女   26         023-8888881   江西 100001
2          3002       徐六       女   25         023-8888882   安徽 100002
3          3003       梁一       男   27         023-8888883   重庆 100003
4          3004       刘思       女   27         023-8888884   重庆 100001
5          3005       李厚       男   26         023-8888885   山东 100001
6          3006       梁花       女   25         023-8888886   山东 100003
7          3007       徐瓜瓜     女   29         0898-8888887  江西 100002
8          3008       梁东       男   31         023-8888888   山西 100001
9          3009       徐谦       女   31         023-8888889   江苏 100003
10         3012       测试职工3  NULL NULL       1234567       重庆 100003

10 rows got

已用时间: 36.177(毫秒). 执行号:13034.
```

图 5-1　查询职工表中所有数据

```
SQL> UPDATE STAFF SET 部门号=100001 WHERE 职工号=3009;
影响行数 1

已用时间: 36.555(毫秒). 执行号:13035.
SQL> UPDATE STAFF SET 部门号=100004 WHERE 职工号=3004;
UPDATE STAFF SET 部门号=100004 WHERE 职工号=3004;
[-6607]:违反引用约束[FK_STAFF_DEPT].
已用时间: 36.942(毫秒). 执行号:0.
SQL> SELECT * FROM STAFF;

行号       职工号     姓名       性别 年龄       电话号码      籍贯 部门号
---------- ---------- ---------- ---- ---------- ------------- ---- ------
1          3001       张童       女   26         023-8888881   江西 100001
2          3002       徐六       女   25         023-8888882   安徽 100002
3          3003       梁一       男   27         023-8888883   重庆 100003
4          3004       刘思       女   27         023-8888884   重庆 100001
5          3005       李厚       男   26         023-8888885   山东 100001
6          3006       梁花       女   25         023-8888886   山东 100003
7          3007       徐瓜瓜     女   29         0898-8888887  江西 100002
8          3008       梁东       男   31         023-8888888   山西 100001
9          3009       徐谦       女   31         023-8888889   江苏 100001
10         3012       测试职工3  NULL NULL       1234567       重庆 100003

10 rows got

已用时间: 36.359(毫秒). 执行号:13037.
```

图 5-2　修改职工表数据并查询

4）事务回滚：

```
ROLLBACK;
```

此时要回到事务开始的状态，只需要将 3009 号职工的部门号修改为 100003。如果一个事务中有上千甚至上万个操作，通过手动方式一个个恢复是不现实的。此处使用 ROLLBACK 语句，能够快速恢复至事务开始前的状态。具体操作如图 5-3 所示。

```
SQL> ROLLBACK;
操作已执行
已用时间: 36.194(毫秒). 执行号:13038.
SQL> SELECT * FROM STAFF;

行号       职工号     姓名       性别 年龄       电话号码      籍贯 部门号
---------- ---------- ---------- ---- ---------- ------------- ---- ------
1          3001       张童       女   26         023-8888881   江西 100001
2          3002       徐六       女   25         023-8888882   安徽 100002
3          3003       梁一       男   27         023-8888883   重庆 100003
4          3004       刘思       女   27         023-8888884   重庆 100001
5          3005       李厚       男   26         023-8888885   山东 100001
6          3006       梁花       女   25         023-8888886   山东 100003
7          3007       徐瓜瓜     女   29         0898-8888887  江西 100002
8          3008       梁东       男   31         023-8888888   山西 100001
9          3009       徐谦       女   31         023-8888889   江苏 100003
10         3012       测试职工3  NULL NULL       1234567       重庆 100003

10 rows got
```

图 5-3　执行回滚并查询

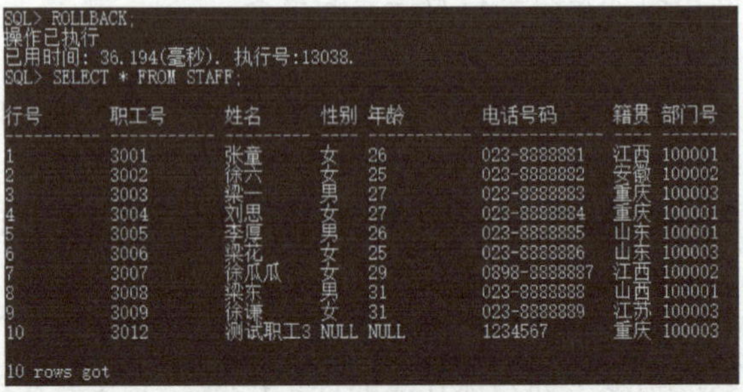

通过上面的案例可以看出，如果发生诸如违反约束、软件故障、硬件故障等问题，导致事务中一条或多条 SQL 语句不能执行，那么整个事务可以回滚到事务开始前的一致性状态。DM 数据库提供了足够的事务管理机制来保证其上的事务要么成功执行，所有的更新都会写入磁盘，要么所有的更新都被回滚，

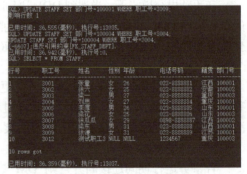

数据恢复到执行该事务前的状态。无论是提交还是回滚，DM 都保证了数据库在每个事务开始前和结束后是一致的。

【任务考评】

考评点	完成情况	评价简述
认识事务及其特性	□完成　□未完成	
事务的提交	□完成　□未完成	
事务的回滚	□完成　□未完成	

任务 5.2　并发控制

【任务描述】

事务锁定是数据库并发控制中保证数据执行的一种非常重要的技术。数据库的一大特点就是数据的共享，而在共享中难免会遇到数据读写冲突问题。事务锁就是一种在这种冲突状况下避免数据不一致问题的方案。通过本任务，可了解事务锁定的概念、四种锁模式及其相容矩阵、锁粒度、查看锁的方法、事务隔离级别等。

【任务分析】

本任务涉及的内容抽象程度较高，通过对任务的研读，可以帮助读者理解相应的内容。另外，应着重理解四种锁模式的相容矩阵。

【任务实施】

5.2.1　事务锁定

数据库一般支持多用户并发访问、修改数据，但这也可能会导致多个事务同时访问、修改相同数据的情况出现。若对并发操作不加控制，就可能会访问到不正确的数据，破坏数据的一致性和正确性。下面是一个例子。

在购票时，某个车次在某日只剩 5 张车票，而此时恰好有两位乘客同时在火车订票点 A 和 B 购买这趟车该日的车票。假设操作过程及顺序如下。

① A 订票点（事务 T1）读出目前的车票余额，为 5 张。
② B 订票点（事务 T2）读出目前的车票余额，也为 5 张。
③ A 订票点的旅客需要购买 4 张车票，修改车票余额为 5-4=1，并将 1 写回到数据库中。
④ B 订票点的旅客需要购买 3 张车票，修改车票余额为 5-3=2，并将 2 写回到数据库中。

很明显，这两个事务不但不能反映出火车票数不够的情况，而且事务 T2 还覆盖了事务 T1 对数据的修改，使数据库中的余票数据不正确，且卖出了超额的车票。这种情况称为数据的不一致，这种不一致是由并发操作引起的。在并发操作情况下，会产生数据的不一致，因为系统对 T1、T2 两个事务的操作序列的调度是随机的，事实上，实际应用中也是随机的。这种数据不一致的情况在现实中是可能发生的，故数据库管理系统必须想办法避免出现数据不一致的情况，这就是数据库管理系统在并发控制中要解决的问题。

封锁机制是实现数据库并发控制的一种非常重要的技术。当一个事务在对某个数据库对象进行操作前，需要先对其封锁。封锁后，该事务就对该数据库对象有了一定的控制，在该事务释放锁之前，其他的事务不能对此数据库对象进行相应操作。

1. 锁模式

锁模式指明并发用户如何访问锁定资源。DM 数据库使用四种不同的锁模式：共享锁、排他锁、意向共享锁和意向排他锁。

（1）共享锁

共享锁（Share Lock，简称"S 锁"）用于读操作，防止其他事务修改正在访问的对象。这种封锁模式允许多个事务同时并发读取相同的资源，但是不允许任何事务修改这个资源，避免了读操作未完成，数据已改变的情况发生。

（2）排他锁

排他锁（Exclusive Lock，简称"X 锁"）用于写操作，其以独占的方式访问对象，不允许任何其他事务访问被封锁对象。排他锁防止多个事务同时修改相同的数据，避免修改的数据覆盖而引发数据错误；它还能防止访问一个正在被修改的对象，避免在修改完成前读数据，引发数据不一致。一般在修改对象定义时使用。

（3）意向锁

意向锁（Intent Lock）在读取或修改被访问对象数据时使用，多个事务可以同时对相同对象加意向锁。意向锁一般是数据库根据需要自动添加的。DM 支持下列两种意向锁。

- 意向共享锁（Intent Share Lock，简称"IS 锁"）：一般在只读访问对象时使用。
- 意向排他锁（Intent Exclusive Lock，简称"IX 锁"）：一般在修改对象数据时使用。

四种锁模式的相容矩阵见表 5-2。例如，表中第二行第二列表示，如果某个事务已经加了 IS 锁，则其他事务还可以继续添加 IS 锁；第四行第五列表示，如果某个事务已经加了 S 锁，则其他事务不能添加 X 锁。这样就保证了读取数据操作完成前数据不会改变。

表 5-2 四种锁模式的相容矩阵

待加 已加	IS 锁	IX 锁	S 锁	X 锁
IS 锁	相容	相容	相容	不相容
IX 锁	相容	相容	不相容	不相容
S 锁	相容	不相容	相容	不相容
X 锁	不相容	不相容	不相容	不相容

2. 锁粒度

数据库是命名的数据项的集合。由并发控制程序选择的作为保护单位的数据项的大小称为粒度。粒度可以是数据库中行的一个字段，也可以是更大的单位，如行、表或者一个磁盘块。大多数商业数据库管理系统都提供了不同的加锁粒度，主要有数据库级、表级、页级、行（元组）级、属性（字段）级。

粒度是由并发控制子系统控制的独立的数据单位，在基于锁的并发控制机制中，粒度是一个可加锁单位。锁的粒度影响数据库的并发程度。一个数据项可以小到一个属性（或字段）值，也可以大到一个磁盘块，甚至是一个文件或整个数据库。

3. 锁的分类

在 DM 数据库中，按照封锁对象的不同，锁可以分为 TID 锁和对象锁。

（1）TID 锁

DM 实现的是行级多版本，每一行记录隐含一个 TID 字段，用于事务可见性判断。TID 锁以事务号为封锁对象，为每个活动事务生成一把 TID 锁，代替了其他数据库行锁的功能，防止多个事务同时修改同一行记录。执行 INSERT、DELETE、UPDATE 操作时，设置事务号到

TID 字段。这相当于隐式地对记录加了一把 TID 锁，INSERT、DELETE、UPDATE 操作不再需要额外的行锁，避免了大量行锁对系统资源的消耗。只有多个事务同时修改同一行记录，才会产生新的 TID 锁。

例如，当事务 T1（事务号为 TID1）试图修改某行数据，而该行数据正在被另一个事务 T2（事务号为 TID2）修改时，事务 T1 会生成一个新的 TID 锁，其锁对象为事务号 TID2，而非事务 T2。

TID 锁同时具有多版本写和不阻塞读的特性，加之 SELECT 操作已经消除了行锁，因此 DM 中不再有行锁的概念。

（2）对象锁

对象锁是 DM 新引入的一种锁，通过统一的对象 ID 进行封锁，将对数据字典的封锁和表锁合并为对象锁，以达到减少封锁冲突、提升系统并发性能的目的。首先了解数据字典锁和表锁各自应承担的职能。

1）数据字典锁：用来保护数据字典对象的并发访问，解决 DDL 并发和 DDL/DML 并发问题，防止多个事务同时修改同一个对象的字典定义，避免并行产生问题，确保对同一个对象的 DDL 操作是串行执行的。并且，在一个事务修改字典定义的同时，防止另一个事务修改对应表的数据。

2）表锁：表锁用来保护表数据的完整性，防止多个事务同时采用批量方式插入、更新一张表，防止向正在使用 FAST LOADER 工具装载数据的表中插入数据等，保证这些优化后数据操作的正确性。此外，表锁还有一个作用，避免对存在未提交修改的表执行 ALTER TABLE、TRUNCATE TABLE 操作。

为了实现与数据字典锁和表锁相同的封锁效果，从逻辑上将对象锁的封锁动作分为以下四类。

- 独占访问（EXCLUSIVE ACCESS），不允许其他事务修改对象，不允许其他事务访问对象，使用 X 锁方式封锁。
- 独占修改（EXCLUSIVE MODIFY），不允许其他事务修改对象，允许其他事务共享访问对象，使用 S 锁 + IX 锁方式封锁。
- 共享修改（SHARE MODIFY），允许其他事务共享修改对象，允许其他事务共享访问对象，使用 IX 锁方式封锁。
- 共享访问（SHARE ACCESS），允许其他事务共享修改对象，允许其他事务共享访问对象，使用 IS 锁方式封锁。

4. 显式锁定表

用户可以根据自己的需要显式地对表对象进行封锁。显式锁定表的语法如下。

```
LOCK TABLE <table_name> IN <lock_mode> MODE [NOWAIT];
```

lock_mode：锁定的模式，可以选择的模式有 INTENT SHARE（意向共享）、INTENT EXCLUSIVE（意向排他）、SHARE（共享）和 EXCLUSIVE（排他），其含义分别如下。

1）意向共享：不允许其他事务独占修改该表。意向共享锁定后，不同事务可以同时增、删、改、查该表的数据，也支持在该表上创建索引，但不支持修改该表的定义。

2）意向排他：不允许其他事务独占访问和独占修改该表。被意向排他后，不同事务可以同时增、删、改、查该表的数据，不支持在该表上创建索引，也不支持修改该表的定义。

3）共享：只允许其他事务共享访问该表，仅允许其他事务查询表中的数据，但不允许增、删、改该表的数据。

4）排他：以独占访问方式锁定整个表，不允许其他事务访问该表，是封锁力度最大的一种封锁方式。当使用 NOWAIT 时，若不能立即上锁成功，则立刻返回报错信息，不再等待。

5. 查看锁

为了方便用户查看当前系统中锁的状态，DM 数据库专门提供了一个 V$LOCK 动态视图。通过该视图，用户可以查看系统当前所有锁的详细信息，如锁的内存地址、所属事务 ID、锁类型、锁模式等。用户可以通过执行如下语句查看锁信息。

```
SELECT * FROM V$LOCK;
```

其结果类似：

行号	ADDR	TRX_ID	LTYPE	LMODE	BLOCKED	TABLE_ID	ROW_IDX	TID
1	210402592	0	OBJECT	IS	0	1103	0	23294
2	210402448	0	OBJECT	IS	0	1102	0	23294
3	605060816	0	OBJECT	IX	0	1101	0	22709
4	210403168	0	OBJECT	IS	0	1101	0	23294

其中，ADDR 列表示锁的内存地址；TRX_ID 列表示锁所属的事务 ID；LTYPE 列表示锁的类型，可能是 OBJECT（对象锁）或者 TID（TID 锁）；LMODE 表示锁的模式。

5.2.2 事务隔离级别

1. 读数据的概念

在关系数据库中，事务的隔离分为四个级别：读未提交、读提交、可重复读和串行化。在解读这四个级别前，先介绍几个关于读数据的概念。

（1）脏读（Dirty Read）

所谓脏读就是对脏数据的读取。而脏数据所指的就是未提交的已修改数据。也就是说，一个事务 T1 正在对一条记录做修改，在这个事务完成并提交之前，这条数据是处于待定状态的（可能提交，也可能回滚）。在这种状态下，事务 T2 读取这条没有提交的数据，并据此做进一步的处理，就会产生未提交的数据依赖关系，这种现象称为脏读。如果一个事务在提交操作结果之前，另一个事务可以看到该结果，就会发生脏读。

如表 5-3 所示，事务 T1 读取并修改了某一数据，并将修改结果写回磁盘。然后，事务 T2 读取了同一数据（是 T1 修改后的结果），但 T1 后来由于某种原因撤销了它所做的操作，这样被 T1 修改过的数据又恢复为原来的值。那么，T2 读到的值就与数据库中实际的数据值不一致了。这时就称 T2 读的数据为 T1 的"脏"数据，或不正确的数据。

表 5-3 读"脏"数据

时间 \ 事务	事务 T1	事务 T2
t1	读 N = 89 计算 N = N × 2 = 178 修改 N = 178	
t2		读取 N = 178（读"脏"数据） 计算 N = N + 2 = 180
t3	ROLLBACK N 恢复为 89	

（2）不可重复读（Non-Repeatable Read）

一个事务先后读取同一条记录，但两次读取的数据不同，称之为不可重复读。

如表 5-4 所示，事务 T1 读取数据后，事务 T2 执行了更新操作，修改了 T1 所读取的数据。T1 操作完数据后，又重新读取了同样的数据，但这次读完后，当 T1 再对这些数据进行相同操作时，所得的结果与前一次不一样。假如一个事务在读取了一条记录后，另一个事务修改了这条记录并且提交，再次读取记录时，如果获取的是修改后的数据，就会发生不可重复读情况。

表 5-4 不可重复读

时间 \ 事务	事务 T1	事务 T2
t1	读 M = 50 读 N = 100 求和 M + N = 150	
t2		读 N = 100 计算 N = N × 2 = 200
t3	读 M = 50 读 N = 200 求和 M + N = 250	

（3）幻象读（Phantom Read）

一个事务按相同的查询条件重新读取以前检索过的数据，却发现其他事务插入了满足其查询条件的新数据，或者删除了部分数据。这样的数据对于这个事务来说就是"幽灵"数据或者"幻象"数据。这种现象就称为幻象读。

2. DM 数据库支持的事务隔离级别

前面谈到过隔离级别有四种，分别是：读未提交、读提交、可重复读和串行化。

在只有单一用户的数据库中，用户可以任意修改数据，而无须考虑同时有其他用户正在修改相同的数据。但在一个多用户数据库中，多个并发事务中包含的语句可能会修改相同的数据。数据库中并发执行的事务最终应产生有意义且具备一致性特点的结果。因此，在多用户数据库中，对数据并发访问及数据一致性进行控制是两项极为重要的工作。

为了描述同时执行的多个事务如何实现数据一致性，数据库研究人员定义了被称为串行化处理的事务隔离模型。当所有事务都采取串行化模式执行时，可以认为同一时间只有一个事务在运行（串行的），而非并发的。

DM 数据库支持三种事务隔离级别：读提交、串行化、读未提交。其中，读提交是 DM 数据库默认使用的事务隔离级别。可重复读升级为更严格的串行化隔离级。

（1）读提交隔离级

DM 数据库的读提交隔离可以确保只访问已提交事务修改的数据，保证数据处于一致性状态，能够满足大多数应用的要求，并最大限度地保证系统并发性能，但可能会出现不可重复读取和幻象读。

用户可以在事务开始时使用以下语句设定事务为读提交隔离级。

```
SET TRANSACTION ISOLATION LEVEL READ COMMITTED;
```

（2）串行化隔离级

在要求消除不可重复读取或幻象读的情况下，可以设置事务隔离级为串行化。与读提交隔离级相比，串行化事务的查询本身不会增加任何代价，但修改数据可能引发"串行化事务被打断"错误。

具体来说，当一个串行化事务试图更新或删除数据，而这些数据在此事务开始后被其他事务修改并提交时，DM 数据库将报"串行化事务被打断"错误。应用开发者应该充分考虑串行化事务带来的回滚及重做事务的开销，从应用逻辑上避免对相同数据行的激烈竞争而导致产生大量事务回滚。并且，结合应用逻辑，捕获"串行化事务被打断"错误，进行事务重做等相应处理。如果系统中存在长时间运行的写事务，并且该长事务所操作的数据还会被其他短事务频繁更新，则最好避免使用串行化事务。

用户可以在事务开始时使用以下语句设定事务为串行化隔离级。

```
SET TRANSACTION ISOLATION LEVEL SERIALIZABLE;
```

（3）读未提交隔离级

DM 数据库除了支持读提交、串行化两种隔离级以外，还支持读未提交这种隔离级。读未提交隔离级是最不严格的隔离级别。实际上，在使用这个隔离级别时，有可能发生脏读、不可重复读和幻象读。读未提交隔离级通常只用于访问只读表和只读视图，以消除可见性判断带来的系统开销，提升查询性能。

用户可以在事务开始时使用以下语句，设定事务为读未提交隔离级。

```
SET TRANSACTION ISOLATION LEVEL READ UNCOMMITTED;
```

每种隔离级别对读数据有不同的要求，表 5-5 中列出了四种隔离级别下系统允许或禁止的读数据现象。

表 5-5 四种隔离级别的读数据对比

事务隔离级别 \ 读数据现象	脏读	不可重复读	幻象读
读未提交	允许	允许	允许
读提交	禁止	允许	允许
可重复读	禁止	禁止	允许
串行化	禁止	禁止	禁止

【任务考评】

考评点	完成情况	评价简述
事务锁定	□完成　□未完成	
事务隔离级别	□完成　□未完成	

任务 5.3　DM 数据库中事务的其他应用

【任务描述】

本任务的主要目标是了解 DM 数据库中两种事务相关应用。

【任务分析】

本任务中，要了解阻塞和死锁产生的原因，以及闪回技术。

【任务实施】

5.3.1　事务锁等待及死锁检测

阻塞和死锁是可能会与并发事务一起发生的两个事件，它们都与锁相关。当一个事务正在占用某个资源的锁，此时另一个事务正在请求这个资源上与第一个锁相冲突的锁类型时，就会发生阻塞。被阻塞的事务将一直挂起，直到持有锁的事务放弃锁定的资源为止。死锁与阻塞的不同之处在于，死锁包括两个或者多个已阻塞事务，它们之间形成了等待环，每个事务都等待其他事务释放锁。例如，事务 1 给表 T1 加了排他锁，事务 2 给表 T2 加了排他锁，此时，若事务 1 请求表 T2 的排他锁，就会处于等待状态，被阻塞；此时，若事务 2 再请求表 T1 的排他锁，则事务 2 也将处于阻塞状态。此时，这两个事务发生死锁，DM 数据库会选择"牺牲"其中一个事务。

在 DM 数据库中，INSERT、UPDATE、DELETE 是常见的会产生阻塞和死锁的语句。INSERT 发生阻塞的唯一情况是，当多个事务同时试图向有主键或 UNIQUE 约束的表中插入相同的数据时，其中的一个事务将被阻塞，直到另一个事务提交或回滚为止。一个事务提交时，另一个事务将收到唯一性冲突的错误；一个事务回滚时，被阻塞的事务可以继续执行。当 UPDATE 和 DELETE 修改的记录已经被另外的事务修改过时，将会发生阻塞，直到另一个事务提交或回滚为止。

5.3.2 通过闪回技术恢复数据

当用户操作不慎导致错误地删、改数据时，非常希望有一种简单、快捷的方式可以恢复数据。闪回技术，就是为了用户可以迅速处理这种数据逻辑损坏的情况而产生的。

闪回技术主要是通过回滚段存储的 UNDO 记录来完成历史记录的还原的。设置 ENABLE_FLASHBACK 为 1 后，开启闪回功能。DM 会保留回滚段一段时间，回滚段保留的时间代表可以闪回的时间长度，由 UNDO_RETENTION 参数指定。

开启闪回功能后，DM 会在内存中记录每个事务的起始时间和提交时间。通过用户指定的时刻，查询到该时刻的事务号，结合当前记录和回滚段中的 UNDO 记录，就可以还原出特定事务号的记录，即指定时刻的记录状态，从而完成闪回查询。闪回查询功能完全依赖于回滚段管理，对于 DROP 等误操作不能恢复。闪回特性可应用在以下场合。

- 自我维护过程中的修复：当一些重要的记录被意外删除时，用户可以向后移动到一个时间点，查看丢失的行并把它们重新插入现在的表内恢复。
- 用于分析数据变化：可以对同一张表的不同闪回时刻进行链接查询，以此查看变化的数据。

【任务考评】

考评点	完成情况	评价简述
事务锁等待及死锁检测	□完成　□未完成	
通过闪回技术恢复数据	□完成　□未完成	

任务 5.4　项目总结

【项目实施小结】

数据库中的事务和锁是保证数据一致性的重要手段。事务中的操作要么全部执行，要么全部不执行，从而保证数据的有效性和一致性。事务封锁数据库对象，在释放前，其他的事务不能对此数据库对象进行相应操作。了解相关的内容对进行高并发访问的数据库设计、维护等工作都有很好的帮助。

【对接产业技能】

1. 解答客户关于数据库事务管理、并发控制等基础理论相关问题。
2. 根据数据库事务基本原理和知识，负责制定与完善数据库事务管理中的开发规范及数据安全规范。

任务 5.5　项目评价

项目评价表		项目名称		项目承接人		组号	
		数据库事务及锁管理					
项目开始时间		项目结束时间		小组成员			

评分项目			配分	评分细则	自评得分	小组评价	教师评价
项目实施情况（20分）	纪律情况（5分）	项目实施准备	1	准备书、本、笔、设备等			
		积极思考、回答问题	2	视情况得分			
		跟随教师进度	2	视情况得分			
		遵守课堂纪律	0	按规章制度扣分（0~100分）			
	考勤（5分）	迟到、早退	5	迟到、早退每项扣2.5分			
		缺勤	0	根据情况扣分（0~100分）			
	职业道德（5分）	遵守规范	3	根据实际情况评分			
		认真钻研	2	依据实施情况及思考情况评分			
	职业能力（5分）	总结能力	3	按总结完整性及清晰度评分			
		举一反三	2	根据实际情况评分			
核心任务完成情况评价（60分）	数据库知识准备（40分）	事务管理	4	认识事务及其特性			
			5	事务的提交			
			5	事务的回滚			
		并发控制	5	事务锁定			
			5	事务隔离级别			
		DM数据库中事务的其他应用	8	事务锁等待及死锁检测			
			8	通过闪回技术恢复数据			
	综合素养（20分）	语言表达	5	讨论、总结过程中的表达能力			
		问题分析	5	问题分析情况			
		团队协作	5	实施过程中的团队协作情况			
		工匠精神	5	敬业、精益、专注、创新等			
拓展训练（20分）	实践或讨论（20分）	完成情况	10	实践或讨论任务完成情况			
		收获体会	10	项目完成后收获及总结情况			
总分							
综合得分（自评20%，小组评价30%，教师评价50%）							

组长签字：　　　　　　　　　　　　　　　教师签字：

任务 5.6 项目拓展训练

【基本技能训练】

一、填空题

1. 数据库中的_____是数据库处理的单个逻辑工作单元，是一系列看作一个整体的操作的集合。

2. 对于 DM 数据库来说，第一次执行 SQL 语句时，隐式地启动一个事务，以_____显式地结束事务。

3. _____会将任何更改的记录都写入日志文件并最终写入数据文件，并且释放由事务占用的资源。如果提交时数据还没有写入数据文件，则 DM 数据库后台线程会在适当时机（如检查点、缓冲区满）将它写入。

4. _____是撤销该事务所做的任何更改，回到事务开始前或者保存点的一致性状态。

5. 在实际应用中，当某条 SQL 语句执行失败时，用户可主动使用_____或者编程接口提供的回滚函数来回滚整个事务，避免不合逻辑的事务"污染"数据库，导致数据不一致。

6. 对于数据库来说，采用_____是实现数据库并发控制的一种非常重要的技术。

7. _____用于读取或修改被访问对象数据，多个事务可以同时对相同对象加意向锁。

8. _____是由并发控制子系统控制的独立的数据单位，在基于锁的并发控制机制中，粒度是一个可加锁单位。锁的粒度影响数据库的并发程度。

9. _____是 DM 新引入的一种锁，通过统一的对象 ID 进行封锁，将对数据字典的封锁和表锁合并为_____，以达到减少封锁冲突、提升系统并发性能的目的。

10. 一个事务先后读取同一条记录，但两次读取的数据不同，称为_____。

二、选择题

1. 事务的（　　）保证事务包含的一组操作是原子不可分的，也就是说，这些操作是一个整体，对数据库而言，全做或者全不做，不能部分地完成。

  A．原子性   B．一致性
  C．持久性   D．隔离性

2. 只有某个值被一个事务修改完并提交，才会影响另一个事务，这体现了事务的（　　）特性。

  A．原子性   B．一致性
  C．持久性   D．隔离性

3. 若事务运行期间连接断开，则 DM 数据库会（　　）该连接所产生的事务。

  A．自动提交   B．回滚到保存点
  C．隐式提交   D．自动回滚

4. （　　）防止多个事务同时修改相同的数据，避免修改的数据覆盖而引发数据错误；它还能防止访问一个正在被修改的对象，避免在修改完成前读数据，引发数据不一致。

  A．共享锁   B．排他锁
  C．意向共享锁   D．意向排他锁

5. 为了实现与数据字典锁和表锁相同的封锁效果，从逻辑上将对象锁的封锁动作分为四类，其中（　　）不允许其他事务修改对象，允许其他事务共享访问对象，使用 S 锁+IX 锁

方式封锁。

    A. 独占访问   B. 独占修改
    C. 共享修改   D. 共享访问

6. 用户可以根据自己的需要显式地对表对象进行封锁，在显式锁定表的模式中，（　　）只允许其他事务共享访问该表，仅允许其他事务查询表中的数据，但不允许增、删、改该表的数据。

    A. 意向共享   B. 共享
    C. 意向排他   D. 排他

7. 在要求消除不可重复读或幻象读的情况下，可以设置事务隔离级为（　　），其查询本身不会增加任何代价。

    A. 读未提交   B. 读提交
    C. 可重复读   D. 串行化

8. （　　）隔离级别是最不严格的隔离级别，在使用这个隔离级别时，有可能发生脏读、不可重复读和幻象读。

    A. 读未提交   B. 读提交
    C. 可重复读   D. 串行化

9. 当多个事务同时试图向有主键或 UNIQUE 约束的表中插入相同的数据时，其中一个事务将被阻塞，直到另一个事务提交或回滚为止，是（　　）语句发生阻塞的唯一情况。

    A. UPDATE   B. INSERT
    C. DELETE   D. SELECT

10. 当用户操作不慎导致错误地删、改数据时，非常希望有一种简单、快捷的方式可以恢复数据。（　　）技术就是为了用户可以迅速处理这种数据逻辑损坏的情况而产生的。

    A. 闪回   B. 回滚
    C. 提交   D. 修改

【综合技能训练】

在分别修改一名职工的姓名、一个部门的名称、一名职工参与的项目编号后，通过事务的回滚将数据库恢复到修改前的状态。

项目 6　数据库程序设计

【项目导入】

小达在实习工作中管理数据库已经有一段时间了，管理工作中不定时地需要统计一些数据。在一次开会过程中，需要讨论某年的某项统计数据，小达发现有位同事输入一行脚本语句就实现了这个比较复杂的查询。小达请教该同事后了解到，这是使用了数据库中的程序设计相关的技巧。现在小达打算通过实施本项目，完成基本程序设计、存储过程、存储函数、触发器等任务，进而提高数据库管理工作的灵活性、数据库访问效率和工作效率。

学习目标

知识目标	技能目标	素养目标
1. 掌握数据类型与操作符 2. 掌握常用的系统函数 3. 了解存储过程的定义 4. 了解存储函数的定义 5. 了解触发器的设置 6. 了解游标的概念	1. 了解存储过程的管理过程 2. 了解存储函数的管理过程 3. 了解触发器的管理过程 4. 掌握 DMSQL 程序中控制结构的使用方法	1. 培养总结归纳能力 2. 树立不断改进工作方法的意识 3. 仔细钻研，培养举一反三的能力

任务 6.1　掌握数据类型与操作符

【任务描述】

本任务的主要目标是掌握常见的数据类型（%TYPE 和%ROWTYPE、记录类型、数组类型、集合类型）和操作符的概念与常见的使用方法。

【任务分析】

本任务的难点在于掌握常见的数据类型和操作符的使用方法。在了解概念的基础上掌握它们的使用方法，有利于后续对数据库程序的相关设计。

【任务实施】

6.1.1　%TYPE 和%ROWTYPE

在许多时候，DMSQL 程序变量被用来处理存储在数据库表中的数据。这种情况下，变量应该拥有与表列相同的类型。如果用户应用中有很多的变量以及 DMSQL 程序代码，那么这种处理可能是十分耗时和容易出错的。为了解决上述问题，DMSQL 程序提供了%TYPE 数据类型和%ROWTYPE 数据类型。%TYPE 可以将变量与表列的类型进行绑定。与%TYPE 类似，%ROWTYPE 将返回一个基于表定义的运算类型，它将一个记录声明为具有相同类型的数据库行。在 DMSQL 程序设计中使用%TYPE 和%ROWTYPE 是一种非常好的编程风格，它使得 DMSQL 程序更加灵活，更适应于对数据库的处理。

【温馨提示】

使用 DISQL 工具执行语句块，以及创建触发器、存储过程、函数、包、模式等时都需要以"/"作为结束标志。

下面是定义%TYPE 变量的语法片段。

```
DECLARE
    V_NAME T.NAME %TYPE;
BEGIN
    ...
END;
/
```

【案例 6-1】 设置一个与职工表中姓名字段类型一致的变量 V_NAME，将职工号为 3001 的职工的姓名记录在 V_NAME 中并输出。在输出的 V_NAME 变量内容前，增加提示语"所查找的职工姓名为："。

```
DECLARE
    V_NAME SCH_FACTORY.STAFF.姓名 %TYPE;
BEGIN
    SELECT 姓名 INTO V_NAME FROM SCH_FACTORY.STAFF WHERE 职工号=3001;
    PRINT ('所查找的职工姓名为：' || V_NAME);
END;
/
```

通过使用%TYPE，V_NAME 将拥有表 T 的 NAME 列所拥有的类型。如果表 T 的 NAME 列类型定义发生变化，则 V_NAME 的类型也会随之自动发生变化，不需要用户手动修改。

下面是定义%ROWTYPE 变量的语法片段。

```
DECLARE
    V_TREC T %ROWTYPE;
BEGIN
    ...
END;
/
```

【案例 6-2】 设置一个与职工表中数据行字段类型一致的变量 V_NAME，将职工号为 3001 的职工的信息记录在 V_NAME 中并输出其"姓名"和"年龄"。在输出的 V_NAME 变量内容前分别增加提示语"所查找的职工姓名为："和"所查找的职工年龄为："。

```
DECLARE
    V_NAME SCH_FACTORY.STAFF %ROWTYPE;
BEGIN
    SELECT * INTO V_NAME FROM SCH_FACTORY.STAFF WHERE 职工号=3001;
    PRINT ('所查找的职工姓名为：' || V_NAME.姓名);
    PRINT ('所查找的职工年龄为：' || V_NAME.年龄);
END;
/
```

通过使用%ROWTYPE，该记录中的字段与表 T 中的行相对应。V_TREC 变量会拥有与表 T 相同的结构。如果表定义改变了，那么%ROWTYPE 定义的变量也会随之改变。

6.1.2 记录类型

记录类型是指由单行多列的标量类型构成的复合类型，类似于 C 语言中的结构。记录类型提供了一种处理独立但又作为一个整体单元的相关变量的机制。定义记录类型的语法如下。

TYPE <记录类型名> IS RECORD (<字段名><数据类型> [<default 子句>]{,<字段名><数据类型> [<default 子句>]});

default 子句的相关说明如下。

<default 子句> ::= <default 子句1> | <default 子句2>
<default 子句1> ::= DEFAULT <默认值>
<default 子句2> ::= := <默认值>

通过将需要操作的表结构定义成一个记录，可以方便地对表中的行数据进行操作。在 DMSQL 程序中使用记录，需要先定义一个 RECORD 类型，再用该类型声明变量，可以单独对记录中的字段赋值，使用点标记引用一个记录中的字段（记录名.字段名）。

【案例 6-3】定义一个记录类型 r_staff，包含 name 和 age 两个字段，字段类型分别对应 SCH_FACTORY 模式下 STAFF 表中的"姓名"和"年龄"两个字段。声明一个该记录类型的变量 v_staff，使用点标记为 v_staff 的两个字段赋值，然后使用 v_staff 将 STAFF 表中姓名为"张童"的职工的年龄更新为 28。

```
DECLARE
    TYPE r_staff IS RECORD(
        name SCH_FACTORY.STAFF.姓名 %TYPE,
        age SCH_FACTORY.STAFF.年龄 %TYPE
    );
    v_staff r_staff;
BEGIN
    v_staff.name := '张童';
    v_staff.age := 28;
    UPDATE SCH_FACTORY.STAFF SET 年龄=v_staff.age WHERE 姓名=v_staff.name;
    COMMIT;
END;
/
```

6.1.3 数组类型

DMSQL 程序支持数组数据类型，包括静态数组类型和动态数组类型。

1. 静态数组类型

静态数组是在声明时就已经确定了数组大小的数组，其长度是预先定义好的，在整个程序中，一旦给定大小，就无法改变。定义静态数组类型的语法图如图 6-1 所示。

图 6-1 定义静态数组类型

在定义静态数组类型后，需要先用这个类型声明一个数组变量，然后进行操作。理论上，DM 支持静态数组的每一个维度的最大长度为 65534，但是静态数组最大长度同时受系统内部堆栈空间大小的限制，如果超出堆栈的空间限制，系统会报错。

下面是定义静态数组的语法片段。

```
DECLARE
    TYPE Arr IS ARRAY VARCHAR[3];              --TYPE 定义一维数组类型
```

```
        A Arr;                                      --声明一维数组
        TYPE Arr1 IS ARRAY VARCHAR[2,4];            --TYPE 定义二维数组类型
        B Arr1;                                     --声明二维数组
    BEGIN
        ...
    END;
    /
```

2. 动态数组类型

与静态数组不同,动态数组可以根据程序需要重新指定大小,其内存空间是从堆(Heap)上分配(即动态分配)的,通过执行代码而为其分配存储空间,并由 DM 自动释放内存。动态数组的定义方法与静态数组类似,区别只在于动态数组没有指定下标,需要动态分配空间。定义动态数组类型的语法图如图 6-2 所示。

图 6-2 定义动态数组类型

在定义动态数组类型后,需要用这个类型声明一个数组变量,之后在 DMSQL 程序的执行部分需要为这个数组变量动态分配空间。动态分配空间的语法如下。

```
数组变量名 := NEW 数据类型[常量表达式,…];
数组变量名 := NEW 数据类型[常量表达式][ ];        --对多维数组的某一维度进行空间分配
```

【案例 6-4】 使用动态数组输出 4 的 1~4 倍数字。

```
DECLARE
    TYPE Arr IS ARRAY VARCHAR[ ];
    a Arr;
BEGIN
    a := NEW VARCHAR[4];      --动态分配空间
    FOR I IN 1..4 LOOP
        a[I] := I * 4;
        PRINT a[I];
    END LOOP;
END;
/
```

理论上,DM 支持动态数组的每一个维度的最大长度为 2147483646,但是数组最大长度同时受系统内部堆空间大小的限制,如果超出堆的空间限制,系统会报错。

6.1.4 集合类型

DMSQL 程序支持三种集合类型:VARRAY 类型、索引表类型和嵌套表类型。

1. VARRAY 类型

VARRAY 是一种具有可伸缩性的数组,数组中的每个元素具有相同的数据类型。VARRAY 在定义时由用户指定一个最大容量,其元素索引是从 1 开始的有序数字。定义 VARRAY 的语法如下。

```
TYPE <数组名> IS VARRAY(<常量表达式>) OF <数据类型>;
```

其中,<常量表达式>表示数组的最大容量;<数据类型>是 VARRAY 中元素的数据类型,

可以是常规数据类型,也可以是其他自定义类型或对象、记录、其他 VARRAY 类型等,使得构造复杂的结构成为可能。

在定义一个 VARRAY 数组类型后,再声明一个该数组类型的变量,就可以对这个数组变量进行操作了,如下面的代码片段所示。

```
TYPE my_array_type IS VARRAY(10) OF INTEGER;
v MY_ARRAY_TYPE;
```

使用 v.COUNT()方法可以得到数组 v 当前的实际大小,通过 v.LIMIT()则可获得数组 v 的最大容量。需要注意的是,VARRAY 的元素索引总是连续的。

2. 索引表类型

索引表提供了一种快速、方便地管理一组相关数据的方法。索引表是一组数据的集合,它将数据按照一定规则组织起来,形成一个可操作的整体,是对大量数据进行有效组织和管理的手段之一,通过函数可以对大量性质相同的数据进行存储、排序、插入及删除等操作,从而可以有效提高程序开发效率及改善程序的编写方式。索引表不需要用户指定大小,其大小根据用户的操作自动增长。定义索引表的语法如下。

```
TYPE <索引表名> IS TABLE OF <数据类型> INDEX BY <索引数据类型>;
```

其中,<数据类型>是指索引表存放的数据的类型,这个数据类型可以是常规数据类型,也可以是其他自定义类型或对象、记录、静态数组,但不能是动态数组;<索引数据类型>则是索引表中元素索引的数据类型,DM 目前仅支持 INTEGER/INT 和 VARCHAR 两种类型,分别代表整数索引和字符串索引。对于 VARCHAR 类型,长度不能超过 1024。

用户可使用"索引—数据"对向索引表插入数据,之后可通过"索引"来修改和查询这个数据,而不需要知道数据在索引表中的实际位置。

【**案例 6-5**】 定义数据类型为 VARCHAR、索引类型为 INT 的索引表。然后使用该索引表记录 1 号元素为 TEST1,2 号元素为 TEST2,3 号元素为 1 号元素和 2 号元素的组合,最后输出 3 号元素。

```
DECLARE
    TYPE Arr IS TABLE OF VARCHAR(100) INDEX BY INT;
    x Arr;
BEGIN
    x(1) := 'TEST1';
    x(2) := 'TEST2';
    x(3) := x(1) || x(2) ;
    PRINT x(3);
END;
/
```

3. 嵌套表类型

嵌套表类似于一维数组,但与数组不同的是,嵌套表不需要指定元素的个数,其大小可自动扩展。嵌套表元素的下标从 1 开始。定义嵌套表的语法如下。

```
TYPE <嵌套表名> IS TABLE OF <元素数据类型>;
```

<元素数据类型>用来指明嵌套表元素的数据类型,当元素数据类型为一个定义了某个表记录的对象类型时,嵌套表就是某些行的集合,实现了表的嵌套功能。

【**案例 6-6**】 定义一个嵌套表,其结构与 SCH_FACTORY.STAFF 表相同,用来存放部门号

为 100001 的职工的信息。然后输出第 1 个元素的"姓名"。

```
DECLARE
    TYPE Info_t IS TABLE OF SCH_FACTORY.STAFF %ROWTYPE;
    info Info_t;
BEGIN
    SELECT 职工号, 姓名, 性别, 年龄, 电话号码, 籍贯, 部门号 BULK COLLECT INTO info FROM SCH_FACTORY.STAFF WHERE 部门号=100001;
    PRINT(info(1).姓名);
END;
/
```

6.1.5 操作符

与其他程序设计语言相同，DMSQL 程序有一系列操作符。操作符分为下面几类：算术操作符、关系操作符、比较操作符、逻辑操作符，分别见表 6-1～表 6-4。关系操作符主要用于条件判断语句或者 WHERE 子句，关系操作符检查条件结果为 TRUE 或 FALSE。

表 6-1 算术操作符

操作符	对应操作
+	加
-	减
*	乘
/	除

表 6-2 关系操作符

操作符	对应操作
<	小于
<=	小于或等于
>	大于
>=	大于或等于
=	等于
!=	不等于
<>	不等于
:=	赋值

表 6-3 比较操作符

操作符	对应操作
IS NULL	如果操作数为 NULL，则返回 TRUE
LIKE	比较字符串值
BETWEEN	验证值是否在范围之内
IN	验证操作数是否在设定的一系列值中

表 6-4 逻辑操作符

操作符	对应操作
AND	两个条件都必须满足
OR	只要满足两个条件中的一个
NOT	取反

【任务考评】

考评点	完成情况		评价简述
掌握%TYPE 和%ROWTYPE 类型数据的使用	□完成	□未完成	
掌握记录类型数据的使用	□完成	□未完成	
掌握数组类型数据的使用	□完成	□未完成	
掌握集合类型数据的使用	□完成	□未完成	
掌握常见操作符的使用	□完成	□未完成	

任务 6.2 掌握常用的系统函数

【任务描述】

本任务的主要目标是掌握常见的系统函数：数值函数、字符串函数、日期时间函数、空值判断函数、类型转换函数。

【任务分析】

本任务的重点和难点在于对常见的系统函数的正确理解和使用。数据库程序设计离不开系统函数，掌握系统函数的使用是设计数据库程序的基础。

【任务实施】

6.2.1 数值函数

在 DM8 中，数值函数接受数值参数并返回数值作为结果。常见的数值函数见表 6-5。

表 6-5　常见的数值函数

序号	函数名	功能简要说明
1	ABS(n)	求数值 n 的绝对值
2	ACOS(n)	求数值 n 的反余弦值
3	ASIN(n)	求数值 n 的反正弦值
4	ATAN(n)	求数值 n 的反正切值
5	ATAN2(n1,n2)	求数值 n1/n2 的反正切值
6	CEIL(n)	求大于或等于数值 n 的最小整数
7	CEILING(n)	求大于或等于数值 n 的最小整数，等价于 CEIL(n)
8	COS(n)	求数值 n 的余弦值
9	COSH(n)	求数值 n 的双曲余弦值
10	COT(n)	求数值 n 的余切值
11	DEGREES(n)	求弧度 n 对应的角度
12	EXP(n)	求数值 n 的自然指数
13	FLOOR(n)	求小于或等于数值 n 的最大整数
14	GREATEST(n1,n2,n3)	求 n1、n2 和 n3 三个数中最大的一个
15	GREAT (n1,n2)	求 n1、n2 两个数中最大的一个
16	LEAST(n1,n2,n3)	求 n1、n2 和 n3 三个数中最小的一个
17	LN(n)	求数值 n 的自然对数
18	LOG(n1[,n2])	求数值 n2 以 n1 为底数的对数
19	LOG10(n)	求数值 n 以 10 为底的对数
20	MOD(m,n)	求数值 m 除数值 n 的余数
21	PI()	得到常数 π
22	POWER(n1,n2)/POWER2(n1,n2)	求数值 n2 以 n1 为基数的指数
23	RADIANS(n)	求角度 n 对应的弧度
24	RAND([n])	求一个 0 和 1 之间的随机浮点数
25	ROUND(n[,m])	求四舍五入值函数

(续)

序号	函数名	功能简要说明
26	SIGN(n)	判断数值的数学符号
27	SIN(n)	求数值 n 的正弦值
28	SINH(n)	求数值 n 的双曲正弦值
29	SQRT(n)	求数值 n 的平方根
30	TAN(n)	求数值 n 的正切值
31	TANH(n)	求数值 n 的双曲正切值
32	TO_NUMBER (char [,fmt])	将 CHAR、VARCHAR、VARCHAR2 等类型的字符串转换为 DECIMAL 类型的数值
33	TRUNC(n[,m])	截取数值函数
34	TRUNCATE(n[,m])	截取数值函数，等价于 TRUNC(n[,m])
35	TO_CHAR(n [, fmt [, 'nls']])	将数值类型的数据转换为 VARCHAR 类型并输出
36	BITAND(n1, n2)	求两个数值型数值按位进行 AND 运算的结果

6.2.2 字符串函数

在 DM8 中，字符串函数一般接受字符类型（包括 CHAR 和 VARCHAR）和数值类型的参数，返回值一般是字符类型或数值类型。常见的字符串函数见表 6-6。

表 6-6 常见的字符串函数

序号	函数名	功能简要说明
1	ASCII(char)	返回字符对应的整数
2	ASCIISTR(char)	将字符串 char 中非 ASCII 的字符转成\XXXX(UTF-16)格式，ASCII 字符保持不变
3	BIT_LENGTH(char)	求字符串的位长度
4	CHAR(n)	返回整数 n 对应的字符
5	CHAR_LENGTH(char)/ CHARACTER_LENGTH(char)	求字符串的串长度
6	CHR(n)	返回整数 n 对应的字符，等价于 CHAR(n)
7	CONCAT(char1,char2,char3,…)	将多个字符串顺序连接成一个字符串
8	DIFFERENCE(char1,char2)	比较两个字符串的 SOUNDEX 值的差异，返回两个 SOUNDEX 值串同一位置出现相同字符的个数
9	INITCAP(char)	将字符串中单词的首字符转换成大写的字符
10	INS(char1,begin,n,char2)	删除在字符串 char1 中以 begin 参数所指位置开始的 n 个字符，再把 char2 插入 char1 串的 begin 所指位置
11	INSERT(char1,n1,n2,char2) / INSSTR(char1,n1,n2,char2)	将字符串 char1 从 n1 的位置开始删除 n2 个字符，并将 char2 插入 char1 中 n1 的位置
12	INSTR(char1,char2[,n,[m]])	从输入字符串 char1 的第 n 个字符开始查找字符串 char2 的第 m 次出现的位置，以字符计算
13	INSTRB(char1,char2[,n,[m]])	从 char1 的第 n 个字节开始查找字符串 char2 的第 m 次出现的位置，以字节计算
14	LCASE(char)	将大写的字符串转换为小写的字符串
15	LEFT(char,n) / LEFTSTR(char,n)	返回字符串最左边的 n 个字符组成的字符串
16	LEN(char)	返回给定字符串表达式的字符（而不是字节）个数（汉字为一个字符），其中不包含尾随空格
17	LENGTH(char)	返回给定字符串表达式的字符（而不是字节）个数（汉字为一个字符），其中包含尾随空格
18	OCTET_LENGTH(char)	返回输入字符串的字节数
19	LOCATE(char1,char2[,n])	返回 char1 在 char2 中首次出现的位置

项目 6　数据库程序设计

（续）

序号	函数名	功能简要说明
20	LOWER(char)	将大写的字符串转换为小写的字符串
21	LPAD(char1,n,char2)	在输入字符串的左边填充 char2 指定的字符，将其拉伸至 n 个字节长度
22	LTRIM(char1,char2)	从输入字符串中删除所有的前导字符，这些前导字符由 char2 来定义
23	POSITION(char1,/IN char2)	求串 1 在串 2 中第一次出现的位置
24	REPEAT(char,n) / REPEATSTR(char,n)	返回将字符串重复 n 次形成的字符串
25	REPLACE(STR, search [,replace])	将输入字符串 STR 中所有出现的字符串 search 都替换成字符串 replace，其中 STR 为 CHAR、CLOB 或 TEXT 类型
26	REPLICATE(char,times)	把字符串 char 自己复制 times 份
27	REVERSE(char)	将字符串反序
28	RIGHT / RIGHTSTR(char,n)	返回字符串最右边 n 个字符组成的字符串
29	RPAD(char1,n,char2)	类似 LPAD 函数，只是它向右拉伸字符串使之达到 n 个字节长度
30	RTRIM(char1,char2)	从输入字符串的右端开始删除 char2 参数中的字符
31	SOUNDEX(char)	返回一个表示字符串发音的字符串
32	SPACE(n)	返回一个包含 n 个空格的字符串
33	STRPOSDEC(char)	把字符串 char 中最后一个字符的值减一
34	STRPOSDEC(char,pos)	把字符串 char 中指定位置 pos 上的字符值减一
35	STRPOSINC(char)	把字符串 char 中最后一个字符的值加一
36	STRPOSINC(char,pos)	把字符串 char 中指定位置 pos 上的字符值加一
37	STUFF(char1,begin,n,char2)	删除在字符串 char1 中以 begin 参数所指位置开始的 n 个字符，再把 char2 插入 char1 串的 begin 所指位置
38	SUBSTR(char,m,n) / SUBSTRING(charFROM m [FOR n])	返回 char 中从字符位置 m 开始的 n 个字符
39	SUBSTRB(char,n,m)	SUBSTR 函数等价的单字节形式
40	TO_CHAR(character)	将 VARCHAR、CLOB、TEXT 类型的数据转化为 VARCHAR 类型并输出
41	TRANSLATE(char,from,to)	将所有出现在搜索字符集中的字符转换成字符集中的相应字符
42	TRIM([<<LEADING|TRAILING|BOTH>　[char] | char> FROM char2]str)	删去字符串 str 中由串 char 指定的字符
43	UCASE(char)	将小写的字符串转换为大写的字符串
44	UPPER(char)	将小写的字符串转换为大写的字符串
45	REGEXP	根据符合 POSIX 标准的正则表达式进行字符串匹配
46	OVERLAY(char1 PLACING char2 FROM int[FOR int])	字符串覆盖函数，用 char2 覆盖 char1 中指定的子串，返回修改后的 char1
47	TEXT_EQUAL	返回两个 LONGVARCHAR 类型的值的比较结果，若相同，则返回 1，否则返回 0
48	BLOB_EQUAL	返回两个 LONGVARBINARY 类型的值的比较结果，若相同，则返回 1，否则返回 0
49	NLSSORT(str1 [,nls_sort=str2])	返回对汉字排序的编码
50	GREATEST(char1, char2, char3)	求 char 1、char 2 和 char 3 中最大的字符串
51	GREAT (char1, char2)	求 char 1、char 2 中最大的字符串
52	TO_SINGLE_BYTE(char)	将多字节形式的字符（串）转换为对应的单字节形式
53	TO_MULTI_BYTE(char)	将单字节形式的字符（串）转换为对应的多字节形式
54	EMPTY_CLOB ()	初始化 clob 字段
55	EMPTY_BLOB ()	初始化 blob 字段

(续)

序号	函数名	功能简要说明
56	UNISTR (char)	将字符串 char 中 ASCII 码('\XXXX',4 个十六进制字符格式)转成本地字符。对于其他字符,保持不变
57	ISNULL(char)	判断表达式是否为 NULL
58	CONCAT_WS(delim,char1,char2,char3,…)	将多个字符串顺序连接成一个字符串,并用 delim 分割
59	SUBSTRING_INDEX(char,delim,count)	按关键字截取字符串,截取到指定分隔符出现指定次数位置之前

6.2.3 日期时间函数

在 DM8 中,日期时间函数的参数至少有一个是日期时间类型(TIME、DATE、TIMESTAMP),返回值一般为日期时间类型和数值类型。常见的日期时间函数见表 6-7。

表 6-7 常见的日期时间函数

序号	函数名	功能简要说明
1	ADD_DAYS(date,n)	返回日期加上 n 天后的新日期
2	ADD_MONTHS(date,n)	在输入日期上加上指定的几个月后返回一个新日期
3	ADD_WEEKS(date,n)	返回日期加上 n 个星期后的新日期
4	CURDATE()	返回系统当前日期
5	CURTIME(n)	返回系统当前时间
6	CURRENT_DATE()	返回系统当前日期
7	CURRENT_TIME(n)	返回系统当前时间
8	CURRENT_TIMESTAMP(n)	返回系统当前带会话时区信息的时间戳
9	DATEADD(datepart,n,date)	向指定的日期加上一段时间
10	DATEDIFF(datepart,date1,date2)	返回跨两个指定日期的日期和时间边界数
11	DATEPART(datepart,date)	返回代表日期的指定部分的整数
12	DAY(date)	返回日期中的天数
13	DAYNAME(date)	返回日期的星期名称
14	DAYOFMONTH(date)	返回日期为所在月份中的第几天
15	DAYOFWEEK(date)	返回日期为所在星期中的第几天
16	DAYOFYEAR(date)	返回日期为所在年中的第几天
17	DAYS_BETWEEN(date1,date2)	返回两个日期之间的天数
18	EXTRACT(时间字段 FROM date)	抽取日期时间或时间间隔类型中某一个字段的值
19	GETDATE(n)	返回系统当前时间戳
20	GREATEST(date1,date2,date3)	求 date1、date2 和 date3 中的最大日期
21	GREAT (date1,date2)	求 date1、date2 中的最大日期
22	HOUR(time)	返回时间中的小时分量
23	LAST_DAY(date)	返回输入日期所在月份最后一天的日期
24	LEAST(date1,date2,date3)	求 date1、date2 和 date3 中的最小日期
25	MINUTE(time)	返回时间中的分钟分量
26	MONTH(date)	返回日期中的月分量
27	MONTHNAME(date)	返回日期中月分量的名称
28	MONTHS_BETWEEN(date1,date2)	返回两个日期之间的月份数

（续）

序号	函数名	功能简要说明
29	NEXT_DAY(date1,char2)	返回输入日期指定若干天后的日期
30	NOW(n)	返回系统当前时间戳
31	QUARTER(date)	返回日期在所处年中的季度
32	SECOND(time)	返回时间中的秒分量
33	ROUND (date1[, fmt])	把日期四舍五入到最接近格式元素指定的形式
34	TIMESTAMPADD(datepart,n,timestamp)	返回时间戳 timestamp 加上 n 个 datepart 指定的时间段的结果
35	TIMESTAMPDIFF(datepart,timestamp1,timestamp2)	返回一个表明 timestamp2 与 timestamp1 之间的指定 datepart 类型时间间隔的整数
36	SYSDATE()	返回系统的当前日期
37	TO_DATE(CHAR[,fmt[,'nls']]) /TO_TIMESTAMP(CHAR[,fmt[,'nls']]) /TO_TIMESTAMP_TZ(CHAR[,fmt])	将字符串转换为日期时间数据类型
38	FROM_TZ(timestamp,timezone|tz_name)	将时间戳类型 timestamp 和时区类型 timezone（或时区名称 tz_name）转化为 timestamp with timezone 类型
39	TZ_OFFSET(timezone|[tz_name])	返回给定的时区或时区名和标准时区（UTC）的偏移量
40	TRUNC(date[,fmt])	把日期截断到最接近格式元素指定的形式
41	WEEK(date)	返回日期为所在年中的第几周
42	WEEKDAY(date)	返回当前日期的星期值
43	WEEKS_BETWEEN(date1,date2)	返回两个日期之间相差周数
44	YEAR(date)	返回日期的年分量
45	YEARS_BETWEEN(date1,date2)	返回两个日期之间相差年数
46	LOCALTIME(n)	返回系统当前时间
47	LOCALTIMESTAMP(n)	返回系统当前时间戳
48	OVERLAPS	返回两个时间段是否存在重叠
49	TO_CHAR(date[,fmt[,nls]])	将日期数据类型 DATE 转换为一个在日期语法 fmt 中指定语法的 VARCHAR 类型字符串
50	SYSTIMESTAMP(n)	返回系统当前带数据库时区信息的时间戳
51	NUMTODSINTERVAL(dec,interval_unit)	转换一个指定的 DEC 类型到 INTERVAL DAY TO SECOND
52	NUMTOYMINTERVAL (dec,interval_unit)	转换一个指定的 DEC 类型值到 INTERVAL YEAR TO MONTH
53	WEEK(date, mode)	根据指定的 mode 计算日期为年中的第几周
54	UNIX_TIMESTAMP (datetime)	返回自标准时区的'1970-01-01 00:00:00 +0:00'到本地会话时区的指定时间的秒数差
55	FROM_UNIXTIME(unixtime)	返回将自'1970-01-01 00:00:00'的秒数差转换成本地会话时区的时间戳类型
55	FROM_UNIXTIME(unixtime, fmt)	将自'1970-01-01 00:00:00'的秒数差转换成本地会话时区的指定 fmt 格式的时间串
56	SESSIONTIMEZONE	返回当前会话的时区
57	DBTIMEZONE	返回当前数据库的时区
58	DATE_FORMAT(d, format)	以不同的格式显示日期/时间数据
59	TIME_TO_SEC(d)	将时间换算成秒
60	SEC_TO_TIME(sec)	将秒换算成时间
61	TO_DAYS(timestamp)	转换成公元元年 1 月 1 日的天数差
62	DATE_ADD(datetime,interval)	返回一个日期或时间值加上一个时间间隔的时间值
63	DATE_SUB(datetime,interval)	返回一个日期或时间值减去一个时间间隔的时间值

6.2.4 空值判断函数

在 DM8 中，空值判断函数用于判断参数是否为 NULL，或根据参数返回 NULL。常见的空值判断函数见表 6-8。

表 6-8 常见的空值判断函数

序号	函数名	功能简要说明
1	COALESCE(n1,n2,…,nx)	返回第一个非空的值
2	IFNULL(n1,n2)	当 n1 为非空时，返回 n1；若 n1 为空，则返回 n2
3	ISNULL(n1,n2)	当 n1 为非空时，返回 n1；若 n1 为空，则返回 n2
4	NULLIF(n1,n2)	如果 n1=n2，则返回 NULL，否则返回 n1
5	NVL(n1,n2)	返回第一个非空的值
6	NULL_EQU	返回两个类型相同的值的比较结果

6.2.5 类型转换函数

在 DM8 中，常见的类型转换函数见表 6-9。

表 6-9 常见的类型转换函数

序号	函数名	功能简要说明
1	CAST(value AS type)	将 value 转换为指定的类型
2	CONVERT(type,value)	将 value 转换为指定的类型
3	HEXTORAW(exp)	将 exp 转换为 BLOB 类型
4	RAWTOHEX(exp)	将 exp 转换为 VARCHAR 类型
5	BINTOCHAR(exp)	将 exp 转换为 CHAR 类型
6	TO_BLOB(value)	将 value 转换为 BLOB 类型
7	UNHEX(exp)	将十六进制的 exp 转换为格式字符串
8	HEX(exp)	将字符串的 exp 转换为十六进制字符串

其中 CAST 和 CONVERT 类型转换相容矩阵见表 6-10。

表 6-10 CAST 和 CONVERT 类型转换相容矩阵

Value 数据类型	Type 数据类型										
	数值类型	字符串	字符串大对象	二进制	二进制大对象	日期	时间	时间戳	时间时区	时间戳时区	年月时间间隔	日时时间间隔
数值类型	受限	受限	—	允许	—	受限	受限	受限	—	—	受限	受限
字符串	允许	允许	允许	允许	允许	受限	受限	允许	受限	受限	允许	允许
字符串大对象	—	允许	—	—	允许	—	—	—	—	—	—	—
二进制	允许	允许	—	允许	允许	—	—	—	—	—	—	—
二进制大对象	—	—	—	—	允许	—	—	—	—	—	—	—
日期	—	允许	—	—	—	允许	—	允许	—	允许	—	—
时间	—	允许	—	—	—	—	允许	—	允许	—	—	—
时间戳	—	允许	—	—	—	允许	允许	允许	允许	允许	—	—
时间时区	—	允许	—	—	—	—	允许	允许	允许	—	—	—

（续）

Value 数据类型	Type 数据类型											
	数值类型	字符串	字符串大对象	二进制	二进制大对象	日期	时间	时间戳	时间时区	时间戳时区	年月时间间隔	日时时间间隔
时间戳时区	—	允许	—	—	—	允许	允许	允许	—	允许	—	—
年月时间间隔	—	允许	—	—	—	—	—	—	—	—	允许	—
日时时间间隔	—	允许	—	—	—	—	—	—	—	—	—	允许

【任务考评】

考评点	完成情况	评价简述
掌握常见的数值函数的概念和使用方法	□完成 □未完成	
掌握常见的字符串函数的概念和使用方法	□完成 □未完成	
掌握常见的日期时间函数的概念和使用方法	□完成 □未完成	
掌握常见的空值判断函数的概念和使用方法	□完成 □未完成	
掌握常见的类型转换函数的概念和使用方法	□完成 □未完成	

任务 6.3　存储过程的定义及管理

【任务描述】

本任务的主要目标是理解存储过程的定义方法、掌握存储过程的调用方法和了解存储过程的删除方法。

【任务分析】

本任务的重点在于理解存储过程的概念和定义方法，难点在于掌握存储过程的调用方法，它们都是数据库程序设计的基础。

【任务实施】

6.3.1　定义存储过程

定义存储过程的语法如下。

　　　　CREATE [OR REPLACE] PROCEDURE<过程声明><AS_OR_IS><模块体>

过程声明的语法说明如下。

　　　<过程声明> ::= <存储过程名定义> [WITH ENCRYPTION][(<参数名><参数模式><参数类型> [<默认值表达式>] {,<参数名><参数模式><参数类型> [<默认值表达式>] })] [<调用权限子句>]
　　　　　<存储过程名定义> ::=[<模式名>.]<存储过程名>

AS_OR_IS 可以为 AS 或者 IS，语法如下。

　　　　<AS_OR_IS>::= AS | IS

模块体的语法说明如下。

　　　<模块体> ::= [<声明部分>]
　　　　BEGIN

```
        <执行部分>
        [<异常处理部分>]
    END [存储过程名]
<声明部分>::=[DECLARE]<声明定义>{<声明定义>}
<声明定义>::=<变量声明>|<异常变量声明>|<游标定义>|<子过程定义>|<子函数定义>;
<执行部分>::=<DMSQL 程序语句序列>{;<DMSQL 程序语句序列>}
<DMSQL 程序语句序列>::=[<<<标号名>>>]<DMSQL 程序语句>;
<DMSQL 程序语句>::=<SQL 语句>|<控制语句>
<异常处理部分>::=EXCEPTION<异常处理语句>{;<异常处理语句>}
```

定义语法中的参数说明如下。

① <存储过程名>：指明被创建的存储过程的名字。
② <模式名>：指明被创建的存储过程所属模式的名字，默认为当前模式名。
③ <参数名>：指明存储过程参数的名称。
④ <参数模式>：参数模式可设置为 IN、OUT 或 IN OUT（OUT IN），默认为 IN 类型。
⑤ <参数类型>：指明存储过程参数的数据类型。
⑥ <声明部分>：由变量、游标和子程序等对象的声明构成，可默认。
⑦ <执行部分>：由 SQL 语句和过程控制语句构成的执行代码。
⑧ <异常处理部分>：各种异常的处理程序，存储过程执行异常时调用，可默认。
⑨ <调用权限子句>：指定存储过程中的 SQL 语句默认的模式。

DBA 或具有 CREATE PROCEDURE 权限的用户可以使用上述语法新创建一个存储过程。OR REPLACE 选项的作用是，当同名的存储过程存在时，首先将其删除，再创建新的存储过程，前提条件是当前用户具有删除原存储过程的权限，如果没有删除权限，则创建失败。在使用 OR REPLACE 选项重新定义存储过程后，由于不能保证原有对象权限的合法性，因此全部去除。

WITH ENCRYPTION 为可选项，如果指定该选项，则对 BEGIN 与 END 之间的语句块进行加密，防止非法用户查看其具体内容。加密后的存储过程的定义可在 SYS.SYSTEXTS 系统表中查询。存储过程可以带有参数，这样在调用存储过程时就需要指定相应的实际参数，如果没有参数，过程名后面的圆括号和参数列表就可以省略了。

可执行部分是存储过程的核心部分，由 SQL 语句和流控制语句构成。支持的 SQL 语句如下。

■ 数据查询语句（SELECT）。
■ 数据操纵语句（INSERT、DELETE、UPDATE）。
■ 游标定义及操纵语句（DECLARE CURSOR、OPEN、FETCH、CLOSE）。
■ 事务控制语句（COMMIT、ROLLBACK）。
■ 动态 SQL 执行语句（EXECUTE IMMEDIATE）。

【案例 6-7】 在模式 SCH_FACTORY 下创建一个名为 proc_1 的存储过程，输入参数 a 及输出类型为 INT。设置一个参数 b，类型为 INT，赋值为 10，计算输入参数 a 与参数 b 的和并输出。

```
CREATE OR REPLACE PROCEDURE SCH_FACTORY.proc_1 (a IN OUT INT) AS
    b INT:=10;
BEGIN
    a:=a+b;
    PRINT a;
END;
/
```

6.3.2 调用存储过程

对存储过程的调用可通过 CALL 语句来完成，也可以什么也不加，直接通过名字及相应的参数执行，两种方式没有区别。

【案例 6-8】 调用案例 6-7 中在模式 SCH_FACTORY 下创建的名为 proc_1 的存储过程，参数为 10。

```
CALL SCH_FACTORY.proc_1(10);
```

或

```
SCH_FACTORY.proc_1(10);
```

6.3.3 删除存储过程

当用户需要从数据库中删除一个存储过程时，可以使用存储过程删除语句。其语法如下。

```
DROP PROCEDURE <存储过程名定义>;
<存储过程名定义>::= [<模式名>.]<存储过程名>
```

【案例 6-9】 删除在模式 SCH_FACTORY 下创建的名为 proc_1 的存储过程。

```
DROP PROCEDURE SCH_FACTORY.proc_1;
```

当模式名未指定时，默认删除当前模式下的存储过程，否则，应指明存储模块所属的模式。除 DBA 用户以外，其他用户只能删除自己创建的存储过程。

【任务考评】

考评点	完成情况	评价简述
理解存储过程的定义方法	□完成 □未完成	
掌握存储过程的调用方法	□完成 □未完成	
了解存储过程的删除方法	□完成 □未完成	

任务 6.4 存储函数的定义及管理

【任务描述】

本任务的主要目标是理解存储函数的定义方法、掌握存储函数的调用方法和了解存储函数的删除方法。

【任务分析】

本任务的重点在于理解存储函数的概念和定义方法，难点在于掌握存储函数的调用方法，它们都是数据库程序设计的基础。

【任务实施】

6.4.1 定义存储函数

定义存储函数的语法如下。

```
CREATE [OR REPLACE ] FUNCTION <函数声明><AS_OR_IS><模块体>
```

函数声明语法说明如下。

```
<函数声明> ::= <存储函数名定义>[WITH ENCRYPTION][FOR CALCULATE][(<参数名><参数模式>
<参数类型>[<默认值表达式>]{,<参数名><参数模式><参数类型>[<默认值表达式>]})]RETURN
    <返回数据类型>[<调用选项子句>][PIPELINED]
    <存储函数名定义> ::= [<模式名>.]<存储函数名>
    <调用选项子句> ::= <调用选项> {<调用选项>}
    <调用选项> ::= <调用权限子句> | DETERMINISTIC
```

模块体语法说明如下。

```
<模块体> ::= [<声明部分>]
    BEGIN
        <执行部分>
        [<异常处理部分>]
    END [存储函数名]
<声明部分>::=[DECLARE]<声明定义>{<声明定义>}
<声明定义>::=<变量声明>|<异常变量声明>|<游标定义>|<子过程定义>|<子函数定义>;
<执行部分>::=<DMSQL 程序语句序列>{;<DMSQL 程序语句序列>}
<DMSQL 程序语句序列>::=[<<<标号名>>>]<DMSQL 程序语句>;
<DMSQL 程序语句>::=<SQL 语句>|<控制语句>
<异常处理部分>::=EXCEPTION<异常处理语句>{;<异常处理语句>}
```

定义语法中的参数说明如下。

① <存储函数名>：指明被创建的存储函数的名字。
② <模式名>：指明被创建的存储函数所属模式的名字，默认为当前模式名。
③ <参数名>：指明存储函数参数的名称。
④ <参数模式>：参数模式可设置为 IN、OUT 或 IN OUT（OUT IN），默认为 IN 类型。
⑤ <参数类型>：指明存储函数参数的数据类型。
⑥ <返回数据类型>：指明存储函数返回值的数据类型。
⑦ <调用权限子句>：指定存储函数中的 SQL 语句默认的模式。
⑧ PIPELINED：指明函数为管道表函数。

存储函数与存储过程在结构和功能上非常相似，主要的差异如下。

- 存储过程没有返回值，调用者只能通过访问 OUT 或 IN OUT 参数来获得执行结果；而存储函数有返回值，它可以把执行结果直接返回给调用者。
- 存储过程中可以没有返回语句，而存储函数必须通过返回语句结束。
- 不能在存储过程的返回语句中带表达式，而存储函数必须带表达式。
- 存储过程不能出现在一个表达式中，而存储函数可以出现在表达式中。

FOR CALCULATE 指定存储函数为计算函数。计算函数不支持：对表进行 INSERT、DELETE、UPDATE、SELECT、上锁，以及设置自增列属性；对游标进行 DECLARE、OPEN、FETCH、CLOSE；事务的 COMMIT、ROLLBACK、SAVEPOINT，以及设置事务的隔离级别和读写属性；动态 SQL 的执行（EXEC）、创建索引、创建子过程。计算函数体内的函数调用必须是系统函数或者计算函数。计算函数可以被指定为表列的默认值。

DETERMINISTIC 指定存储函数为确定性函数。在调用它的语句中，对于相同的参数，返回相同的结果。如果要将一个函数作为表达式在函数索引中使用，则必须指定该函数为确定性函数。当系统遇到确定性函数时，它将会试图重用之前的计算结果，而不是重新计算。在确定性函数实现中，虽然没有限制不确定元素（如随机函数等）和 SQL 语句的使用，但是不推荐使用这些可能会导致结果不确定的内容。确定性函数不支持将 BOOLEAN 类型、复合类型或对象类型作为参数及返回值。

【案例 6-10】 在模式 SCH_FACTORY 下创建一个名为 fun_1 的存储函数。函数的两个输入参数 a 和 b 的类型均为 INT，返回参数 s 的类型为 INT。最后将返回 a 与 b 的和。

```
CREATE OR REPLACE FUNCTION SCH_FACTORY.fun_1(a INT, b INT) RETURN INT AS
    s INT;
BEGIN
    s:=a+b;
    RETURN s;
EXCEPTION
    WHEN OTHERS THEN NULL;
END;
/
```

6.4.2 调用存储函数

调用存储函数，除可以通过 CALL 语句和直接通过名字调用以外，还可以通过 SELECT 语句来调用，且执行方式存在以下区别。

- 在通过 CALL 和直接使用名字调用存储函数时，不会返回函数的返回值，仅执行其中的操作。
- 在通过 SELECT 语句调用存储函数时，不仅会执行其中的操作，还会返回函数的返回值。SELECT 调用的存储函数不支持含有 OUT、IN OUT 模式的参数。

【案例 6-11】 调用案例 6-10 中在模式 SCH_FACTORY 下创建的一个名为 fun_1 的存储函数，存储函数的输入参数为 1 和 3。

```
CALL SCH_FACTORY.fun_1(1, 3);
```

或

```
SELECT SCH_FACTORY.fun_1(1, 3);
```

6.4.3 删除存储函数

当用户需要从数据库中删除一个存储函数时，可以使用存储函数删除语句。其语法如下。

```
DROP FUNCTION <存储函数名定义>;
<存储函数名定义>::= [<模式名>.]<存储函数名>
```

【案例 6-12】 删除模式 SCH_FACTORY 下创建的名为 fun_1 的存储函数。

```
DROP FUNCTION SCH_FACTORY.fun_1;
```

当模式名未指定时，默认删除当前模式下的存储函数，否则，应指明存储模块所属的模式。除了 DBA 用户以外，其他用户只能删除自己创建的存储函数。

【任务考评】

考评点	完成情况	评价简述
理解存储函数的定义方法	□完成　□未完成	
掌握存储函数的调用方法	□完成　□未完成	
了解存储函数的删除方法	□完成　□未完成	

任务 6.5 触发器设置及管理

【任务描述】

本任务的主要目标是了解触发器的使用、表级触发器的设置与管理、事件触发器的设置与管理、时间触发器的设置与管理。

任务 6.5 触发器设置及管理

【任务分析】

本任务的难点在于了解表级触发器、事件触发器和时间触发器的设置与管理。

【任务实施】

6.5.1 触发器的使用

DM 是一个具有主动特征的数据库管理系统，其主动特征包括约束机制和触发器机制。通过触发器机制，用户可以定义、删除和修改触发器。DM 自动管理和运行这些触发器，从而体现系统的主动性，方便用户使用。

触发器（Trigger）定义为当某些与数据库有关的事件发生时，数据库应该采取的操作。这些事件包括全局对象、数据库下某个模式，以及模式下某个基表上的 INSERT、DELETE 和 UPDATE 操作。触发器与存储模块类似，都是在服务器上保存并执行的一段 DMSQL 程序语句；二者的区别是，存储模块必须被显式地调用执行，而触发器是在相关的事件发生时由服务器自动隐式激发。触发器是激发触发器的语句的一个组成部分，即直到一个语句激发的所有触发器执行完成之后该语句才结束，而其中任何一个触发器执行的失败都将导致该语句的失败，触发器所做的任何工作都属于激发该触发器的语句。

触发器为用户提供了一种自己扩展数据库功能的方法。触发器应用的例子如下。

- 利用触发器实现表约束机制（如 PRIMARY KEY、FOREIGN KEY、CHECK 等）无法实现的复杂的引用完整性。
- 利用触发器实现复杂的事务规则（如想确保工作时长增加量不超过 25%）。
- 利用触发器维护复杂的默认值（如条件默认）。
- 利用触发器实现复杂的审计功能。
- 利用触发器防止非法操作。

触发器是应用程序分割技术的一个基本组成部分，它将事务规则从应用程序的代码中移到数据库中，从而可确保加强这些事务规则并提高它们的性能。触发器中可以定义变量，但是必须以 DECLARE 开头。需要说明的是，在 DM 的数据守护环境下，备库上定义的触发器是不会被触发的。

6.5.2 表级触发器

用户可使用触发器定义语句（CREATE TRIGGER）在一张基表上创建表级触发器。表级触发器定义语句的语法如下。

```
CREATE [OR REPLACE ] TRIGGER [<模式名>.]<触发器名> [WITH ENCRYPTION]
    <触发限制描述> [REFERENCING <trig_referencing_list>][FOR EACH {ROW|STATEMENT}][WHEN
(<条件表达式>) ] <触发器体>
```

相关的子句说明如下。

```
<trig_referencing_list>::= <referencing_1>|<referencing_2>
    <referencing_1>::=OLD [ROW] [AS]<引用变量名>[ NEW [ROW] [AS] <引用变量名>]
    <referencing_2>::=NEW [ROW] [AS]<引用变量名>[ OLD [ROW] [AS] <引用变量名>]
<触发限制描述>::=<触发限制描述 1> | <触发限制描述 2>
    <触发限制描述 1>::= <BEFORE | AFTER><触发事件列表> [LOCAL] ON <触发表名>
    <触发限制描述 2>::= INSTEAD OF <触发事件列表> [LOCAL] ON <触发视图名>
        <触发事件列表>::=<触发事件>|{<触发事件列表> OR <触发事件>}
        <触发表名>::=[<模式名>.]<基表名>
        <触发事件>::=INSERT|DELETE|{UPDATE|{UPDATE OF <触发列清单>}}
```

语法的相关参数说明如下。

① <触发器名>指明被创建的触发器的名称。

② BEFORE 指明触发器在执行触发语句之前激发。

③ AFTER 指明触发器在执行触发语句之后激发。

④ INSTEAD OF 指明触发器执行时替换原始操作。

⑤ <触发事件>指明激发触发器的事件。INSTEAD OF 中不支持{UPDATE OF <触发列清单>}。

⑥ <基表名>指明被创建触发器的基表的名称。

⑦ WITH ENCRYPTION 选项指定是否对触发器定义进行加密。

⑧ REFERENCING 子句指明相关名称可以在元组级触发器的触发器体和 WHEN 子句中利用相关名称来访问当前行的新值或旧值，默认的相关名称为 OLD 和 NEW。

⑨ <引用变量名>标识符，指明行的新值或旧值的相关名称。

⑩ FOR EACH 子句指明触发器为元组级或语句级触发器。FOR EACH ROW 表示设置为元组级触发器，它受触发命令影响且由 WHEN 子句的表达式计算为真的每条记录触发一次。FOR EACH STATEMENT 表示设置为语句级触发器，它受触发命令影响且每个触发命令只触发执行一次。FOR EACH 子句默认为语句级触发器。

⑪ WHEN 子句只允许为元组级触发器指定 WHEN 子句，它包含一个布尔表达式，当表达式的值为 TRUE 时，执行触发器；否则，跳过该触发器。

⑫ <触发器体>表示触发器被触发时执行的 SQL 过程语句块。

6.5.3 事件触发器

用户可使用触发器定义语句在数据库全局对象上创建事件触发器。事件触发器定义语句的语法如下。

```
CREATE [OR REPLACE] TRIGGER [<模式名>.]<触发器名> [WITH ENCRYPTION]
    BEFORE | AFTER <触发事件子句> ON <触发对象名> [WHEN <条件表达式>] <触发器体>
```

相关子句的语法说明如下。

```
<触发事件子句>:=<DDL 事件子句> | <系统事件子句>
<DDL 事件子句>::=<DDL 事件>{OR <DDL 事件>}
<DDL 事件> : =DDL | <<CREATE> | <ALTER> | <DROP> | <GRANT> | <REVOKE> | <TRUNCATE> | <COMMENT>>
<系统事件子句>::=<系统事件>{OR <系统事件>}
<系统事件>:= <LOGIN> | <LOGOUT> | <SERERR> | <BACKUP DATABASE> | <RESTORE DATABASE> | <AUDIT> | <NOAUDIT> | <TIMER> | <STARTUP> | <SHUTDOWN>
<触发对象名>::=[<模式名>.]SCHEMA | DATABASE
```

触发器定义语句中相关参数的说明如下。

① <模式名> 指明被创建的触发器所在模式的名称或触发事件发生的对象所在模式的名称，默认为当前模式。

② <触发器名> 指明被创建的触发器的名称。

③ BEFORE 指明触发器在执行触发语句之前激发。

④ AFTER 指明触发器在执行触发语句之后激发。

⑤ <DDL 事件子句> 指明激发触发器的 DDL 事件，可以是 DDL 或 CREATE、ALTER、DROP、GRANT、REVOKE、TRUNCATE、COMMENT 等。

⑥ <系统事件子句>：LOGIN/LOGON、LOGOUT/LOGOFF、SERERR、BACKUP DATABASE、RESTORE DATABASE、AUDIT、NOAUDIT、TIMER、STARTUP、SHUTDOWN。

⑦ WITH ENCRYPTION 选项指定是否对触发器定义进行加密。

⑧ WHEN 子句：只允许为元组级触发器指定 WHEN 子句，它包含一个布尔表达式，当表达式的值为 TRUE 时，执行触发器；否则，跳过该触发器。

⑨ <触发器体>表示触发器被触发时执行的 SQL 过程语句块。

6.5.4 时间触发器

时间触发器属于一种特殊的事件触发器，它使得用户可以定义一些按照规律定点执行的任务，比如在晚上服务器负荷小的时候通过时间触发器做一些更新统计信息的操作、自动备份操作等，因此时间触发器是非常有用的。时间触发器定义语句的语法如下。

```
CREATE [OR REPLACE] TRIGGER [<模式名>. ]<触发器名> [WITH ENCRYPTION] AFTER TIMER ON DATABASE <{FOR ONCE AT DATETIME [时间表达式] <exec_ep_seqno>} | {{<month_rate> | <week_rate> | <day_rate>} {once_in_day | times_in_day} {during_date} <exec_ep_seqno>}>
    [WHEN <条件表达式>]
    <触发器体>
```

语法中相关的子句说明如下。

```
    <month_rate>:={FOR EACH <整型变量> MONTH {day_in_month}}|{FOR EACH <整型变量> MONTH {day_in_month_week}}
    <day_in_month>:= DAY <整型变量>
    <day_in_month_week>:= {DAY <整型变量> OF WEEK <整型变量>}|{DAY <整型变量> OF WEEK LAST}
    <week_rate>: =FOR EACH <整型变量> WEEK {day_of_week_list}
    <day_of_week_list>:= {<整型变量>}|{,<整型变量>}
    <day_rate>: =FOR EACH <整型变量> DAY
    <once_in_day>:= AT TIME <时间表达式>
    <times_in_day>:={during time} FOR EACH <整型变量> MINUTE
    <during_time>:={NULL}|{FROM TIME <时间表达式>}|{FROM TIME <时间表达式> TO TIME <时间表达式>}
    <during_date>:={NULL}|{FROM DATETIME <日期时间表达式>}|{FROM DATETIME <日期时间表达式> TO DATETIME <日期时间表达式>}
    <exec_ep_seqno>:=EXECUTE AT <整型变量>
```

时间触发器定义语句中有下列主要参数，说明如下。

① <模式名> 指明被创建的触发器所在模式的名称或触发事件发生的对象所在模式的名称，默认为当前模式。

② <触发器名> 指明被创建的触发器的名称。

③ WHEN 子句包含一个布尔表达式，当表达式的值为 TRUE 时，执行触发器；否则，跳

过该触发器。

④ <触发器体>表示触发器被触发时执行的 SQL 过程语句块。

⑤ <exec_ep_seqno>指定 DMDSC 环境下触发器执行所对应的节点号。

时间触发器的时间频率可精确到分钟级，定义很灵活，完全可以实现数据库中的代理功能，定义一个相应的时间触发器即可。在触发器体中定义要做的工作，可以定义的操作包括执行一段 SQL 语句、执行数据库备份、执行重组 B 树、执行更新统计信息、执行数据迁移（DTS）。

【任务考评】

考评点	完成情况	评价简述
了解触发器的使用	□完成 □未完成	
了解表级触发器的设置与管理	□完成 □未完成	
了解事件触发器的设置与管理	□完成 □未完成	
了解时间触发器的设置与管理	□完成 □未完成	

任务 6.6　掌握 DMSQL 程序中的控制结构

【任务描述】

本任务的主要目标是掌握 DMSQL 程序中的语句块、分支结构、循环控制结构、顺序结构和其他语句。

【任务分析】

本任务的重难点是掌握 DMSQL 程序中的控制结构，以及语句块、分支结构、循环控制结构、顺序结构和其他语句的概念及相应的使用方法。

【任务实施】

6.6.1　语句块

语句块是 DMSQL 程序的基本单元，由关键字 DECLARE、BEGIN、EXCEPTION 和 END 划分为声明部分、执行部分与异常处理部分，其中执行部分是必需的，声明和异常处理部分可以省略。语句块可以嵌套，可以出现在其他任何语句可以出现的位置。

语句块的语法如下。

```
[DECLARE <变量声明>{,<变量声明>};]
BEGIN
    <执行部分>
    [<异常处理部分>]
END
```

（1）声明部分

声明部分包含了变量和常量的数据类型与初始值。这个部分由关键字 DECLARE 开始。如果不需要声明变量或常量，那么可以忽略这一部分。游标的声明也放在这一部分。

（2）执行部分

执行部分是语句块中的指令部分，由关键字 BEGIN 开始，以关键字 EXCEPTION 结束，如果 EXCEPTION 不存在，那么将以关键字 END 结束。所有的可执行语句都要放在这一部分，其他的语句块也可以放在这一部分。分号分隔每一条语句。使用赋值操作符:=或 SELECT

INTO 或 FETCH INTO 给变量赋值。执行部分的错误将在异常处理部分解决。在执行部分中可以使用另一个语句块，这种程序块称为嵌套块。

所有的 SQL 数据操作语句都可以用于执行部分；执行部分使用的变量和常量必须首先在声明部分声明；执行部分至少包括一条可执行语句，而且 NULL 是一条合法的可执行语句；事务控制语句 COMMIT 和 ROLLBACK 可以在执行部分使用。数据定义语言（Data Definition Language）不能在执行部分中使用，DDL 语句与 EXECUTE IMMEDIATE 一起使用。

（3）异常处理部分

异常处理部分是可选的，在这一部分中处理异常或错误。一个语句块意味着一个作用域，即在一个语句块的声明部分所定义的任何对象，其作用域就是该语句块。

6.6.2 分支结构

分支结构先执行一个判断条件，再根据判断条件的执行结果执行对应的一系列语句。

1. IF 语句

IF 语句用于控制执行基于布尔条件的语句序列，以实现条件分支控制结构。其语法如下。

```
IF <条件表达式>
THEN <执行部分>;
[<ELSEIF_OR_ELSIF><条件表达式> THEN <执行部分>;
{<ELSEIF_OR_ELSIF><条件表达式>
THEN <执行部分>;}]
[ELSE <执行部分>;]
END IF ;
<ELSEIF_OR_ELSIF> ::= ELSEIF | ELSIF
```

考虑到不同用户的编程习惯，ELSEIF 子句的起始关键字既可写作 ELSEIF，也可写作 ELSIF。条件表达式中的因子可以是布尔类型的参数、变量，也可以是条件谓词。存储模块的控制语句中支持的条件谓词有：比较谓词、BETWEEN、IN、LIKE 和 IS NULL。

最简单的 IF 语句形式如下。

```
IF 条件 THEN
    代码
END IF ;
```

如果条件成立，则执行代码，否则什么也不执行。

如果需要在条件不成立时执行另外的代码，则应使用 IF-ELSE，如下所示。

```
IF 条件 THEN
    代码1
ELSE
    代码2
END IF ;
```

此时，条件成立则执行代码 1，条件不成立则执行代码 2。

还可以通过 ELSEIF 或 ELSIF 进行 IF 语句的嵌套。

```
IF 条件1 THEN
    代码1
ELSEIF 条件2 THEN
    代码2
    ...
```

```
    ELSE
        代码 N
    END IF;
```

在执行上面的 IF 语句时，首先判断条件 1，当条件 1 成立时，执行代码 1，否则继续判断条件 2，条件成立则执行代码 2，否则继续判断下面的条件。如果前面的条件都不成立，则执行 ELSE 后面的代码 N。

2. CASE 语句

CASE 语句从系列条件中进行选择，并且执行相应的语句块，主要有下面两种形式。

1）简单形式：将一个表达式与多个值进行比较，语法如下。

```
CASE <条件表达式>
WHEN <条件> THEN <执行部分>;
{WHEN <条件> THEN <执行部分>; }
[ELSE <执行部分> ]
END [CASE];
```

简单形式的 CASE 语句中的条件可以是立即值，也可以是表达式。这种形式的 CASE 语句会选择第一个满足条件的对应的执行部分来执行，剩下的则不会计算，如果没有符合条件的，则它会执行 ELSE 子句中的执行部分，但是如果 ELSE 子句不存在，则不会执行任何语句。

2）搜索形式：对多个条件进行计算，取第一个结果为真的条件，语法如下。

```
CASE
WHEN <条件表达式> THEN <执行部分>;
{WHEN <条件表达式> THEN <执行部分>; }
[ELSE <执行部分> ]
END [CASE];
```

搜索形式的 CASE 语句依次执行各条件表达式，当遇见第一个为真的条件时，执行其对应的执行部分，且第一个为真的条件后面的所有条件都不会再被执行。如果所有的条件都不为真，则执行 ELSE 子句中的执行部分，如果 ELSE 子句不存在，则不执行任何语句。

3. SWITCH 语句

DMSQL 程序支持 C 语法风格的 SWITCH 分支结构语句。SWITCH 语句的功能与简单形式的 CASE 语句类似，用于将一个表达式与多个值进行比较，并执行相应的语句块，语法如下。

```
SWITCH (<条件表达式>)
{
    CASE <常量表达式> : <执行部分>; BREAK;
    { CASE <常量表达式> : <执行部分>; BREAK; }
    [DEFAULT : <执行部分>; ]
}
```

每个 CASE 分支的执行部分后都应有 BREAK 语句，否则 SWITCH 语句在执行了对应分支的执行部分后会继续执行后续分支的执行部分。如果没有符合条件的 CASE 分支，则会执行 DEFAULT 子句中的执行部分，如果 DEFAULT 子句不存在，则不会执行任何语句。

6.6.3 循环控制结构

6.6.3 循环控制结构

DMSQL 程序支持五种类型的循环语句：LOOP 语句、WHILE 语句、FOR 语句、REPEAT 语句和 FORALL 语句。其中前四种为基本类型的循环语句：LOOP 语句循环执行一系列语句，直到 EXIT 语句终止循环为止；WHILE 语句循环检测一个条件表达式，当表达式的值为 TRUE 时，执行循环体的语句序列；FOR 语句对一系列的语句重复执行指定次数；REPEAT 语句重复执行一系列语句，直至达到条件表达式的限制要求为止。FORALL 语句对一条 DML 语句执行多次，当 DML 语句中使用数组或嵌套表时，可进行优化处理，能大幅提升性能。

1. LOOP 语句

LOOP 语句的语法如下。

```
LOOP
    <执行部分>;
END LOOP [标号名];
```

LOOP 语句可以实现对一系列语句的重复执行，是循环语句的最简单形式。LOOP 和 END LOOP 之间的执行部分将无限次执行，必须借助 EXIT、GOTO 或 RAISE 语句跳出循环。

【案例 6-13】 在模式 SCH_FACTORY 下创建一个存储过程 PROC_LOOP。在该存储过程中定义 LOOP 循环，输出输入参数 X 的值，并在每次循环后将 X 的值减 2，直到 X 小于或等于 0 时跳出循环。最后调用该存储过程。

```
CREATE OR REPLACE PROCEDURE SCH_FACTORY.PROC_LOOP (X IN OUT INT) AS
BEGIN
    LOOP
        IF X<=0 THEN
            EXIT;
        END IF;
        PRINT X;
        X:=X-2;
    END LOOP;
END;
/
CALL SCH_FACTORY.PROC_LOOP (16);
```

2. WHILE 语句

WHILE 语句的语法如下。

```
WHILE <条件表达式> LOOP
    <执行部分>;
END LOOP [标号名];
```

WHILE 循环语句在每次循环开始之前，先计算条件表达式，若条件表达式的值为 TRUE，则执行部分执行一次，然后控制重新回到循环顶部；若条件表达式的值为 FALSE，则结束循环。当然，也可以通过 EXIT 语句来终止循环。

【案例 6-14】 在模式 SCH_FACTORY 下创建一个存储过程 PROC_WHILE。在该存储过程中定义 WHILE 循环，输出输入参数 X 的值，并在每次循环后将 X 的值减 1，直到 X 小于或等于 0 时跳出循环。最后调用该存储过程。

```
CREATE OR REPLACE PROCEDURE SCH_FACTORY.PROC_WHILE(X IN OUT INT) AS
BEGIN
    WHILE X>0 LOOP
        PRINT X;
        X:=X-1;
    END LOOP;
```

```
END;
/
CALL SCH_FACTORY.PROC_WHILE(16) ;
```

3. FOR 语句

FOR 语句的语法如下。

```
FOR <循环计数器> IN [REVERSE] <下限表达式> .. <上限表达式> LOOP
    <执行部分>;
END LOOP [标号名];
```

循环计数器是一个标识符，它类似于一个变量，但是不能被赋值，且作用域限于 FOR 语句内部。下限表达式和上限表达式用来确定循环的范围，它们的类型必须和整型兼容。循环次数是在循环开始之前确定的，即使在循环过程中下限表达式或上限表达式的值发生了改变，也不会引起循环次数的变化。

在执行 FOR 语句时，首先检查下限表达式的值是否小于上限表达式的值，如果下限数值大于上限数值，则不执行循环体。否则，将下限数值赋给循环计数器（语句中使用 REVERSE 关键字时，把上限数值赋给循环计数器）；然后执行循环体内的语句序列；执行完后，循环计数器值加 1（如果有 REVERSE 关键字，则减 1）；检查循环计数器的值，若仍在循环范围内，则重新继续执行循环体；如此循环，直到循环计数器的值超出循环范围为止。同样，也可以通过 EXIT 语句来终止循环。FOR 语句中的循环计数器可与当前语句块内的参数或变量同名，这时该同名的参数或变量在 FOR 语句的范围内将被屏蔽。

【案例 6-15】 在模式 SCH_FACTORY 下创建一个存储过程 PROC_FOR1。在该存储过程中定义 FOR 循环，实现输出从参数 X 的值至 1。最后调用该存储过程。

```
CREATE OR REPLACE PROCEDURE SCH_FACTORY.PROC_FOR1 (X IN OUT INT) AS
BEGIN
    FOR I IN REVERSE 1..X LOOP
        PRINT I;
    END LOOP;
END;
/
CALL SCH_FACTORY.PROC_FOR1(16);
```

4. REPEAT 语句

REPEAT 语句的语法如下。

```
REPEAT
    <执行部分>;
UNTIL <条件表达式>;
```

REPEAT 语句先执行<执行部分>，然后判断<条件表达式>，若为 TRUE，则控制重新回到循环顶部，若为 FALSE，则退出循环。可以看出，REPEAT 语句的执行部分至少会执行一次。

【案例 6-16】 使用 REPEAT 语句输出参数 X 的值，并将 X 的值减 2，直到 X 小于或等于 0 时跳出循环。

```
DECLARE
    X INT;
BEGIN
    X:=16;
    REPEAT
```

```
            X := X-2;
            PRINT X;
       UNTIL X<=0;
    END;
    /
```

5. FORALL 语句

FORALL 语句的语法如下。

```
FORALL <循环计数器> IN <bounds_clause>[SAVE EXCEPTIONS] <forall_dml_stmt>;
<bounds_clause> ::= <下限表达式>..<上限表达式>
| INDICES OF <集合> [BETWEEN] <下限表达式> AND <上限表达式>
| VALUES OF <集合>
<forall_dml_stmt> ::= <INSERT 语句> | <UPDATE 语句> | <DELETE 语句> | <MERGE INTO 语句>
```

语法中的参数说明如下。

① SAVE EXCEPTIONS：即使一些 DML 语句执行失败，也会在 FORALL 执行结束时才抛出异常。

② INDICES OF <集合>：跳过集合中没有赋值的元素，可用于指向稀疏数组的实际下标。

③ VALUES OF <集合>：把集合中的值作为下标。

DM 可对 FORALL 中的 INSERT、UPDATE 和 DELETE 语句中的数组或嵌套表引用进行优化处理。需要注意的是，优化处理会影响游标的属性值，导致其不可使用。dm.ini 中的 USE_FORALL_ATTR 参数用来控制是否进行优化处理：值为 0 表示可以优化，不使用游标属性；值为 1 表示不优化，使用游标属性，默认值为 0。

6. EXIT 语句

EXIT 语句与循环语句一起使用，用于终止其所在循环语句的执行，将控制转移到该循环语句外的下一个语句继续执行。EXIT 语句的语法如下。

```
EXIT[<标号名>][WHEN <条件表达式>];
```

EXIT 语句必须出现在一个循环语句中，否则将报错。当 EXIT 后面的标号名省略时，该语句将终止执行直接包含它的那条循环语句；当 EXIT 后面带有标号名时，该语句用于终止执行标号名所标识的那条循环语句。需要注意的是，该标号名所标识的语句必须是循环语句，并且 EXIT 语句必须出现在此循环语句中。当 EXIT 语句位于多重循环语句中时，可以用该功能来终止其中的任何一重循环。

当 WHEN 子句省略时，EXIT 语句会无条件地终止该循环语句；否则，先计算 WHEN 子句中的条件表达式，当条件表达式的值为真时，终止该循环语句。

7. CONTINUE 语句

CONTINUE 语句的作用是退出当前循环，并且将语句控制转移到这次循环的下一次循环或者一个指定标签的循环的开始位置并继续执行。CONTINUE 语句的语法如下。

```
CONTINUE[[<标号名>] WHEN <条件表达式>];
```

若 CONTINUE 后没有跟 WHEN 子句，则立即无条件退出当前循环，并且将语句控制转移到这次循环的下一次循环或者一个指定标号名的循环的开始位置并继续执行。

若 CONTINUE 语句中包含 WHEN 子句，则当 WHEN 子句的条件表达式为 TRUE 时，才退出当前循环，并将语句控制转移到下一次循环或者一个指定标号名的循环的开始位置并继续执行。当每次循环到达 CONTINUE-WHEN 时，都会对 WHEN 的条件进行计算，如果条件为 FALSE，则 CONTINUE-WHEN 语句不执行任何动作。为了防止出现死循环，应将 WHEN 条件设置为一个肯定可以为 TRUE 的表达式。

6.6.4 顺序结构

1. GOTO 语句

GOTO 语句的作用是无条件地跳转到一个标号名所在的位置，其语法如下。

```
GOTO <标号名>;
```

GOTO 语句将控制权交给带有标号名的语句或语句块。标号名的定义在一个语句块中必须是唯一的，且必须指向一条可执行语句或一个语句块。

为了保证 GOTO 语句的使用不引起程序的混乱，对 GOTO 语句的使用有下列限制。
- GOTO 语句不能跳入一个 IF 语句、CASE 语句、循环语句或下层语句块中。
- GOTO 语句不能从一个异常处理器跳回当前块，但是可以跳转到包含当前块的上层语句块。

2. NULL 语句

NULL 语句不做任何事情，只是用于保证语法的正确性，或增加程序的可读性。NULL 语句的语法如下。

```
NULL;
```

6.6.5 其他语句

1. 赋值语句

赋值语句的语法如下。

```
<赋值对象> := <值表达式>;
或
SET <赋值对象> = <值表达式>;
```

使用赋值语句可以给各种数据类型的对象赋值。被赋值的对象可以是变量，也可以是 OUT 参数或 IN OUT 参数。表达式的数据类型必须与赋值对象的数据类型兼容。如果赋值对象和值表达式是类类型，则赋值采用的是对象指向逻辑，赋值对象指向值表达式的对象，而不会创建新的对象。

2. 调用语句

存储模块可以被别的存储模块或应用程序调用。同样，在存储模块中也可以调用其他存储模块。在调用存储模块时，应给存储模块提供输入参数值，并获取存储模块的输出参数值。

调用语句的语法如下。

```
[CALL] [<模式名>.]<存储模块名> [@dblink_name] [(<参数>{,<参数>})];
<参数> := <参数值>|<参数名=参数值>
```

使用调用语句时需要注意如下要求。
① 如果被调用的存储模块不属于当前模式，则必须在语句中指明存储模块的模式名。
② 参数的个数和类型必须与被调用的存储模块一致。
③ 存储模块的输入参数可以是嵌入式变量，也可以是值表达式；存储模块的输出参数必须是可赋值对象，如嵌入式变量。

④ "dblink_name" 表示创建的 dblink 名字，如果添加了该选项，则表示调用远程实例的存储模块。

⑤ 在调用过程中，服务器将以存储模块创建者的模式和权限来执行过程中的语句。

一般情况下，用户调用存储模块时通过实际参数位置关系和形式参数相对应，这种方式称为"位置标识法"。系统还支持另一种存储模块调用方式：每个参数中包含形式参数和实际参数，这样的方法称为"名字标识法"。对结果而言，这两种调用方式是等价的，但在具体使用时存在一些差异，见表 6-11。

表 6-11 位置标识法与名字标识法的差异比较

位置标识法	名字标识法
依赖于实际参数的名称	清楚地说明了实际参数和形式参数间的对应关系
给出的实际参数必须依照形式参数的次序	指定实际参数时可不按照形式参数的顺序
调用比较简洁，符合大多数第三代语言的使用习惯	需要更多的编码，调用时需要指定形式参数和实际参数
使用的参数默认值必须在参数列表的末尾	无论哪个参数拥有默认值，都不会对调用产生影响
维护的原因在于参数的定义次序发生了变化	维护的原因在于参数名的定义发生了变化

【案例 6-17】 使用位置标识法和名字标识法分别调用存储模块。

```
CREATE OR REPLACE PROCEDURE proc_call (a INT, b IN OUT INT) AS
    V1 INT:=a;
BEGIN
    b:=0;
    FOR C IN 1..v1 LOOP
        b:=b+C;
    END LOOP;
    print b;
END;
/
CALL proc_call (10,0);           --以位置标识法调用
CALL proc_call (b=0,a=10);       --以名字标识法调用
```

3. RETURN 语句

RETURN 语句的语法如下。

```
RETURN [<返回值>];
```

RETURN 语句用于结束 DMSQL 程序的执行，将控制权返回给 DMSQL 程序的调用者。如果是从存储函数返回，则同时将函数的返回值提供给调用环境。

除管道表函数以外，函数的执行必须以 RETURN 语句结束。确切地说，函数中应至少有一个被执行的返回语句。由于程序中有分支结构，在编译时很难保证其每条路径都有返回语句，因此 DM 只有在函数执行时才对其进行检查，如果某个分支缺少 RETURN 语句，DM 会自动为其隐式增加一条 RETURN NULL 语句。

4. PRINT 语句

PRINT 语句的语法如下。

```
PRINT <表达式>;
```

PRINT 语句用于从 DMSQL 程序中向客户端输出一个字符串，其中的表达式可以是各种数据类型，系统自动将其转换为字符类型。PRINT 语句便于用户调试 DMSQL 程序代码。当 DMSQL

程序的行为与预期不一致时,可以在其中加入 PRINT 语句来观察各个阶段的运行情况。

之前章节的很多示例中都使用了 PRINT 语句,这里不再另外举例。用户也可以使用 DM 系统包方法 DBMS_OUTPUT.PUT_LINE()将信息输出到客户端。

5. PIPE ROW 语句

PIPE ROW 语句只能在管道表函数中使用,其语法如下。

```
PIPE ROW(<值表达式>);
```

管道表函数是可以返回行集合的函数,用户可以像查询数据库表一样查询它。目前 DM 管道表函数的返回值类型暂时只支持 VARRAY 类型和嵌套表类型。PIPE ROW 语句将返回一行到管道表函数的结果行集中。如果值表达式是类类型的表达式,则会复制一个对象并输入到管道函数的结果集中,保证将同一个对象多次输入到管道函数的结果集中时,后文的修改不会影响前面的输入。如果管道表函数中没有进行 PIPE ROW 操作,则管道表函数的返回结果为一个没有元素数据的集合,而不是 NULL,即返回的是空集而不是空。

【任务考评】

考评点	完成情况	评价简述
掌握 DMSQL 程序中的语句块	□完成 □未完成	
掌握 DMSQL 程序中的分支结构	□完成 □未完成	
掌握 DMSQL 程序中的循环控制结构	□完成 □未完成	
掌握 DMSQL 程序中的顺序结构	□完成 □未完成	
掌握 DMSQL 程序中的其他语句	□完成 □未完成	

任务 6.7 游标的使用

【任务描述】

本任务的主要目标是了解静态游标和动态游标的概念、游标变量的概念与游标 FOR 循环的使用。

任务 6.7
游标的使用

【任务分析】

本任务的重难点是了解游标变量的概念和游标 FOR 循环的使用,它们便于遍历数据,从而可降低应用程序的复杂度。

【任务实施】

6.7.1 静态游标

静态游标是只读游标,它总是按照打开游标时的原样显示结果集,在编译时就能确定静态游标使用的查询。静态游标分为两种:隐式游标和显式游标。

1. 隐式游标

隐式游标无须用户进行定义,每当用户在 DMSQL 程序中执行一个 DML 语句(INSERT、UPDATE、DELETE)或者 SELECT...INTO 语句时,DMSQL 程序都会自动声明一个隐式游标并管理这个游标。

隐式游标的名称为"SQL",用户可以通过隐式游标获取语句执行的一些信息。DMSQL 程序中的每个游标都有%FOUND、%NOTFOUND、%ISOPEN 和%ROWCOUNT 四个属性,对于隐式游标,这四个属性的意义如下。
- **%FOUND**:语句是否修改或查询到了记录,若是,则返回 TRUE,否则返回 FALSE。
- **%NOTFOUND**:语句是否未能成功修改或查询到记录,若是,则返回 TRUE,否则返回 FALSE。
- **%ISOPEN**:游标是否打开,若是,则返回 TRUE,否则返回 FALSE。由于系统在语句执行完成后会自动关闭隐式游标,因此隐式游标的各 ISOPEN 属性永远为 FALSE。
- **%ROWCOUNT**:DML 语句执行影响的行数,或 SELECT...INTO 语句返回的行数。

2. 显式游标

显式游标指向一个查询语句执行后的结果集区域。当需要处理返回多条记录的查询时,应显式地定义游标以处理结果集的每一行。使用显式游标一般包括下面几个步骤。
- 定义显式游标:在 DMSQL 程序的声明部分定义游标,声明游标及其关联的查询语句。
- 打开显式游标:执行游标关联的语句,将查询结果装入游标工作区,将游标定位到结果集的第一行之前。
- 拨动游标:根据应用需要将游标位置移动到结果集的合适位置。
- 关闭游标:游标使用完后应关闭,以释放其占用的资源。

下面对这四个步骤进行具体介绍。

(1) 定义显式游标

在 DMSQL 程序的声明部分定义显式游标,其语法如下。

```
CURSOR <游标名> [FAST | NO FAST] <cursor 选项>;
    或
<游标名> CURSOR [FAST | NO FAST] <cursor 选项>;
```

相关的子句说明如下。

```
<cursor 选项> ::= <cursor 选项1>|<cursor 选项2>|<cursor 选项3>|<cursor 选项4>
<cursor 选项1> ::= <IS | FOR>{<查询表达式>|<连接表>}
<cursor 选项2> ::= <IS | FOR> TABLE <表名>
<cursor 选项3> ::= (<参数声明>{,<参数声明>}) IS <查询表达式>
<cursor 选项4> ::= [(<参数声明>{,<参数声明>})]RETURN<DMSQL 数据类型> IS <查询表达式>
<参数声明> ::= <参数名>[IN]<参数类型>[ DEFAULT |:= <默认值> ]
<DMSQL 数据类型> ::= <普通数据类型>
                  | <变量名> %TYPE
                  | <表名> %ROWTYPE
                  | CURSOR
                  | REF <游标名>
```

语法中的"FAST"指定游标是否为快速游标,默认为 NO FAST,即普通游标。快速游标可以提前返回结果集,速度上提升明显,但是存在以下使用约束。
- FAST 属性只在显式游标中得到支持。
- 在使用快速游标的 DMSQL 程序语句块中,不能修改快速游标涉及的表。这点需要用户自己保证,否则可能导致结果不正确。
- 不支持游标更新和删除。
- 不支持 NEXT 以外的 FETCH 方向。
- 不支持快速游标作为函数返回值。
- MPP 环境下不支持对快速游标进行 FETCH 操作。

必须先定义一个游标，之后才能在别的语句中使用它。在定义显式游标时，指定游标名和与其关联的查询语句，可以指定游标的返回类型，也可以指定关联的查询语句中的 WHERE 子句使用的参数。

（2）打开显式游标

打开一个显式游标的语法如下。

```
OPEN <游标名>;
```

指定打开的游标必须是已定义的游标，此时系统执行这个游标所关联的查询语句，获得结果集，并将游标定位到结果集的第一行之前。当再次打开一个已打开的游标时，游标会被重新初始化，游标属性数据可能会发生变化。

（3）拨动游标

拨动游标的语法如下。

```
FETCH [<fetch 选项> [FROM]] <游标名> [ [BULK COLLECT] INTO <主变量名>{,<主变量名>} ] [LIMIT <rows>];
    <fetch 选项> ::= NEXT|PRIOR|FIRST|LAST|ABSOLUTE n|RELATIVE n
```

注意，被拨动的游标必须是已打开的游标。

<fetch 选项>表示将游标移动到结果集的某个位置。其主要参数说明如下。

① NEXT：游标下移一行。

② PRIOR：游标前移一行。

③ FIRST：游标移动到第一行。

④ LAST：游标移动到最后一行。

⑤ ABSOLUTE n：游标移动到第 n 行。

⑥ RELATIVE n：游标移动到当前指示行后的第 n 行。

FETCH 语句每次只获取一条记录，除非指定了"BULK COLLECT"。若不指定 fetch 选项，则第一次执行 FETCH 语句时，游标下移，指向结果集的第一行，以后每执行一次 FETCH 语句，游标均顺序下移一行，使这一行成为当前行。

INTO 子句中的变量个数、类型必须与游标关联的查询语句中各 SELECT 项的个数、类型一一对应。典型的使用方式是在 LOOP 循环中使用 FETCH 语句将每一条记录数据赋给变量，并进行处理，使用%FOUND 或%NOTFOUND 来判断是否处理完数据并退出循环。

使用 FETCH...BULK COLLECT INTO 可以将查询结果批量地、一次性地赋给集合变量。FETCH...BULK COLLECT INTO 和 LIMIT rows 配合使用，可以限制每次获取数据的行数。

BULK COLLECT 可以和 SELECT INTO、FETCH INTO、RETURNING INTO 一起使用，BULK COLLECT 之后 INTO 的变量必须是集合类型。

（4）关闭游标

关闭游标的语法如下。

```
CLOSE <游标名>;
```

游标在使用完后应及时关闭，以释放它所占用的内存空间。当游标关闭后，不能再从游标中获取数据，否则将报错。如果需要，可以再次打开游标。

前面介绍了隐式游标的属性，同样，显式游标也有%FOUND、%NOTFOUND、%ISOPEN 和%ROWCOUNT 四个属性，但这些属性的意义与隐式游标的属性有一些区别。

■ %FOUND：如果游标未打开，则会产生一个异常，否则，在第一次拨动游标之前，其值为 NULL。如果最近一次拨动游标时取到了数据,则其值为 TRUE,否则为 FALSE。
- **%NOTFOUND**:如果游标未打开,则会产生一个异常,否则,在第一次拨动游标之前,其值为 NULL。如果最近一次拨动游标时取到了数据,则其值为 FALSE,否则为 TRUE。
- **%ISOPEN**:游标打开时为 TRUE,否则为 FALSE。
- **%ROWCOUNT**:如果游标未打开,则会产生一个异常。如果游标已打开,则在第一次拨动游标之前其值为 0,否则为最近一次拨动后已经取到的元组数。

6.7.2 动态游标

与静态游标不同,动态游标在声明部分只是先声明一个游标类型的变量,并不指定其关联的查询语句,在执行部分打开游标时才指定查询语句。动态游标主要是在定义和打开时与显式游标不同,下面进行详细介绍,拨动游标与关闭游标可参考静态游标中的介绍。

1. 定义动态游标

定义动态游标的语法如下。

```
CURSOR <游标名>;
```

2. 打开动态游标

打开动态游标的语法如下。

```
OPEN <游标名><for 表达式>;
<for 表达式>::=<for_item1>|<for_item2>
<for_item1>::= FOR <查询表达式>
<for_item2>::= FOR <表达式>[USING <绑定参数>{,<绑定参数>}]
```

动态游标在打开时通过 FOR 子句指定与其关联的查询语句。动态游标关联的查询语句还可以带有参数,参数以 "?" 指定,同时在打开游标语句中使用 USING 子句指定参数,且参数的个数和类型与语句中的 "?" 必须一一匹配。

6.7.3 游标变量(引用游标)

游标变量不是真正的游标对象,而是指向游标对象的一个指针,因此是一种引用类型,也可以称为引用游标。定义游标变量的语法如下。

```
<游标变量名>CURSOR[:= <源游标名>];
    或
TYPE <类型名> IS REF CURSOR [RETURN <DMSQL 数据类型>];
<游标变量名><类型名>;
```

如果定义引用游标的时候没有赋值,则可以在执行部分中对它赋值。此时引用游标可以继承所有源游标的属性。如果源游标已经打开,则此引用游标也已经打开,引用游标指向的位置和源游标也是完全一样的。还可以像使用动态游标一样,在打开引用游标时为其动态关联一条查询语句。

引用游标有以下几个特点。
- 引用游标不局限于一个查询,可以为一个查询声明或者打开一个引用游标,然后对其结果集进行处理,之后这个引用游标又可以为其他的查询打开。
- 可以对引用游标进行赋值。
- 可以像用一个变量一样在一个表达式中使用引用游标。
- 引用游标可以作为一个子程序的参数。

- 可以使用引用游标在 DMSQL 程序的不同子程序中传递结果集。

6.7.4 使用游标 FOR 循环

游标通常与循环联合使用，以遍历结果集数据。实际上，DMSQL 程序还提供了一种将两者综合在一起的语句，即游标 FOR 循环语句。游标 FOR 循环自动使用 FOR 循环依次读取结果集中的数据。当 FOR 循环开始时，游标会自动打开（不需要使用 OPEN 方法）；每循环一次，系统自动读取游标当前行的数据（不需要使用 FETCH）；当数据遍历完毕退出 FOR 循环时，游标会被自动关闭（不需要使用 CLOSE），从而大大降低了应用程序的复杂度。

1. 隐式游标 FOR 循环

隐式游标 FOR 循环的语法如下。

```
FOR <cursor_record> IN (<查询语句>)
LOOP
    <执行部分>
END LOOP;
```

其中，<cursor_record>是一个记录类型的变量。它是 DMSQL 程序根据 SQL 查询语句结果的%ROWTYPE 类型隐式声明出来的，不需要显式声明。也不能显式声明一个与<cursor_record>同名的记录，因为会导致逻辑错误。FOR 循环不断地将行数据读入变量<cursor_record>中，在循环中也可以存取<cursor_record>中的字段。

2. 显式游标 FOR 循环

显式游标 FOR 循环的语法如下。

```
FOR <cursor_record> IN (<游标名>)
LOOP
    <执行部分>
END LOOP;
```

显式游标 FOR 循环的语法和使用方式与隐式游标 FOR 循环非常相似，只是关键字"IN"后不指定查询语句，而是指定显式游标名，<cursor_record>则为<游标名>对应%ROWTYPE 类型的变量。

【任务考评】

考评点	完成情况	评价简述
了解静态游标的概念	□完成 □未完成	
了解动态游标的概念	□完成 □未完成	
了解游标变量的概念	□完成 □未完成	
了解游标 FOR 循环的使用	□完成 □未完成	

任务 6.8 项目总结

【项目实施小结】

通过本项目的实施，项目参与人员能够对常见的数据类型与操作符、常用的系统函数、存储过程、存储函数、触发器、DMSQL 程序中的控制结构和游标有一定的了解，形成自己的知识储备，并且能够了解存储过程、存储函数、触发器的管理过程，掌握 DMSQL 程序中控制结构的使用方法，有利于后续项目的实施。

【对接产业技能】

1. 根据客户需求编写相应的存储过程
2. 根据客户需求编写相应的函数
3. 根据客户需求编写相应的触发器
4. 解答客户在 DMSQL 程序设计中遇到的问题

任务 6.9 项目评价

项目评价表		项目名称		项目承接人	组号		
		数据库程序设计					
项目开始时间		项目结束时间		小组成员			
评分项目			配分	评分细则	自评得分	小组评价	教师评价
项目实施情况（20分）	纪律情况（5分）	项目实施准备	1	准备书、本、笔、设备等			
		积极思考、回答问题	2	视情况得分			
		跟随教师进度	2	视情况得分			
		遵守课堂纪律	0	按规章制度扣分（0~100分）			
	考勤（5分）	迟到、早退	5	迟到、早退每项扣2.5分			
		缺勤	0	根据情况扣分（0~100分）			
	职业道德（5分）	遵守规范	3	根据实际情况评分			
		认真钻研	2	依据实施情况及思考情况评分			
	职业能力（5分）	总结能力	3	按总结完整性及清晰度评分			
		举一反三	2	根据实际情况评分			
核心任务完成情况评价（60分）	数据库知识准备（40分）	掌握数据类型与操作符	1	掌握%TYPE和%ROWTYPE类型数据的使用			
			1	掌握记录类型数据的使用			
			1	掌握数组类型数据的使用			
			1	掌握集合类型数据的使用			
			1	掌握常见操作符的使用			
		掌握常用的系统函数	1	掌握常见的数值函数的概念和使用方法			
			1	掌握常见的字符串函数的概念和使用方法			
			1	掌握常见的日期时间函数的概念和使用方法			
			1	掌握常见的空值判断函数的概念和使用方法			
			1	掌握常见的类型转换函数的概念和使用方法			
		存储过程的定义及管理	2	理解存储过程的定义方法			
			2	掌握存储过程的调用方法			
			1	了解存储过程的删除方法			
		存储函数的定义及管理	2	理解存储函数的定义方法			
			2	掌握存储函数的调用方法			
			1	了解存储函数的删除方法			
		触发器设置及管理	1	了解触发器的使用			

（续）

项目评价表	项目名称		项目承接人		组号		
	数据库程序设计						
项目开始时间		项目结束时间		小组成员			
评分项目			配分	评分细则	自评得分	小组评价	教师评价
核心任务完成情况评价（60分）	数据库知识准备（40分）	触发器设置及管理	2	了解表级触发器的设置与管理			
			1	了解事件触发器的设置与管理			
			1	了解时间触发器的设置与管理			
		掌握DMSQL程序中的控制结构	2	掌握DMSQL程序中的语句块			
			2	掌握DMSQL程序中的分支结构			
			3	掌握DMSQL程序中的循环控制结构			
			2	掌握DMSQL程序中的顺序结构			
			1	掌握DMSQL程序中的其他语句			
		游标的使用	1	了解静态游标的概念			
			1	了解动态游标的概念			
			1	了解游标变量的概念			
			2	了解游标FOR循环的使用			
	综合素养（20分）	语言表达	5	讨论、总结过程中的表达能力			
		问题分析	5	问题分析情况			
		团队协作	5	实施过程中的团队协作情况			
		工匠精神	5	敬业、精益、专注、创新等			
拓展训练（20分）	实践或讨论（20分）	完成情况	10	实践或讨论任务完成情况			
		收获体会	10	项目完成后收获及总结情况			
总分							
综合得分（自评20%，小组评价30%，教师评价50%）							
组长签字：				教师签字：			

任务 6.10 项目拓展训练

【基本技能训练】

一、填空题

1．DMSQL 程序提供的_____可以将变量与表列的类型进行绑定；_____将返回一个基于表定义的运算类型，它将一个记录声明为具有相同类型的数据库行。

2．记录类型是指由单行多列的标量类型构成的复合类型，在 DMSQL 程序中使用记录时，需要先定义一个_____类型。

3．DMSQL 程序支持数组数据类型，包括_____和_____。_____可以根据程序需要重新指定大小，其内存空间是从堆（Heap）上分配（即动态分配）的，通过执行代码而为其分配存储空间，并由 DM 自动释放内存；_____是在声明时就已经确定了数组大小的数组，其长度是预先定义好的，在整个程序中，一旦给定大小，就无法改变。

4．"索引数据类型"是索引表中元素索引的数据类型，DM 目前仅支持_____和_____两种类型，分别代表_____和_____。

5. 可以使用语法新创建一个存储过程的用户包括_____和_____。
6. 调用存储过程可以通过_____语句，调用存储函数可以通过_____和_____语句。
7. _____定义为当某些与数据库有关的事件发生时，数据库应该采取的操作。
8. _____是 DMSQL 程序的基本单元，其中_____是必需的，声明和_____可以省略。
9. _____将控制权交给带有标号名的语句或语句块。标号名的定义在一个语句块中必须是唯一的，且必须指向一条可执行语句或语句块。
10. _____是只读游标，它总是按照打开游标时的原样显示结果集，在编译时就能确定_____使用的查询。

二、选择题
1.（　　）在定义时由用户指定一个最大容量，其元素索引是从 1 开始的有序数字。
　　A．VARCHAR　　　　B．VARRAY　　　　C．索引表类型　　　D．嵌套表类型
2. 在比较操作符中，验证值是否在范围内的操作符为（　　）。
　　A．IS NULL　　　　B．LIKE　　　　　C．BETWEEN　　　　D．IN
3. 下列操作符中，（　　）表示在两个条件中可以只满足一个条件。
　　A．AND　　　　　　B．BETWEEN　　　C．NOT　　　　　　D．OR
4. 下列语句中，（　　）是数据操纵语句。
　　A．OPEN　　　　　 B．SELECT　　　　C．FETCH　　　　　D．DELETE
5．用户可使用触发器定义语句（CREATE TRIGGER）在数据库全局对象上创建（　　）。
　　A．时间触发器　　　B．事件触发器　　C．表级触发器　　　D．列级触发器
6. DMSQL 程序支持的循环语句中，（　　）循环检测一个条件表达式，当表达式的值为 TRUE 时，执行循环体的语句序列。
　　A．WHILE 语句　　 B．LOOP 语句　　 C．REPEAT 语句　　D．FOR 语句
7. 除管道表函数以外，函数的执行必须以（　　）结束。
　　A．PRINT 语句　　　　　　　　　　　 B．NULL 语句
　　C．EXIT 语句　　　　　　　　　　　　D．RETURN 语句
8. 对于隐式静态游标，（　　）属性用于判断语句是否未能成功修改或查询到记录。
　　A．%FOUND　　　　　　　　　　　　 B．%NOTFOUND
　　C．%ISOPEN　　　　　　　　　　　　 D．%ROWCOUNT
9. 对于显式静态游标，如果游标未打开（　　）属性，则不会产生一个异常。
　　A．%FOUND　　　　　　　　　　　　 B．%NOTFOUND
　　C．%ISOPEN　　　　　　　　　　　　 D．%ROWCOUNT
10. 如果定义游标变量时没有赋值，则可以在（　　）对其进行赋值。
　　A．<数据类型>　　　B．执行部分　　　C．<表达式>　　　　D．<fetch 选项>

【综合技能训练】
1. 参考本书，在已经建立好的数据库中，用简单的例子实现常用的系统函数，掌握常见系统函数的用法，记录输入与输出的结果。
2. 在已经建立好的模式下，建立与管理存储过程和存储函数，并进行相应的调用，记录代码、输入及输出。
3. 在已经建立好的数据库中举出有关控制结构的简单例子，记录代码、输入及输出。

项目 7 数据库安全管理

【项目导入】

随着云计算、物联网、大数据等新一代信息技术的发展，从国家到企业，再到个人，都更加重视数据资产的价值。能够为企业带来未来经济利益的数据资源已经成为企业的数字资产。所以数据安全、数据库安全也越来越受到各方的重视。数据库的安全包含两层含义：系统运行安全和信息安全。数据库的安全性，包括物理和逻辑数据库的完整性、元素的安全性、可审核性、访问控制和用户认证等。在日常的工作中，同事们经常会讨论如何保证数据安全。随着实践的深入，小达逐渐意识到数据安全的重要性。他打算通过数据库用户、角色、权限、审计等管理任务的实施，来提升自己对数据库安全管理的理解。

学习目标

知识目标	技能目标	素养目标
1. 理解数据库的用户概念	1. 掌握用户的管理	1. 培养良好的职业素养
2. 理解数据库中的权限	2. 掌握角色的管理	2. 树立信息数据安全保护意识
3. 了解数据库权限和对象权限	3. 掌握权限配置管理	3. 强化责任意识和担当
4. 理解数据库中的角色	4. 掌握审计配置	
5. 了解数据库审计管理	5. 了解审计级别设置	

任务 7.1 用户管理

【任务描述】

数据库系统一般是一个多用户系统，拥有多个不同类型的用户，如管理员、开发人员、最终用户等。在 DM 数据库中，用户管理的安全机制形成了用户之间的制约和监督，从而在一定程度上提升了数据库的安全性。

【任务分析】

用户的创建、修改、删除是用户管理的基本操作，也是用户管理的基础。在理解 DM 数据库用户管理安全机制的基础上，还需要掌握用户管理的基本操作。

【任务实施】

7.1.1 数据库的用户管理

在现实应用中，一个系统一般不会只由一个人使用，而是由多人共同使用。在多人使用的场景下，通常会分为多类使用人群，如数据管理人员、开发人员、某系统负责人、一般用户等。如果将所有的权利都赋予某个人，而不加以监督和控制，势必会产生权利滥用的风险。从数据库安全角度出发，一个大型的数据库系统有必要将数据库系统的权限分配给不同的用户和角色来管理，并且各自偏重于不同的工作职责，使之能够互相限制和监督，从而有效保证系统的整体安全。例如在 2.1.1 节中就介绍过"三权分立"的模式。

DM 数据库采用"三权分立"或"四权分立"的安全机制，将系统中所有的权限按照类型进行划分，为每个管理员分配相应的权限，不同角色管理员之间的权限既相互制约又相互协助，从而使整个系统具有较高的安全性和较强的灵活性。

在 DM 安全版本下，可在创建 DM 数据库时通过建库参数 PRIV_FLAG 设置使用"三权分立"或"四权分立"安全机制，0 表示"三权分立"，1 表示"四权分立"（默认情况是"三权分立"模式）。

在使用"三权分立"的安全机制时，在安装过程中，DM 数据库会预设数据库管理员账号 SYSDBA、数据库安全员账号 SYSSSO 和数据库审计员账号 SYSAUDITOR，如图 7-1 所示。它们的默认口令都与用户名一致。

在使用"四权分立"的安全机制时，在"三权分立"的基础上，新增数据库对象操作员账号 SYSDBO，其默认口令为 SYSDBO。

图 7-1　DM 数据库预设用户账号

下面对各用户账号的职责进行介绍。

（1）数据库管理员（DBA）

每个数据库都至少需要一个 DBA 来管理，DBA 可能是一个团队，也可能是一个人。在不同的数据库系统中，数据库管理员的职责可能会有比较大的区别。总体而言，数据库管理员的主要职责如下。

- 评估数据库服务器所需的软、硬件运行环境。
- 安装和升级 DM 服务器。
- 数据库结构设计。
- 监控和优化数据库的性能。
- 计划和实施备份与故障恢复。

（2）数据库安全员（SSO）

有些应用对安全性有很高的要求，传统的由 DBA 一人拥有所有权限并且承担所有职责的安全机制可能无法满足企业的实际需要，此时数据库安全员和数据库审计员这两类管理用户就显得非常重要了，他们对于限制和监控数据库管理员的所有行为都起着至关重要的作用。

数据库安全员的主要职责是制定并应用安全策略，强化系统安全机制。数据库安全员账号 SYSSSO 是 DM 数据库初始化的时候就已经创建好的，可以以该用户账号登录到 DM 数据库来创建新的数据库安全员。

SYSSSO 或者新的数据库安全员都可以制定自己的安全策略，在安全策略中定义安全级别、范围和组，然后基于定义的安全级别、范围和组来创建安全标记，并将安全标记分别应用到主体（用户）和客体（各种数据库对象，如表、索引等），以便启用强制访问控制功能。

数据库安全员不能对用户数据进行增、删、改、查，也不能执行普通的 DDL 操作，如创建表、视图等。它们只负责制定安全机制，将合适的安全标记应用到主体和客体，通过这种方式可以有效地对 DBA 的权限进行限制，DBA 此后就不能直接访问添加安全标记的数据了，除非数据库安全员给 DBA 也设定了与之匹配的安全标记，DBA 的权限受到了有效的约束。数据库安全员可以创建和删除新的安全用户，并可对这些用户授予和回收安全相关的权限。

（3）数据库审计员（AUDITOR）

在 DM 数据库中，数据库审计员账号 SYSAUDITOR 的主要职责就是创建和删除其他数据库审计员，设置或取消对数据库对象和操作的审计设置，查看和分析审计记录，审计所有用户（包括管理人员）的操作是否符合规定等。如某个企业内部 DBA 非常熟悉企业内部人事管理系统的数据库设计，该系统包括员工工资表，该表记录了所有员工的工资信息。传统的 DBA 一般具有所有的权限，可以很容易修改员工工资表，从而导致企业账务错乱，产生财务风险。为了预防该问题，可以采用前面数据库安全员制定安全策略的方法，避免 DBA 或者其他数据库用户具有访问该表的权限。为了及时找到 DBA 或者其他用户的非法操作，在 DM 数据库中，还可以在系统建设初期，由数据库审计员（SYSAUDITOR 或者其他由 SYSAUDITOR 创建的数据库审计员）来设置审计策略（包括审计对象和操作），数据库审计员可以查看审计记录，及时分析并查找出违规人员。

（4）数据库对象操作员（DBO）

数据库对象操作员是"四权分立"模式下新增加的一类用户，它可以创建数据库对象，并对自己拥有的数据库对象（表、视图、存储过程、序列、包、外部链接等）具有所有的对象权限，并且可以授予与回收，但其无法管理与维护数据库对象。

7.1.2 创建用户

在 7.1.1 节中介绍了系统预设的用户及其职责。数据库系统在运行的过程中，往往需要根据实际需求创建用户，然后为用户指定适当的权限（权限的相关内容见任务 7.2）。创建用户的操作一般只能由系统预设用户 SYSDBA、SYSSSO 和 SYSAUDITOR 完成。如果普通用户需要创建用户，则必须具有 CREATE USER 的数据库权限。

创建用户时首先要确认好创建用户所涉及的内容，包括为用户指定用户名、认证模式、口令、口令策略、空间限制、只读属性以及资源限制。其中用户名是代表用户账号的标识符，长度为 1~128 个字符。用户名可以用双引号括起来，也可以不用，但如果用户名以数字开头，则必须用双引号括起来。

1. 通过 SQL 语句创建用户

在 DM 中使用 CREATE USER 语句创建用户，基本的语法格式如下。

```
CREATE USER <用户名> IDENTIFIED BY <口令> [PASSWORD_POLICY <口令策略>][<资源限制子句>][ALLOW_IP <IP 项>{,<IP 项>} ][NOT_ALLOW_IP <IP 项>{,<IP 项>}]
```

（1）口令策略

用户口令（也称密码）最长为 48 字节，创建用户语句中的 PASSWORD_POLICY 子句用来指定该用户的口令策略（也称密码策略），系统支持的口令策略如下。

- 0：无策略。
- 1：禁止与用户名相同。
- 2：口令长度不小于 9。
- 4：至少包含一个大写字母（A~Z）。
- 8：至少包含一个数字（0~9）。
- 16：至少包含一个标点符号（在英文输入法状态下，除""" 和 "空格"以外的所有符号）。

口令策略可单独应用，也可组合应用。在组合应用时，假如需要应用策略 2 和 4，设置口令策略为 2+4=6 即可。

（2）IP 地址限制

允许 IP 地址、禁止 IP 地址只在安全版本中提供。

(3) 资源限制子句

```
<资源限制子句>::= LIMIT <资源设置项>{,<资源设置项>}
<资源设置项> ::= SESSION_PER_USER <参数设置>|
    CONNECT_IDLE_TIME <参数设置>|
    CONNECT_TIME <参数设置>|
    CPU_PER_CALL <参数设置>|
    CPU_PER_SESSION <参数设置>|
    MEM_SPACE <参数设置>|
    READ_PER_CALL <参数设置>|
    READ_PER_SESSION <参数设置>|
    FAILED_LOGIN_ATTEMPTS <参数设置>|
    PASSWORD_LIFE_TIME <参数设置>|
    PASSWORD_REUSE_TIME <参数设置>|
    PASSWORD_REUSE_MAX <参数设置>|
    PASSWORD_LOCK_TIME <参数设置>|
    PASSWORD_GRACE_TIME <参数设置>
```

资源设置项的各参数设置说明见表 7-1。

表 7-1 资源设置项参数说明

资源设置项	说明	最大值	最小值	默认值
SESSION_PER_USER	在一个实例中，一个用户可以同时拥有的会话数量	32768	1	系统所能提供的最大值
CONNECT_TIME	一个会话连接、访问和操作数据库服务器的时间上限（单位：分钟）	1440（1 天）	1	无限制
CONNECT_IDLE_TIME	会话最大空闲时间（单位：分钟）	1440（1 天）	1	无限制
FAILED_LOGIN_ATTEMPTS	将引起一个账户被锁定的连续注册失败的次数	100	1	3
CPU_PER_SESSION	一个会话允许使用的 CPU 时间上限（单位：秒）	31536000（365 天）	1	无限制
CPU_PER_CALL	用户的一个请求能够使用的 CPU 时间上限（单位：秒）	86400（1 天）	1	无限制
READ_PER_SESSION	会话能够读取的总数据页数上限	2147483646	1	无限制
READ_PER_CALL	每个请求能够读取的数据页数	2147483646	1	无限制
MEM_SPACE	会话占有的私有内存空间上限（单位：MB）	2147483647	1	无限制
PASSWORD_LIFE_TIME	一个口令在其终止前可以使用的天数	365	1	无限制
PASSWORD_REUSE_TIME	一个口令在可以重新使用前必须经过的天数	365	1	无限制
PASSWORD_REUSE_MAX	一个口令在可以重新使用前必须改变的次数	32768	1	无限制
PASSWORD_LOCK_TIME	在超过 FAILED_LOGIN_ATTEMPTS 设置值时，一个账户将被锁定的分钟数	1440（1 天）	1	1
PASSWORD_GRACE_TIME	以天为单位的口令过期宽限时间，过期口令超过该期限后，禁止执行除修改口令以外的其他操作	30	1	10

【案例 7-1】 创建一个名为 FACTORY_USER 的用户，密码策略包含口令长度不小于 9、至少包含一个大写字母（A～Z）和至少包含一个数字（0～9）。

首先应注意，要以拥有 CREATE USER 权限的用户进行操作。此处使用 SYSDBA 用户进行操作。其次应注意到密码策略对应的是 2、4 和 8，故设置时将密码策略设置为 2+4+8=14。如果没有设置密码策略，则默认的密码策略是 2。在设置密码时，要满足密码策略的要求，否则无法成功创建用户，如图 7-2 所示。

图 7-2 不符合密码策略的错误提示

所以执行以下语句能够按要求创建用户。此处的密码只要符合密码策略要求，就可以根据自己的喜好进行设置。

```
CREATE USER FACTORY_USER IDENTIFIED BY FACTORY123_USER PASSWORD_POLICY 14;
```

【案例 7-2】 创建一个名为 STAFF_USER 的用户，密码策略包含禁止与用户名相同、口令长度不小于9、至少包含一个大写字母（A～Z）和至少包含一个数字（0～9）。

```
CREATE USER STAFF_USER IDENTIFIED BY STAFF123_USER PASSWORD_POLICY 15;
```

2．通过图形化工具创建用户

【案例 7-3】 通过图形化工具创建一个名为 DEPT_ADMIN 的管理用户，密码策略包含禁止与用户名相同、口令长度不小于 9、至少包含一个大写字母（A～Z）和至少包含一个标点符号，且创建用户时锁定账户。

1）首先在"对象导航"中展开"用户"文件夹，在"管理用户"文件上单击右键，弹出如图 7-3 所示的快捷菜单，接着单击"新建用户"。

2）接着在弹出的如图 7-4 所示"新建用户"窗口的"常规"选择项中输入用户名 DEPT_ADMIN，并且勾选"账户锁定"选项。

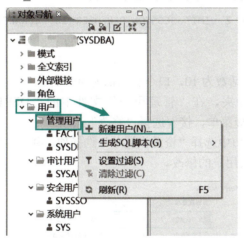

图 7-3 选择"新建用户"选项　　图 7-4 "新建用户"窗口中的用户名和账户锁定设置

3）继续在"新建用户"窗口的"密码策略"下拉菜单中选择"指定密码策略"，然后勾选相应的密码策略要求对应的选项，如图 7-5 所示，接着输入"密码"和进行"密码确认"，最后单击"确定"按钮完成用户的创建。

4）同样，如果密码不符合密码策略规则，则无法成功创建用户，如图 7-6 所示。

7.1.3 修改用户

修改用户的方法与创建用户的方法类似。

（1）通过 SQL 语句修改用户

在 DM 中使用 ALTER USER 语句修改用户，基本的语法格式如下。

```
ALTER USER <用户名> IDENTIFIED BY <口令> [PASSWORD_POLICY <口令策略>][<资源限制子句>][ALLOW_IP <IP 项>{,<IP 项>} ][NOT_ALLOW_IP <IP 项>{,<IP 项>}]
```

【案例 7-4】 修改 FACTORY_USER 的密码策略为 2，会话空闲期为无限制，最大会话数为 10。

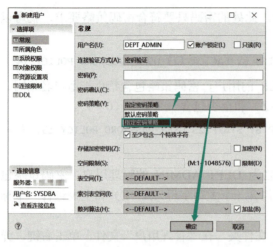

图 7-5 "新建用户"窗口中密码相关设置

图 7-6 用户创建失败窗口

此例的难点在于会话空闲期和最大会话数的设置。此处应参考资源设置项参数说明表（见表 7-1）。具体的语句如下。

```
ALTER USER FACTORY_USER PASSWORD_POLICY 2 LIMIT SESSION_PER_USER 10, CONNECT_IDLE_TIME UNLIMITED;
```

（2）通过图形化工具修改用户

【案例 7-5】 修改 DEPT_ADMIN 用户的最大会话数为 10，口令有效期为 30。

1）首先在"对象导航"中展开"用户"文件夹，在"管理用户"文件中的"DEPT_ADMIN"用户上单击右键，弹出如图 7-7 所示的快捷菜单，接着选择"修改"选项。

2）接着在如图 7-8 所示的"修改用户"弹出窗口中选择"资源设置项"选择项，并在右侧修改对应的资源设置项，最后单击"确定"按钮完成用户的修改。

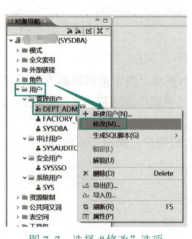

图 7-7 选择"修改"选项

图 7-8 "修改用户"弹出窗口

7.1.4 删除用户

（1）通过 SQL 语句删除用户

删除用户的基本语法如下。

```
DROP USER [IF EXISTS] <用户名> [RESTRICT | CASCADE]
```

在用户删除过程中需要注意下面几点。
- 系统自动创建的三个系统用户 SYSDBA、SYSAUDITOR 和 SYSSSO 不能被删除。
- 具有 DROP USER 权限的用户即可进行删除用户操作。
- 执行删除用户语句将导致 DM 删除数据库中该用户建立的所有对象，且不可恢复。
- 删除不存在的用户会报错。若指定 IF EXISTS 关键字，则删除不存在的用户时不会报错。
- 如果未使用 CASCADE 选项，但用户建立了数据库对象（如表、视图、过程或函数），或其他用户对象引用了该用户的对象，或在该用户的表上存在其他用户建立的视图，则 DM 将返回错误信息，而不删除此用户。
- 如果使用了 CASCADE 选项，那么，除数据库中该用户及其创建的所有对象被删除以外，如果其他用户创建的表引用了该用户表上的主关键字或唯一关键字，或者在该表上创建了视图，则 DM 还将自动删除相应的引用完整性约束及视图依赖关系。
- 正在使用中的用户可以被删除，删除后重登录或者进行操作会报错。

【案例 7-6】 删除 FACTORY_USER 用户。
```
DROP USER FACTORY_USER;
```

（2）通过图形化工具删除用户

【案例 7-7】 删除用户 DEPT_ADMIN。

1）首先在"对象导航"中展开"用户"文件夹，在"管理用户"文件中的"DEPT_ADMIN"用户上单击右键，弹出如图 7-9 所示的快捷菜单，选择"删除"选项。

2）在弹出的如图 7-10 所示的"删除对象"窗口中，单击"确定"按钮。

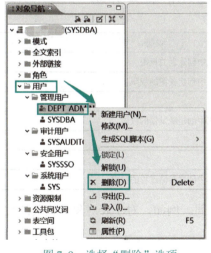

图 7-9 选择"删除"选项

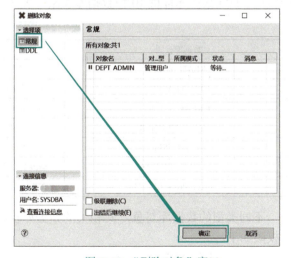

图 7-10 "删除对象"窗口

【任务考评】

考评点	完成情况	评价简述
了解 DM 用户管理策略	□完成 □未完成	
掌握创建用户方法	□完成 □未完成	
掌握修改用户方法	□完成 □未完成	
掌握删除用户方法	□完成 □未完成	

任务 7.2 理解数据库中的权限

【任务描述】

DM 数据库对用户的权限管理有着严格的规定，如果没有权限，用户将无法完成任何操作。用户权限有两类：数据库权限和对象权限。数据库权限主要是指针对数据库对象的创建、删除、修改的权限，以及对数据库备份等权限。而对象权限主要是指对数据库对象中的数据的访问权限。

【任务分析】

数据库权限一般由 SYSDBA、SYSAUDITOR 和 SYSSSO 指定，也可以由具有特权的其他用户授予。对象权限一般由数据库对象的所有者授予用户，也可由 SYSDBA 用户指定，或者由具有该对象权限的其他用户授予。要充分理解数据库权限和对象权限的区别，思考其应用场景。

【任务实施】

7.2.1 数据库权限

数据库权限是与数据库安全相关的非常重要的权限，其权限范围比对象权限更加广，因而一般被授予数据库管理员或者一些具有管理功能的角色。数据库权限和 DM 预定义角色有着紧密的联系，一些数据库权限由于权力较大，只集中在几个 DM 系统预定义角色中，且不能转授。DM 数据库提供 10 种数据库权限，表 7-2 中列出了常用的数据库权限。

7.2.1 数据库权限

表 7-2　常用的数据库权限

数据库权限	说明
CREATE TABLE	在当前用户自己的模式中创建表的权限
CREATE VIEW	在当前用户自己的模式中创建视图的权限
CREATE USER	创建用户的权限
CREATE TRIGGER	在当前用户自己的模式中创建触发器的权限
ALTER USER	修改用户的权限
ALTER DATABASE	修改数据库的权限
CREATE PROCEDURE	在当前用户自己的模式中创建存储过程的权限

不同类型的数据库对象，其相关的数据库权限也不相同。例如，对于表对象，相关的数据库权限如下：

- CREATE TABLE：创建表。
- CREATE ANY TABLE：在任意模式下创建表。
- ALTER ANY TABLE：修改任意表。
- DROP ANY TABLE：删除任意表。
- INSERT TABLE：插入表记录。
- INSERT ANY TABLE：向任意表插入记录。
- UPDATE TABLE：更新表记录。
- UPDATE ANY TABLE：更新任意表的记录。

- DELETE TABLE：删除表记录。
- DELETE ANY TABLE：删除任意表的记录。
- SELECT TABLE：查询表记录。
- SELECT ANY TABLE：查询任意表的记录。
- REFERENCES TABLE：引用表。
- REFERENCES ANY TABLE：引用任意表。
- DUMP TABLE：导出表。
- DUMP ANY TABLE：导出任意表。
- GRANT TABLE：向其他用户进行表上权限的授予。
- GRANT ANY TABLE：向其他用户进行任意表上权限的授予。

而对于存储过程对象，其相关的数据库权限如下。
- CREATE PROCEDURE：创建存储过程。
- CREATE ANY PROCEDURE：在任意模式下创建存储过程。
- DROP PROCEDURE：删除存储过程。
- DROP ANY PROCEDURE：删除任意存储过程。
- EXECUTE PROCEDURE：执行存储过程。
- EXECUTE ANY PROCEDURE：执行任意存储过程。
- GRANT PROCEDURE：向其他用户进行存储过程上权限的授予。
- GRANT ANY PROCEDURE：向其他用户进行任意存储过程上权限的授予。

需要说明的是，表、视图、触发器、存储过程等对象为模式对象，在默认情况下对这些对象的操作都是在当前用户自己的模式下进行的。如果要在其他用户的模式下操作这些类型的对象，则需要具有相应的 ANY 权限。例如，要能够在其他用户的模式下创建表，当前用户必须具有 CREATE ANY TABLE 的数据库权限，如果希望能够在其他用户的模式下删除表，则必须具有 DROP ANY TABLE 的数据库权限。

7.2.2 对象权限

对象权限主要是对数据库对象中的数据的访问权限，主要授予需要对某个数据库对象的数据进行操纵的数据库普通用户。表 7-3 列出了常用的对象权限。

7.2.2 对象权限

表 7-3 常用的对象权限

数据库对象类型 对象权限	表	视图	存储过程	包	类	类型	序列	目录	域
SELECT	√	√					√		
INSERT	√	√							
DELETE	√	√							
UPDATE	√	√							
REFERENCES	√								
DUMP	√								
EXECUTE			√	√	√	√		√	
READ								√	
WRITE								√	
USAGE									√

SELECT、INSERT、DELETE 和 UPDATE 权限分别是针对数据库对象中的数据的查询、插入、删除和修改的权限。对于表和视图来说，删除操作是整行进行的，而查询、插入和修改却可以在一行的某个列上进行，所以在指定权限时，对于 DELETE 权限，只要指定所要访问的表就可以了，而对于 SELECT、INSERT 和 UPDATE 权限，还可以进一步指定是针对哪个列的权限。

表对象的 REFERENCES 权限是指可以与一个表建立关联关系的权限，如果具有了这个权限，当前用户就可以通过自己的一个表中的外键与对方的表建立关联。关联关系是通过主键和外键建立的，所以在授予这个权限时，可以指定表中的列，也可以不指定。

存储过程等对象的 EXECUTE 权限是指可以执行这些对象的权限。有了这个权限，一个用户就可以执行另一个用户的存储过程、包、类等。

目录对象的 READ 和 WRITE 权限分别是指可以读与写某个目录对象的权限。

域对象的 USAGE 权限是指可以使用某个域对象的权限。拥有某个域的 USAGE 权限的用户可以在定义或修改表时为表列声明使用这个域。

当一个用户获得另一个用户的某个对象的访问权限后，可以以"模式名.对象名"的形式访问这个数据库对象。一个用户所拥有的对象和可以访问的对象是不同的，这一点在数据字典视图中有所反映。在默认情况下，用户可以直接访问自己模式中的数据库对象，但是要访问其他用户所拥有的对象，就必须具有相应的对象权限。

对象权限的授予一般由对象的所有者完成，也可由 SYSDBA 或具有某对象权限且具有转授权限的用户完成，但最好由对象的所有者完成。

【任务考评】

考评点	完成情况	评价简述
理解数据库权限	□完成　□未完成	
理解对象权限	□完成　□未完成	

任务 7.3　角色管理

【任务描述】

在大型数据库系统的管理中，单纯基于用户进行权限管理，重复授权的工作量太大且不便于管理。角色管理是对权限集合的管理，能够根据用户的类别很好地对权限进行汇总、分类和管理。本任务的目标是理解角色管理的概念以及掌握其具体操作。

【任务分析】

首先要结合 DM 用户安全机制充分理解角色管理的基本概念和原理。其次要掌握角色创建以及角色的权限管理，同时思考角色权限变更对于用户权限变化的好处。最后要掌握角色的启用与禁用。

【任务实施】

7.3.1　理解角色

前面介绍过用户的创建和权限的相关内容。用户在数据库中操作需要获得相应的权限。在一个大型数据库项目中，涉及的数据库对象和数据往往非常多，需要多名用户共同管理。而且，应该根据管理需求赋予这些管理用户不同的权限，管理的范围也可能会变化。在这种情况下,每次创建用户并授予权限或者修改用户权限时需要仔细选择权限,非常耗时且易出错。角色可以较好地解决这类问题。

角色是一组权限的组合,使用角色的目的是使权限管理更加方便。在解决前述的权限管理问题时,把某一类权限,如职工相关所有表的增、改、查权限,事先放在一起,然后作为一个整体授予某一类用户。那么每个用户只需要一次授权,授权的次数将大大减少,而且用户数越多,需要指定的权限越多,这种授权方式的优越性就越明显。如果需要给该类用户增加职工相关所有表的删除权限,则只需要对该类角色进行一次修改,避免了对所有用户权限的逐一修改。

这些事先组合在一起的一组权限就是角色,角色中的权限既可以是数据库权限,也可以是对象权限,还可以是别的角色。为了使用角色,首先在数据库中创建一个角色,这时角色中没有任何权限;然后向角色中添加权限;最后将这个角色授予用户,这个用户就具有了角色中的所有权限。在使用角色的过程中,可以随时向角色中添加权限,也可以随时从角色中删除权限,用户的权限也会随之改变。如果要回收所有权限,则只需要将角色从用户回收。

在 DM 数据库中有两类角色,一类是 DM 预定义角色,另一类是用户自定义的角色。DM 提供了一系列的预定义角色以帮助用户进行数据库权限的管理。预定义角色在数据库创建之后即存在,并且已经包含了一些权限,数据库管理员可以将这些角色直接授予用户。

前面介绍过 DM 数据库中有"三权分立"和"四权分立"机制,在不同的机制下,DM 的预定义角色及其所具有的权限是不相同的。如"三权分立"机制下常见的系统角色及其简单介绍见表 7-4。

表 7-4 "三权分立"机制下常见系统角色简介

角色名称	角色简单说明
DBA	DM 数据库系统中对象与数据操作的最高权限集合,拥有构建数据库的全部特权,只有 DBA 才可以创建数据库结构
RESOURCE	可以创建数据库对象,对有权限的数据库对象进行数据操纵,不可以创建数据库结构
PUBLIC	不可以创建数据库对象,只能对有权限的数据库对象进行数据操纵
VTI	具有系统动态视图的查询权限,VTI 默认授权给 DBA 且可转授
SOI	具有系统表的查询权限
DB_AUDIT_ADMIN	数据库审计的最高权限集合,可以对数据库进行各种审计操作,并创建新的审计用户
DB_AUDIT_OPER	可以对数据库进行各种审计操作,但不能创建新的审计用户
DB_AUDIT_PUBLIC	不能进行审计设置,但可以查询审计相关字典表
DB_AUDIT_VTI	具有系统动态视图的查询权限,DB_AUDIT_VTI 默认授权给 DB_AUDIT_ADMIN 且可转授
DB_AUDIT_SOI	具有系统表的查询权限
DB_POLICY_ADMIN	数据库强制访问控制的最高权限集合,可以对数据库进行强制访问控制管理,并创建新的安全管理用户
DB_POLICY_OPER	可以对数据库进行强制访问控制管理,但不能创建新的安全管理用户
DB_POLICY_PUBLIC	不能进行强制访问控制管理,但可以查询强制访问控制相关字典表
DB_POLICY_VTI	具有系统动态视图的查询权限,DB_POLICY_VTI 默认授权给 DB_POLICY_ADMIN 且可转授
DB_POLICY_SOI	具有系统表的查询权限

"三权分立"安全机制将用户分为三种类型,每种类型又各对应五种预定义角色。

- DBA 类型对应角色:DBA、RESOURCE、PUBLIC、VTI、SOI 预定义角色。
- AUDITOR 类型对应角色:DB_AUDIT_ADMIN、DB_AUDIT_OPER、DB_AUDIT_PUBLIC、DB_AUDIT_VTI、DB_AUDIT_SOI 预定义角色。
- SSO 类型对应角色:DB_POLICY_ADMIN、DB_POLICY_OPER、DB_POLICY_

PUBLIC、DB_POLICY_VTI、DB_POLICY_SOI 预定义角色。

初始时仅有管理员具有创建用户的权限，每种类型的管理员创建的用户默认就拥有这种类型的 PUBLIC 和 SOI 预定义角色，如 SYSAUDITOR 新创建的用户默认就具有 DB_AUDIT_PUBLIC 和 DB_AUDIT_SOI 角色。之后管理员可根据需要进一步授予新建用户其他预定义角色。

管理员也可以将"CREATE USER"权限转授给其他用户，这些用户之后就可以创建新的用户了，而且创建的新用户默认具有与其创建者相同类型的 PUBLIC 和 SOI 预定义角色。

7.3.2 角色的创建与删除

1．创建角色

具有"CREATE ROLE"数据库权限的用户可以创建新的角色。

创建角色的 SQL 语法如下。

```
CREATE ROLE <角色名>;
```

在创建角色过程中应注意下面几点。
- 角色名的长度不能超过 128 个字符。
- 角色名不允许和系统已存在的用户名重名。
- 角色名不允许是 DM 保留字。

【案例 7-8】 使用 SQL 创建一个 STAFF_DBA 角色和一个 STAFF_DBA0 角色。

```
CREATE ROLE STAFF_DBA;
CREATE ROLE STAFF_DBA0;
```

【案例 7-9】 使用图形化工具创建一个 STAFF_DBA1 角色。

1）首先在"对象导航"的"角色"上单击右键，如图 7-11 所示，接着单击弹出的快捷菜单中的"新建角色"选项。

2）在如图 7-12 所示弹出的"新建角色"窗口的"常规"选择项的界面中输入"角色名"，然后单击"确定"按钮完成创建。注意，这里的"所属角色"可以授予该角色一些设定好的角色权限，由于本案例未做要求，因此此处不勾选。

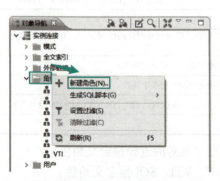

图 7-11 选择"新建角色"选项

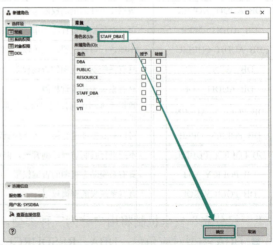

图 7-12 "新建角色"窗口

2．删除角色

具有"DROP ROLE"权限的用户可以删除角色。

项目 7　数据库安全管理

删除角色的 SQL 语法如下。

```
DROP ROLE [IF EXISTS] <角色名>;
```

即使已将角色授予其他用户，删除这个角色的操作也将成功。此时，那些之前被授予该角色的用户将不再具有这个角色所拥有的权限，除非用户通过其他途径也获得了这个角色所具有的权限。在指定 IF EXISTS 关键字后，删除不存在的角色时不会报错，否则会报错。

【案例 7-10】　使用 SQL 删除 STAFF_DBA0 角色，然后使用 SQL 再次删除 STAFF_DBA0 角色（分别指定和不指定 IF EXISTS 关键字）。

```
DROP ROLE STAFF_DBA0;
DROP ROLE STAFF_DBA0;
DROP ROLE IF EXISTS STAFF_DBA0;
```

其中，第一条语句删除角色，第二条语句删除一个不存在的角色并报错，第三条语句删除一个不存在的角色但并未报错，执行结果如图 7-13 所示。

【案例 7-11】　使用图形化工具删除 STAFF_DBA1 角色。

1) 首先展开"对象导航"中的"角色"，然后在 STAFF_DBA1 上单击右键，如图 7-14 所示，接着单击弹出的快捷菜单中的"删除"选项。

2) 在弹出的"删除对象"窗口中，单击"确定"按钮，如图 7-15 所示。

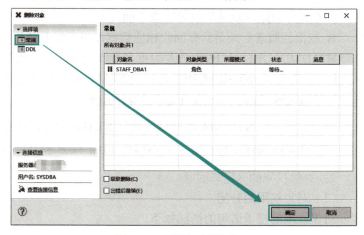

图 7-13　删除角色及 IF EXISTS 关键字的使用

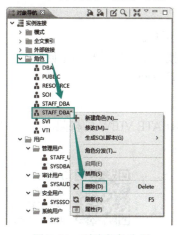

图 7-14　删除角色选项　　　　　　　　　图 7-15　"删除对象"窗口

7.3.3　角色及权限管理

1. 数据库权限的分配与回收

前面的章节已针对用户和角色的创建操作进行了实践，下面了解对用户和角色的权限的分配与回收管理。

（1）数据库权限的分配

可以通过 GRANT 语句将权限（包括数据库权限、对象权限以及角色权限）分配给用户和角色，之后也可以将授出的权限再进行回收。还可以使用 GRANT 语句授予用户和角色数据库权限。

数据库权限的授予语句的语法如下。

7.3.3 角色及权限管理-数据库权限的分配与回收

```
GRANT <数据库权限>{,<数据库权限>} TO <用户或角色>{,<用户或角色>} [WITH ADMIN OPTION];
```

<用户或角色>::=<用户名>|<角色名>

在数据库权限授予过程中应注意下面几点。
- 授权者必须具有对应的数据库权限及其转授权。
- 接受者与授权者的用户类型必须一致。
- 如果有 WITH ADMIN OPTION 选项，则接受者可以再把这些权限转授给其他用户或者角色。

【案例 7-12】系统管理员 SYSDBA 把建表和建视图的权限授给用户 STAFF_USER，并允许其转授。

```
GRANT CREATE TABLE, CREATE VIEW TO STAFF_USER WITH ADMIN OPTION;
```

【案例 7-13】系统管理员 SYSDBA 把删除表和删除视图的权限授给角色 STAFF_DBA，但不允许其转授。

```
GRANT CREATE TABLE, CREATE VIEW TO STAFF_DBA;
```

（2）数据库权限的回收

可以使用 REVOKE 语句回收授出的指定数据库权限。

回收数据库权限语句的语法如下。

```
REVOKE [ADMIN OPTION FOR]<数据库权限>{,<数据库权限>} FROM <用户或角色>{,<用户或角色>};
```

在数据库权限回收过程中应注意下面几点。
- 权限回收者必须是具有回收相应数据库权限以及转授权的用户。
- ADMIN OPTION FOR 选项的意义是取消用户或角色的转授权限，但是权限不回收。

【案例 7-14】SYSDBA 用户把用户 STAFF_USER 的建表权限收回。

```
REVOKE CREATE TABLE FROM STAFF_USER;
```

【案例 7-15】SYSDBA 用户回收允许 STAFF_USER 转授 CREATE VIEW 的权限。

```
REVOKE ADMIN OPTION FOR CREATE VIEW FROM STAFF_USER;
```

2. 对象权限的分配与回收

7.3.3 角色及权限管理-对象权限的分配与回收

（1）对象权限的分配

对象权限的授予语句的语法如下。

```
GRANT <授权> ON [<对象类型>] <对象> TO <用户或角色>{,<用户或角色>} [WITH GRANT OPTION];
```

相关子句语法说明如下。

```
<授权>::= ALL [PRIVILEGES] | <动作> {,<动作>}
<动作>::= SELECT[(<列清单>)] |
INSERT[(<列清单>)] |
UPDATE[(<列清单>)] |
DELETE |
REFERENCES[(<列清单>)] |
EXECUTE |
READ |
WRITE |
```

项目 7　数据库安全管理

```
USAGE
<列清单>::= <列名> {,<列名>}
<对象类型>::= TABLE | VIEW | PROCEDURE
<对象>::= [<模式名>.]<对象名>
<对象名>::= <表名> | <视图名> | <存储过程/函数名>
<用户或角色>::= <用户名> | <角色名>
```

在对象权限授予过程中应注意下面几点。
- 授权者必须是具有对应对象权限及其转授权的用户。
- 如果未指定对象的<模式名>，则模式为授权者所在的模式。
- 如果设定了对象类型，则该类型必须与对象的实际类型一致，否则会报错。
- 带 WITH GRANT OPTION 授予权限给用户时，接受权限的用户可转授此权限。
- 不带列清单授权时，如果对象上存在同类型的列权限，则会全部自动合并。
- 对于用户所在的模式的表，用户具有所有权限而不需特别指定。
- 当授权语句中使用 ALL PRIVILEGES 时，会将指定的数据库对象上所有的对象权限都授予被授权者。

【案例 7-16】　SYSDBA 用户把 SCH_FACTORY.STAFF 表的全部权限授给用户 STAFF_USER。

```
GRANT ALL PRIVILEGES ON SCH_FACTORY.STAFF TO STAFF_USER;
```

【案例 7-17】　SYSDBA 用户使用图形化工具，将 STAFF_USER 对 SCH_FACTORY.STAFF 表的权限设置为拥有 SELECT、INSERT、UPDATE 权限。

1）首先在"对象导航"中展开"用户"文件夹，在"管理用户"中的 STAFF_USER 上单击右键，弹出如图 7-16 所示的快捷菜单，接着选择"修改"选项。

2）在弹出的如图 7-17 所示的"修改用户"窗口中，依次选择"对象权限"选择项、"SCH_FACTORY"模式、"STAFF"表，然后在右侧分别勾选"SELECT""INSERT""UPDATE"权限，最后单击"确定"按钮。

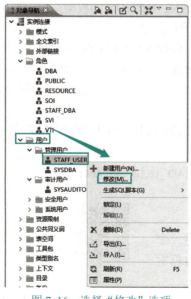

图 7-16　选择"修改"选项

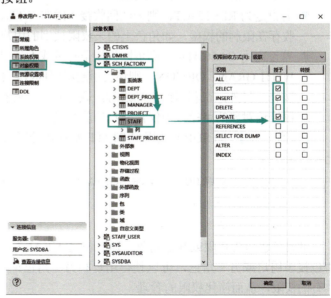

图 7-17　修改用户对象权限窗口

（2）对象权限的回收

对象权限的回收语句的语法如下。

```
REVOKE [GRANT OPTION FOR] <权限> ON [<对象类型>]<对象> FROM <用户或角色> {,<用户或
角色>} [<回收选项>];
```

相关子句语法说明如下。

```
<权限>::= ALL [PRIVILEGES] | <动作> {,<动作>}
<动作>::= SELECT |
         INSERT |
         UPDATE |
         DELETE |
         REFERENCES |
         EXECUTE |
         READ |
         WRITE |
         USAGE
<对象类型>::= TABLE | VIEW | PROCEDURE
<对象>::= [<模式名>.]<对象名>
<对象名>::= <表名> | <视图名> | <存储过程/函数名>
<用户或角色>::= <用户名> | <角色名>
<回收选项>::= RESTRICT | CASCADE
```

在对象权限回收过程中应注意下面几点。

1）权限回收者必须是具有回收相应对象权限以及转授权的用户。

2）回收时不能带列清单。若对象上存在同类型的列权限，则一并被回收。

3）使用 GRANT OPTION FOR 选项的目的是回收用户或角色权限转授的权利，而不回收用户或角色的权限；并且 GRANT OPTION FOR 选项不能和 RESTRICT 一起使用，否则会报错。

4）在回收权限时，设定不同的回收选项，其意义不同，具体说明如下。

- 若不设定回收选项，则无法回收授予时带 WITH GRANT OPTION 的权限，但也不会检查要回收的权限是否存在限制。
- 若设定为 RESTRICT，则无法回收授予时带 WITH GRANT OPTION 的权限，也无法回收存在限制的权限，如角色上的某权限被别的用户用于创建视图等。
- 若设定为 CASCADE，则可回收授予时带或不带 WITH GRANT OPTION 的权限，若带 WITH GRANT OPTION，则还会引起级联回收。利用此选项，也不会检查权限是否存在限制。另外，在利用此选项进行级联回收时，若被回收对象上存在另一条授予同样的权限给该对象的路径，则仅需回收当前权限。

【案例 7-18】 SYSDBA 从用户 STAFF_USER 处回收其授出的 SCH_FACTORY.STAFF 表的全部权限。

```
REVOKE ALL PRIVILEGES ON SCH_FACTORY.STAFF FROM STAFF_USER CASCADE;
```

3. 角色的授予与回收

（1）角色的授予

7.3.3
角色及权限管理-角色的授予与回收

通常角色包含权限或其他角色，通过使用 GRANT 语句将一个角色授予用户或另一角色，可以使得用户和另一角色继承该角色所具有的权限，从而简化权限的管理。

授予角色权限的语句的语法如下。

```
GRANT <角色名>{,<角色名>} TO <用户名或角色名>{,<用户或角色名>} [WITH ADMIN
OPTION];
```

用户名或角色名的语法如下。

> <用户名或角色名> ::= <用户名> | <角色名>

角色的授予过程中应注意下面几点。
- 角色的授予者必须为拥有相应角色及其转授权的用户。
- 接受者与授权者的类型必须一致（譬如不能把审计角色授予标记角色）。
- 支持角色的转授。
- 不支持角色的循环转授，如将 A 角色授予 B 角色，然后再将 B 角色授予 A 角色，是不允许的。

（2）角色的回收

可以使用 REVOKE 语句回收用户或其他角色从指定角色继承而来的权限。

回收角色权限的语句的语法如下。

> REVOKE [ADMIN OPTION FOR] <角色名>{,<角色名>} FROM <角色名或用户名>;

角色名或用户名的语法如下。

> <角色名或用户名> ::= <用户名> | <角色名>

角色的回收过程中应注意下面几点。
- 权限回收者必须是具有回收相应角色以及转授权的用户。
- 使用 GRANT OPTION FOR 选项的目的是回收用户或角色权限转授的权利，而不是回收用户或角色的权限。

7.3.4 角色的启用与禁用

在某个角色不再需要使用的时候，可以使这个角色失效，而不用删除它，等业务需求需要时再使用。此时可以使用 DM 系统过程 SP_SET_ROLE 来设置这个角色为不可用，将第二个参数置为 0，表示禁用角色。当需要启用某个角色时，同样可以通过 SP_SET_ROLE 来启用它，将第二个参数置为 1 即可。

【案例 7-19】 将角色 STAFF_DBA 禁用。

```
SP_SET_ROLE('STAFF_DBA', 0);
```

禁用角色过程中应注意下面几点。
- 只有拥有 ADMIN_ANY_ROLE 权限的用户才能启用和禁用角色，并且设置后立即生效。
- 对于包含禁用角色 A 的角色 B，角色 B 中禁用的角色 A 将无效，但是角色 B 仍有效。
- 系统预设的角色是不能设置的，如：DBA、PUBLIC、RESOURCE。

【案例 7-20】 将角色 STAFF_DBA 启用。

```
SP_SET_ROLE('STAFF_DBA', 1);
```

【任务考评】

考评点	完成情况	评价简述
理解角色	□完成 □未完成	
掌握角色的创建	□完成 □未完成	
掌握角色的删除	□完成 □未完成	
了解角色与权限管理	□完成 □未完成	
了解角色的启用与禁用	□完成 □未完成	

任务 7.4 审计管理

【任务描述】

数据库审计是数据库安全管理的一个重要手段。通过本任务，可理解审计基本概念、掌握 DM 数据库审计基本配置、掌握审计级别配置，以达到树立数据库审计基本意识的目的。通过审计实时侵害检测、审计信息审阅的实施，达到提升数据库审计基本能力的目的。

【任务分析】

在本任务中，要了解审计的基本概念和打开审计开关的方法；要理解各审计级别的作用范围及掌握审计级别的设置，能够根据实际业务情况选择合适的审计级别；还应了解审计实时侵害检测和审计信息审阅的基本方法。

【任务实施】

7.4.1 审计概述

随着信息技术的快速发展，信息技术已广泛应用于社会各个领域，如金融、教育、军事、政务等。国民经济和社会发展对信息安全保障的要求不断提高，日益突出的信息安全问题不仅给社会管理带来新的挑战，也对机构和个人的信息数据安全带来威胁。在当前经济社会快速发展的重要时期，保证信息数据安全是很有必要的。数据库是数据密集保存的系统，更应该注重数据安全的防护。

前面谈到过，在 DM "三权分立"机制下设置了数据库审计员，建立了数据库审计机制。审计机制是 DM 数据库管理系统安全管理的重要组成部分。DM 数据库除了提供数据安全保护措施以外，还提供对日常事件的事后审计监督。DM 具有一个灵活的审计子系统，可以通过它来记录系统级事件、个别用户的行为以及对数据库对象的访问。通过考察、跟踪审计信息，数据库审计员可以查看用户访问的形式以及曾试图对该系统进行的操作，从而采取积极、有效的应对措施。

从前面的介绍可知，在 DM 数据库中，数据库审计员的主要职责就是创建和删除其他数据库审计员，设置或者取消对数据库对象和操作的审计策略，以及查看和分析审计记录等。在数据库系统建设初期，由数据库审计员设置审计策略（包括审计对象和操作），在需要时，数据库审计员可以查看审计记录，及时分析并查找出违规操作者。这样能够及时发现数据库中的违规操作，为改进数据库管理措施提供有力支撑，也能够威慑企图窃取或者损坏数据的违规操作者。

7.4.2 审计开关配置

1. 审计的打开及关闭

在 DM 系统中，要使用审计功能，首先要打开审计开关，只要审计功能被启用，系统级（详见 7.4.3 节）的审计记录就会产生。需要注意的是，审计开关必须由具有数据库审计员权限的管理员进行设置。

审计开关由过程 "VOID SP_SET_ENABLE_AUDIT(param int);" 控制，该过程执行完后立即生效，其中 param 有三种取值：0（关闭审计）、1（打开普通审计）和 2（打开普通审计和实时审计），默认值为 0。

审计设置存放于 DM 字典表 SYSAUDIT 中，每进行一次审计设置，就在 SYSAUDIT 中增加一条对应的记录，取消审计则删除 SYSAUDIT 中相应的记录。

2. 查看审计开关状态

数据库审计员可通过查询 V$DM_INI 动态视图来查询 ENABLE_AUDIT 的当前值。

```
SELECT * FROM V$DM_INI WHERE PARA_NAME='ENABLE_AUDIT';
```

图 7-18 是部分查询结果。

图 7-18　查看审计开关状态

【案例 7-21】 打开普通审计开关。

1) 首先，尝试使用 SYSDBA 用户打开普通审计开关。因为 SYSDBA 没有数据库审计员权限，所以执行后会发生"没有执行权限"的错误，如图 7-19 所示。

2) 接着使用 SYSAUDITOR 用户登录并执行下面的语句。

```
SP_SET_ENABLE_AUDIT (1);
```

3) 如图 7-20 所示，表示已经开启审计。

图 7-19　SYSDBA 打开普通审计时报错　　　　图 7-20　开启审计

【案例 7-22】 关闭普通审计开关。

```
SP_SET_ENABLE_AUDIT (0);
```

7.4.3　各审计级别设置

DM 允许在系统级、语句级、对象级三个级别上进行审计设置。

1) 系统级审计：系统的启动与关闭的审计，此级别的审计无法也无须由用户进行设置，只要审计开关打开，就会自动生成对应的审计记录。

2) 语句级审计：导致影响特定类型数据库对象的特殊 SQL 语句或语句组的审计。如 AUDIT TABLE 将审计 CREATE TABLE、ALTER TABLE 和 DROP TABLE 等语句。

3) 对象级审计：审计作用在特殊对象上的语句，如 STAFF 表上的 INSERT 语句、DEPT 表上的 UPDATE 语句等。

1. 语句级审计

语句级审计的动作是全局的，不会对应具体的数据库对象。

1) 设置语句级审计的系统过程如下。

```
VOID
SP_AUDIT_STMT(
    TYPE VARCHAR(30),
    USERNAME VARCHAR (128),
    WHENEVER VARCHAR (20)
)
```

其中参数包括下面几个。

① TYPE：语句级审计选项。此处的参数为表 7-5 中的第一列。

② USERNAME：用户名。NULL 表示不限制用户。
③ WHENEVER：审计时机。可选值如下。
- ALL：所有的情况，包括操作成功及失败时。
- SUCCESSFUL：操作成功时。
- FAIL：操作失败时。

表 7-5 语句级审计选项及其说明

审计选项	审计的数据库操作	说明
ALL	所有的语句级审计选项	所有可审计操作
USER	CREATE USER ALTER USER DROP USER	创建 / 修改 / 删除用户操作
ROLE	CREATE ROLE DROP ROLE	创建 / 删除角色操作
TABLESPACE	CREATE TABLESPACE ALTER TABLESPACE DROP TABLESPACE	创建 / 修改 / 删除表空间操作
SCHEMA	CREATE SCHEMA DROP SCHEMA SET SCHEMA	创建 / 删除 / 设置当前模式操作
TABLE	CREATE TABLE ALTER TABLE DROP TABLE TRUNCATE TABLE	创建 / 修改 / 删除 / 清空基表操作
VIEW	CREATE VIEW ALTER VIEW DROP VIEW	创建 / 修改 / 删除视图操作
INDEX	CREATE INDEX DROP INDEX	创建 / 删除索引操作
PROCEDURE	CREATE PROCEDURE ALTER PROCEDURE DROP PROCEDURE	创建 / 修改 / 删除存储过程操作
TRIGGER	CREATE TRIGGER ALTER TRIGGER DROP TRIGGER	创建 / 修改 / 删除触发器操作
CONTEXT	CREATE CONTEXT INDEX ALTER CONTEXT INDEX DROP CONTEXT INDEX	创建 / 修改 / 删除全文索引操作
GRANT	GRANT	授予权限操作
REVOKE	REVOKE	回收权限操作
AUDIT	AUDIT	设置审计操作
NOAUDIT	NOAUDIT	取消审计操作
INSERT TABLE	INSERT INTO TABLE	表上的插入操作
UPDATE TABLE	UPDATE TABLE	表上的修改操作
DELETE TABLE	DELETE FROM TABLE	表上的删除操作
SELECT TABLE	SELECT FROM TABLE	表上的查询操作
EXECUTE PROCEDURE	CALL PROCEDURE	调用存储过程操作
CONNECT	LOGIN LOGOUT	登录 / 退出操作
COMMIT	COMMIT	提交操作
ROLLBACK	ROLLBACK	回滚操作
SET TRANSACTION	SET TRX ISOLATION SET TRX READ WRITE	设置事务的读写属性和隔离级别

【案例 7-23】设置开启对表的创建、修改和删除的审计。

TYPE 为 TABLE（表）；对于 USERNAME，未说明针对特定用户审计，所以设置为 NULL；对于 WHENEVER，没有说明是对成功还是失败进行审计，所以设置为 ALL。

```
SP_AUDIT_STMT('TABLE', 'NULL', 'ALL');
```

【案例 7-24】 对 SYSDBA 用户设置开启创建用户操作成功的审计。

```
SP_AUDIT_STMT('USER', 'SYSDBA', 'SUCCESSFUL');
```

【案例 7-25】 对用户 STAFF_USER 所进行的表的修改和删除进行审计，不论成败。

```
SP_AUDIT_STMT('UPDATE TABLE', 'STAFF_USER', 'ALL');
SP_AUDIT_STMT('DELETE TABLE', 'STAFF_USER', 'ALL');
```

2）取消语句级审计的系统过程如下。

```
VOID
SP_NOAUDIT_STMT(
    TYPE VARCHAR(30),
    USERNAME VARCHAR (128),
    WHENEVER VARCHAR (20)
)
```

其中参数 TYPE、USERNAME、WHENEVER 的使用方法与设置语句级审计时一致。

在使用过程中应注意，取消审计语句和设置审计语句需要进行匹配，只有完全匹配，才可以取消审计，否则无法取消审计。

【案例 7-26】 取消对表的创建、修改和删除的审计。

```
SP_NOAUDIT_STMT('TABLE', 'NULL', 'ALL');
```

【案例 7-27】 取消对 SYSDBA 创建用户成功进行审计。

```
SP_NOAUDIT_STMT('USER', 'SYSDBA', 'SUCCESSFUL');
```

【案例 7-28】 取消对用户 STAFF_USER 进行的表的删除的审计。

```
SP_NOAUDIT_STMT('DELETE TABLE', 'STAFF_USER', 'ALL');
```

2．对象级审计

1）对象级审计发生在具体的对象上，需要指定模式名以及对象名。设置对象级审计的系统过程如下。

```
VOID
SP_AUDIT_OBJECT (
    TYPE VARCHAR(30),
    USERNAME VARCHAR (128),
    SCHNAME VARCHAR (128),
    TVNAME VARCHAR (128),
    [COLNAME VARCHAR (128),]
    WHENEVER VARCHAR (20)
)
```

其中参数包括下面几个。

① TYPE：对象级审计选项，可参考表 7-6 第一列。

② USERNAME：用户名。

③ SCHNAME：模式名，为空时值为 "null"。

④ TVNAME：表、视图、存储过程名不能为空。

⑤ COLNAME：列名，为可选项。

⑥ WHENEVER：审计时机。可选值如下。

- ALL：所有的情况，包括操作成功及失败时。
- SUCCESSFUL：操作成功时。
- FAIL：操作失败时。

对象级审计选项见表 7-6。因为 UPDATE 及 DELETE 操作中也涉及 SELECT 操作，所以只要设置审计 SELECT 操作，UPDATE 及 DELETE 操作就会被审计。

表 7-6 对象级审计选项与对象关系对应表

审计选项（SYSAUDITRECORDS 表中 operation 字段对应的内容）	TABLE	VIEW	COL	PROCEDURE FUNCTION	TRIGGER
INSERT	√	√	√		
UPDATE	√	√	√		
DELETE	√	√	√		
SELECT	√	√	√		
EXECUTE				√	
MERGE INTO	√	√			
EXECUTE TRIGGER					√
LOCK TABLE	√				
ALL（所有对象级审计选项）	√	√	√	√	√

【案例 7-29】 设置 SYSDBA 对表 SCH_FACTORY.STAFF 进行的插入和修改的成功操作的审计。

```
SP_AUDIT_OBJECT('INSERT', 'SYSDBA', 'SCH_FACTORY', 'STAFF', 'SUCCESSFUL');
SP_AUDIT_OBJECT('UPDATE', 'SYSDBA', 'SCH_FACTORY', 'STAFF', 'SUCCESSFUL');
```

2）取消对象级审计的系统过程如下。

```
VOID
SP_NOAUDIT_OBJECT (
    TYPE VARCHAR(30),
    USERNAME VARCHAR (128),
    SCHNAME VARCHAR (128),
    TVNAME VARCHAR (128),
    [COLNAME VARCHAR (128),]
    WHENEVER VARCHAR (20)
)
```

使用过程中应注意，取消审计语句和设置审计语句需要进行匹配，只有完全匹配，才可以取消审计，否则无法取消审计。

【案例 7-30】 取消 SYSDBA 对表 SCH_FACTORY.STAFF 进行的修改的成功操作的审计。

```
SP_NOAUDIT_OBJECT('UPDATE', 'SYSDBA', 'SCH_FACTORY', 'STAFF', 'SUCCESSFUL');
```

3．语句序列审计

作为语句级审计和对象级审计的补充，DM 还提供了语句序列审计功能。语句序列审计需要数据库审计员预先建立一个审计规则，包含 N 条 SQL 语句（SQL1,SQL2,…）。这样的 N 条 SQL 语句一般是根据行业经验或者企业实践总结出来的具有风险的语句组合。如果某个会话依次执行了这些 SQL 语句，就会触发审计。

1）建立语句序列审计规则需要包括下面三个系统过程。

```
VOID
```

```
SP_AUDIT_SQLSEQ_START(
    NAME VARCHAR (128)
)
VOID
SP_AUDIT_SQLSEQ_ADD(
    NAME VARCHAR (128),
    SQL VARCHAR (8188)
)
VOID
SP_AUDIT_SQLSEQ_END(
    NAME VARCHAR (128)
)
```

其中参数及其说明如下。

① NAME：语句序列审计规则名。

② SQL：需要审计的语句序列中的 SQL 语句。

在使用过程中应注意，建立语句序列审计规则需要先调用 SP_AUDIT_SQLSEQ_START；之后调用若干次 SP_AUDIT_SQLSEQ_ADD，每次加入一条 SQL 语句，审计规则中的 SQL 语句顺序根据加入 SQL 语句的顺序确定；最后调用 SP_AUDIT_SQLSEQ_END 完成规则的建立。

【案例 7-31】 建立一个语句序列审计规则 AUDIT_SQLS。

```
SP_AUDIT_SQLSEQ_START('AUDIT_SQLS');
SP_AUDIT_SQLSEQ_ADD('AUDIT_SQLS', 'SELECT * FROM STAFF;');
SP_AUDIT_SQLSEQ_ADD('AUDIT_SQLS', 'SELECT * FROM DEPT;');
SP_AUDIT_SQLSEQ_ADD('AUDIT_SQLS', 'SELECT * FROM PROJECT;');
SP_AUDIT_SQLSEQ_END('AUDIT_SQLS');
```

2）可使用下面的系统过程删除指定的语句序列审计规则。

```
VOID
SP_AUDIT_SQLSEQ_DEL(
    NAME VARCHAR (128)
)
```

其中参数 NAME 是指语句序列审计规则名。

【案例 7-32】 删除语句序列审计规则 AUDIT_SQLS。

```
SP_AUDIT_SQLSEQ_DEL('AUDIT_SQLS');
```

4. 审计级别总结

- 在进行数据库审计时，审计员之间没有区别，可以审计所有数据库对象，也可取消其他审计员的审计设置。
- 语句级审计不针对特定的对象，只针对用户。
- 对象级审计针对指定的用户与指定的对象进行审计。
- 在设置审计时，审计选项不区分包含关系，都可以设置。
- 在设置审计时，审计时机不区分包含关系，都可以设置。
- 如果用户执行的一条语句与设置的若干审计选项都匹配，则只会在审计文件中生成一条审计记录。

7.4.4 审计实时侵害检测

1. 开启审计实时侵害检测

在执行 "SP_SET_ENABLE_AUDIT (2);" 后，开启审计实时侵害检测功能。

7.4.4 审计实时侵害检测

审计实时侵害检测系统用于实时分析当前用户的操作,并查找与该操作相匹配的实时审计分析规则,如果规则存在,则判断该用户的行为是否是侵害行为,确定侵害等级,并根据侵害等级采取相应的响应措施。

具有 AUDIT DATABASE 权限的用户可以使用下面的系统过程创建审计实时侵害检测规则。

```
VOID
SP_CREATE_AUDIT_RULE(
    RULENAME VARCHAR(128),
    OPERATION VARCHAR(30),
    USERNAME VARCHAR(128),
    SCHNAME VARCHAR(128),
    OBJNAME VARCHAR(128),
    WHENEVER VARCHAR(20),
    ALLOW_IP VARCHAR(1024),
    ALLOW_DT VARCHAR(1024),
    INTERVAL INTEGER,
    TIMES INTEGER
);
```

其中参数包括下面几个。

① RULENAME:创建的审计实时侵害检测规则名。

② OPERATION:审计操作名;其可选项较多,主要包括:CREATE USER、DROP USER、ALTER USER、CREATE ROLE、DROP ROLE、CREATE TABLESPACE、DROP TABLESPACE、ALTER TABLESPACE、CREATE SCHEMA、DROP SCHEMA、SET SCHEMA、CREATE TABLE、DROP TABLE、TRUNCATE TABLE、CREATE VIEW、ALTER VIEW、DROP VIEW、CREATE INDEX、DROP INDEX、CREATE PROCEDURE、ALTER PROCEDURE、DROP PROCEDURE、CREATE TRIGGER、DROP TRIGGER、ALTER TRIGGER、INSERT、SELECT、DELETE、UPDATE、EXECUTE、EXECUTE TRIGGER 等。

③ USERNAME:用户名,没有指定或为'NULL'时表示所有用户。

④ SCHNAME:模式名,没有时指定为'NULL'。

⑤ OBJNAME:对象名,没有时指定为'NULL'。

⑥ WHENEVER:审计时机,取值为 ALL、SUCCESSFUL 或 FAIL。

⑦ ALLOW_IP:允许的 IP 地址列表,以 ",",隔开,例如"192.168.0.1","127.0.0.1"。

⑧ ALLOW_DT:时间串,格式如下。

```
ALLOW_DT::= <时间段项>{,<时间段项>}
<时间段项> ::= <具体时间段> | <规则时间段>
<具体时间段> ::= <具体日期><具体时间> TO <具体日期><具体时间>
<规则时间段> ::= <规则时间标志><具体时间> TO <规则时间标志><具体时间>
<规则时间标志> ::= MON | TUE | WED | THURS | FRI | SAT | SUN
```

⑨ INTERVAL:时间间隔,单位为分钟。

⑩ TIMES:次数。

【案例 7-33】 创建一个审计实时侵害检测规则 WEEKEND_DANGEROUS_SESSION,该规则检测每个星期六 8:00~18:00 的所有非本地 SYSDBA 的登录动作。

```
SP_CREATE_AUDIT_RULE('WEEKEND_DANGEROUS_SESSION','CONNECT', 'SYSDBA', 'NULL',
'NULL','ALL', '"127.0.0.1"','SAT "8:00:00" TO SAT "18:00:00"',0, 0);
```

【案例 7-34】 创建一个审计实时侵害检测规则 PWD_BRUTAL_CRACK,该规则检测可能的口令暴力破解行为。

这里假设 1 分钟内 10 次登录失败是暴力破解口令的违规行为。

```
SP_CREATE_AUDIT_RULE('PWD_BRUTAL_CRACK','CONNECT',  'NULL',  'NULL',  'NULL',
'FAIL', 'NULL','NULL',1, 10);
```

2. 删除审计实时侵害检测

当不再需要某个审计实时侵害检测规则时，可使用下面的系统过程进行删除。

```
VOID
SP_DROP_AUDIT_RULE(
    RULENAME VARCHAR(128)
);
```

其中参数 RULENAME 指定待删除的审计实时侵害检测规则名。

【案例 7-35】 删除已创建的审计实时侵害检测规则 WEEKEND_DANGEROUS_SESSION。

```
SP_DROP_AUDIT_RULE ('WEEKEND_DANGEROUS_SESSION');
```

7.4.5 审计信息审阅

1. 审计设置记录查询

前面针对一些操作开启了审计，这些审计设置信息都按照表 7-7 所示结构，记录在数据字典表 SYSAUDITOR.SYSAUDIT 中。

表 7-7　SYSAUDITOR.SYSAUDIT 表结构

序号	列	数据类型	说明
1	LEVEL	SMALLINT	审计级别
2	UID	INTEGER	用户 ID
3	TVPID	INTEGER	表/视图/触发器/存储过程/存储函数 ID
4	COLID	SMALLINT	列 ID
5	TYPE	SMALLINT	审计类型
6	WHENEVER	SMALLINT	审计情况

审计类型用户可以查看此数据字典表以查询审计设置信息，了解当前的审计设置情况。查看的语句如下。

```
SELECT * FROM SYSAUDITOR.SYSAUDIT;
```

前面章节中设置的审计的查询结果如图 7-21 所示。

```
SQL> SELECT * FROM SYSAUDITOR.SYSAUDIT;

行号        LEVEL       UID         TVPID       COLID       TYPE        WHENEVER
----------- ----------- ----------- ----------- ----------- ----------- -----------
1           1           50331759    -1          -1          33          3
2           2           50331649    1080        -1          50          1
3           2           50331649    1080        -1          53          1
4           2           50331649    1080        1           53          1
```

图 7-21　查询审计设置信息

2. 审计记录查询

只要 DM 系统处于审计活动状态，系统就会按审计设置进行审计活动，并将审计信息写入审计文件。审计记录内容包括操作者的用户名、所在站点、所进行的操作、操作的对象、操作时间、当前审计条件等。审计用户可以通过动态视图 SYSAUDITOR.V$AUDITRECORDS 查询系统默认路径下的审计文件的审计记录，动态视图的结构见表 7-8。

查看审计记录的基本语法如下。

```
SELECT * FROM SYSAUDITOR.V$AUDITRECORDS;
```

表 7-8 SYSAUDITOR.V$AUDITRECORDS 结构

序号	列	数据类型	说明
1	USERID	INTEGER	用户 ID
2	USERNAME	VARCHAR(128)	用户名
3	ROLEID	INTEGER	角色 ID。没有具体角色的用户和 SQL 序列审计，没用角色信息
4	ROLENAME	VARCHAR(128)	角色名。没有具体角色的用户和 SQL 序列审计，没用角色信息
5	IP	VARCHAR(25)	IP 地址
6	SCHID	INTEGER	模式 ID
7	SCHNAME	VARCHAR(128)	模式名
8	OBJID	INTEGER	对象 ID
9	OBJNAME	VARCHAR(128)	对象名
10	OPERATION	VARCHAR(128)	操作类型名
11	SUCC_FLAG	CHAR(1)	成功标记
12	SQL_TEXT	VARCHAR(8188)	SQL 文本
13	DESCRIPTION	VARCHAR(8188)	描述信息
14	OPTIME	DATETIME	操作时间
15	MAC	VARCHAR(25)	操作对应的 MAC 地址
16	SEQNO	TINYINT	DMDSC 环境下表示生成审计记录的节点号，非 DMDSC 环境下始终为 0

【案例 7-36】 前面设置过 SYSDBA 对表 SCH_FACTORY.STAFF 进行的插入成功操作的审计。现通过 SYSDBA 用户向 STAFF 表中插入一条数据以验证审计数据中是否有该操作的审计信息。

首先使用 SYSDBA 用户插入以下数据。

```
INSERT INTO SCH_FACTORY.STAFF（部门号，姓名，性别，籍贯，年龄，电话号码）VALUES
(100001,'审计测试用户','男','江西',36,'088-8888888')
```

然后使用 SYSAUDITOR 来查看审计信息记录。

```
SELECT * FROM SYSAUDITOR.V$AUDITRECORDS WHERE USERNAME='SYSDBA';
```

查询结果如图 7-22 所示（信息较多，未完全截取），可见审计信息已经被正确记录。

图 7-22 查看审计信息记录

【任务考评】

考评点	完成情况		评价简述
了解审计的概念和作用	□完成	□未完成	
了解审计配置	□完成	□未完成	
了解审计级别设置	□完成	□未完成	
了解审计实时侵害监测	□完成	□未完成	
了解审计信息审阅	□完成	□未完成	

任务 7.5　项目总结

【项目实施小结】

　　数据安全是数据库管理工作中的一个重要方面，在数据库设计、管理、维护中都应考虑数据安全问题。DM 数据库中的用户、权限、角色、审计能从数据库管理的角度提升数据库的数据安全性。在实际的应用中，应充分利用这些功能和管理手段。

【对接产业技能】

1. 解答客户关于数据库安全的理论相关问题
2. 解答客户关于数据库用户管理的理论相关问题
3. 指导客户创建数据库用户
4. 指导客户修改数据库用户
5. 指导客户删除数据库用户
6. 解答客户在数据库用户管理过程中遇到的问题
7. 根据客户需求，推荐合理使用数据控制语句
8. 根据客户需求，编写相应的数据授权语句
9. 根据客户需求，编写相应的数据回收权限语句
10. 根据客户需求，编写相应的角色管理语句
11. 解答客户在权限管理过程中遇到的问题

任务 7.6　项目评价

项目评价表		项目名称		项目承接人		组号		
		数据库安全管理						
项目开始时间		项目结束时间		小组成员				

	评分项目		配分	评分细则	自评得分	小组评价	教师评价
项目实施情况（20分）	纪律情况（5分）	项目实施准备	1	准备书、本、笔、设备等			
		积极思考、回答问题	2	视情况得分			
		跟随教师进度	2	视情况得分			
		遵守课堂纪律	0	按规章制度扣分（0～100分）			
	考勤（5分）	迟到、早退	5	迟到、早退每项扣 2.5 分			
		缺勤	0	根据情况扣分（0～100分）			
	职业道德（5分）	遵守规范	3	根据实际情况评分			
		认真钻研	2	依据实施情况及思考情况评分			
	职业能力（5分）	总结能力	3	按总结完整性及清晰度评分			
		举一反三	2	根据实际情况评分			

（续）

项目评价表		项目名称		项目承接人		组号		
		数据库安全管理						
项目开始时间		项目结束时间		小组成员				

评分项目			配分	评分细则	自评得分	小组评价	教师评价
核心任务完成情况评价（60分）	数据库知识准备（40分）	用户管理	2	了解DM用户管理策略			
			3	掌握创建用户方法			
			3	掌握修改用户方法			
			2	掌握删除用户方法			
		理解数据库中的权限	5	理解数据库权限			
			5	理解对象权限			
		角色管理	2	理解角色			
			2	掌握角色的创建			
			2	掌握角色的删除			
			2	了解角色与权限管理			
			2	了解角色的启用与禁用			
		审计管理	2	了解审计的概念和作用			
			2	了解审计配置			
			2	了解审计级别设置			
			2	了解审计实时侵害监测			
			2	了解审计信息审阅			
	综合素养（20分）	语言表达	5	讨论、总结过程中的表达能力			
		问题分析	5	问题分析情况			
		团队协作	5	实施过程中的团队协作情况			
		工匠精神	5	敬业、精益、专注、创新等			
拓展训练（20分）	实践或讨论（20分）	完成情况	10	实践或讨论任务完成情况			
		收获体会	10	项目完成后收获及总结情况			
总分							
综合得分（自评20%，小组评价30%，教师评价50%）							
组长签字：				教师签字：			

任务 7.7 项目拓展训练

【基本技能训练】

一、填空题

1. DM 数据库采用_____或_____的安全机制，将系统中所有的权限按照类型进行划分，为每个管理员分配相应的权限，不同角色管理员之间的权限相互制约又相互协助，从而使整个系统具有较高的安全性和较强的灵活性。

2. _____是在"三权分立"的基础上，使用"四权分立"的安全机制新增数据库对象操作员账户，其默认口令为_____。

3. 每个数据库至少需要一个_____来管理。

4. 创建用户的操作一般只能由系统预设用户 SYSDBA、SYSSSO 和 SYSAUDITOR 完成，如果普通用户需要创建用户，则必须具有_____的数据库权限。

5. DM 数据库对用户的权限管理有着严格的规定，如果没有权限，用户将无法完成任何操作。用户权限有两类：_____和_____。

6. 当一个用户获得另一个用户的某个对象的访问权限后，可以以_____的形式访问这个数据库对象。

7. _____是一组权限的组合，其目的是使权限管理更加方便。如果需要给该类用户增加职工相关所有表的删除权限，则只需要对该类_____进行一次修改，避免了对所有用户权限的逐一修改。

8. 在数据库中可以通过_____将权限（包括数据库权限、对象权限以及角色权限）分配给用户和角色，之后也可以将授出的权限再进行回收。还可以使用_____授予用户和角色数据库权限。

9. 在 DM 数据库中，_____的主要职责就是创建和删除其他数据库审计员，设置或者取消对数据库对象和操作的审计策略，以及查看和分析审计记录等。在数据库系统建设初期，由数据库审计员来设置审计策略（包括审计对象和操作），在需要时，数据库审计员可以查看审计记录，及时分析并查找出违规操作者。

10. DM 允许在_____、_____、_____三个级别上进行审计设置。

二、选择题

1. 在 DM 安全版本下，可在创建 DM 数据库时通过建库参数 PRIV_FLAG 设置使用"三权分立"或"四权分立"安全机制，（　　）表示"三权分立"，（　　）表示"四权分立"（默认情况是"三权分立"模式）。
   A. 0　　　　　　B. 1　　　　　　C. 2　　　　　　D. 3

2. （　　）是在"三权分立"的基础上，使用"四权分立"的安全机制新增数据库对象操作员账户。
   A. 数据库管理员账号 SYSDBA　　　　B. 数据库安全员账号 SYSSSO
   C. 数据库审计员账号 SYSAUDITOR　　D. 数据库对象操作员账户 SYSDBO

3. （　　）的主要职责是制定并应用安全策略，强化系统安全机制，不能对用户数据进行增、删、改、查，也不能执行普通的 DDL 操作，如创建表、视图等。
   A. 数据库管理员账号 SYSDBA　　　　B. 数据库安全员账号 SYSSSO
   C. 数据库审计员账号 SYSAUDITOR　　D. 数据库对象操作员账户 SYSDBO

4. 数据库权限是与数据库安全相关的非常重要的权限，其权限范围比对象权限更加广，因而一般被授予数据库管理员或者一些具有管理功能的角色。其中，（　　）表示可以在当前用户自己的模式中创建视图的权限。
   A. CREATE TABLE　　　　　　B. CREATE USER
   C. CREATE VIEW　　　　　　D. CREATE PROCEDURE

5. SELECT、INSERT、DELETE 和 UPDATE 权限分别是针对数据库对象中的数据的查询、插入、删除和修改的权限。在指定权限时，（　　）权限只需要指定所要访问的表。
   A. INSERT　　　　　　　　　B. SELECT
   C. DELETE　　　　　　　　　D. UPDATE

6. "三权分立"安全机制将用户分为三种类型，下列（　　）类型不属于"三权分立"。
   A. DBA　　　　　　　　　　B. AUDITOR

C. SSO D. DBO

7. 在数据库中可以通过（　　）回收数据库权限。
   A. GRANT B. CREATE
   C. REVOKE D. UPDATE

8. 审计开关由过程"VOID SP_SET_ENABLE_AUDIT(param int);"控制，过程执行完后立即生效，param 的取值（　　）表示打开普通审计和实时审计。
   A. 0 B. 1
   C. 2 D. 3

9. 在 DM 系统中，（　　）是对系统的启动与关闭的审计，此级别的审计无法也无须由用户进行设置，只要审计开关打开，就会自动生成对应的审计记录。
   A. 系统级 B. 语句级
   C. 对象级 D. 视图级

10. 审计实时侵害检测系统用于实时分析当前用户的操作，并查找与该操作相匹配的实时审计分析规则，如果规则存在，则判断该用户的行为是否是侵害行为，确定侵害等级，并根据侵害等级采取相应的响应措施。具有（　　）权限的用户可以使用下面的系统过程创建审计实时侵害检测规则。

```
SP_CREATE_AUDIT_RULE('PWD_BRUTAL_CRACK', 'CONNECT', 'NULL', 'NULL', 'NULL',
'FAIL', 'NULL', 'NULL', 1, 10);
```

   A. GRANT B. AUDIT DATABASE
   C. REVOKE D. ALTER DATABASE

【综合技能训练】

1. 创建一个具有管理 SCH_FACTORY 模式下所有表的所有操作权限（不允许转授）的角色 R_FACTORY。

2. 创建一个管理用户 U_FACTORY，除默认角色以外，将 R_FACTORY 角色赋予该用户。用户密码策略自定义。

项目 8　数据库系统运行维护

【项目导入】

在软件系统生命周期中，运行维护阶段通常是持续时间最长的阶段。其中数据库系统的运行维护是软件系统维护中非常重要的一部分。小达已经经过一段时间的实践，他所在的部门希望他能够熟悉数据库系统运行维护中一些常用的工作方法（如数据备份、还原）以及数据库作业系统。数据的备份与还原能够在一定程度上保证数据的安全，作业系统能够在设定好后定时完成指定的数据库维护任务。

学习目标

知识目标	技能目标	素养目标
1. 理解数据备份与还原原理 2. 理解物理备份与逻辑备份 3. 理解联机备份和脱机备份 4. 认识作业系统	1. 掌握数据库备份方法 2. 掌握数据库还原方法 3. 了解作业的管理方法	1. 培养良好的职业素养 2. 培养扎实稳妥的工作作风 3. 培养深入思考的能力

任务 8.1　数据备份与还原

【任务描述】

数据库的数据备份是保证数据安全的一种重要手段，也是数据库管理人员必须掌握的技能。本任务包括对数据库数据备份的概念和 DM 数据库备份的原理的理解，以及数据备份和还原的具体操作。

【任务分析】

理解数据库数据备份的底层原理将有助于实施数据备份工作的管理，因此，在本任务中要充分理解 DM 数据库数据备份的底层原理。在理解相关概念、原理的基础上，要做好数据库数据备份和还原的操作实施。

【任务实施】

8.1.1　理解数据备份与还原

数据库系统和其他系统一样，都有可能发生故障。故障的原因多种多样，包括磁盘故障、电源故障、软件故障、计算机病毒、灾害故障、人为破坏等。一旦发生这些故障，就很有可能造成数据的丢失。为了应对这类风险，数据库管理员应该提前做好准备。《尚书·说命中》曰："惟事事，乃其有备，有备无患。"在数据库设计开始阶段，就要考虑制定数据备份计划及数据恢复应急预案。数据库一般会提供数据备份和数据还原功能。

数据库数据备份是数据容灾的基础，其主要目的是保证数据的安全。数据备份文件就是保存数据库在某个时间点的额外副本，在需要时可以将数据库的一致性状态恢复到这个时间点。DM 数据库中的数据存储在数据库的物理数据文件中，数据文件按照页、簇和段的方式进行管理，数据页是最小的数据存储单元。任何一个对 DM 数据库的操作，归根结底都是对某个数据文件页的读写操作。所以 DM 备份的本质就是从数据库文件中复制有效的数据页并保存到备份集中，这里的有效数据页包括数据文件的描述页和被分配使用的数据页。

数据库数据还原是将备份集中的有效数据页重新写入目标数据文件的过程，它保证了数据库的可靠性，并保证在故障发生时，具有从故障中进行恢复的能力。

数据库数据恢复则是指通过重做归档日志，将数据库状态恢复到备份结束时的状态；也可以恢复到指定时间点和指定 LSN（Log Sequence Number，是由系统自动维护的 BIGINT 类型数值，具有自动递增、全局唯一特性，每一个 LSN 值代表着 DM 系统内部产生的一个物理事务）。在恢复结束以后，数据库中可能存在处于未提交状态的活动事务，这些活动事务在恢复结束后的第一次数据库系统启动时，会由 DM 数据库自动进行回滚。

数据库数据备份、还原、恢复是数据库管理员重要的日常工作。在数据库发生故障时，通过还原备份集，将数据恢复到可用状态，从而避免或者减少因为故障而丢失数据。备份、还原与恢复的关系如图 8-1 所示。

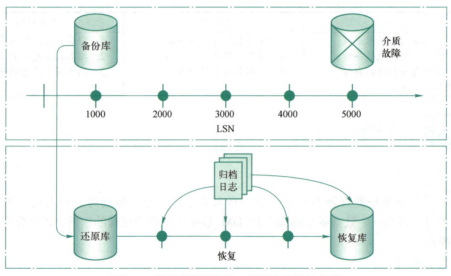

图 8-1　数据库数据备份、还原和恢复的关系

8.1.2　数据备份

DM 数据库的数据备份包括两种类型：物理备份和逻辑备份。

1. 物理备份

物理备份是对数据库的操作系统物理文件（如数据文件、控制文件和日志文件等）直接扫描，找出那些已经分配、使用的数据页，将相关的全部或者部分数据集合从应用主机的硬盘复制并保存到其他存储介质备份集中。在物理备份过程中，不关心数据页的具体内容，也不关心数据页属于哪一张表。

8.1.2
数据备份

（1）联机备份和脱机备份

从备份时数据库的运行状态划分，物理备份又分为联机备份（热备）和脱机备份（冷备）。数据库处于运行状态并正常提供服务情况下进行的备份操作称为联机备份。数据库处于关闭状态时进行的备份操作称为脱机备份。

在联机备份时，数据库处于运行状态，可以继续对外提供服务。但是，此时一些处于活动状态的、正在执行过程中的事务不会包含在备份范围内。所以，联机备份是非一致性备份，需要将备份期间产生的 REDO 日志一起备份。因此，只能在配置本地归档（见下文"归档"）并开启本地归档的数据库上执行联机备份。联机备份不影响数据库正常提供服务，是最常用的备份手段之一。

脱机备份前必须先关闭数据库，故脱机备份将影响数据库的服务。数据库正常关闭时，会生成完全检查点，且它会强制将检查点之后的所有有效 REDO 日志复制到备份集中，所以它是一致性备份。

（2）归档

DM 数据库可以运行在归档模式或非归档模式下。如果是归档模式，则联机日志文件中的内容保存到硬盘中，形成归档日志文件；如果是非归档模式，则不会形成归档日志。

备份与恢复过程都依赖归档日志，归档日志是数据一致性和完整性的重要保障。配有归档日志的数据库系统在出现故障时丢失数据的可能性更小，这是因为一旦出现各类故障，如磁盘损坏、软件故障，利用归档日志，系统可被恢复至故障发生的前一刻，也可以还原到指定的时间点。归档一般分为本地归档和远程归档，这里主要介绍本地归档。

REDO 日志本地归档（LOCAL），就是将 REDO 日志写入本地归档日志文件的过程。在配置本地归档情况下，REDO 日志刷盘线程将 REDO 日志写入联机 REDO 日志文件后，对应的 RLOG_PKG 由专门的归档线程负责写入本地归档日志文件中。与联机 REDO 日志文件可以被覆盖重用不同，本地归档日志文件不能被覆盖，写入其中的 REDO 日志信息会一直保留，直到用户主动删除为止；如果配置了归档日志空间上限，则系统会自动删除最早生成的归档 REDO 日志文件，腾出空间。如果磁盘空间不足，且没有配置归档日志空间上限（或者配置的上限超过实际空间大小），则系统将自动挂起，待用户主动释放出足够的空间后再继续运行。

（3）备份策略

备份策略是指根据业务需求确定备份内容、备份时间和备份方式。备份时需要根据自身实际情况，如业务需求、存储介质容量、技术特性等，制定不同的策略。目前常用的备份策略包括完全备份、累积增量备份、差异增量备份。

- 完全备份。执行完全备份，备份程序会扫描数据文件，复制所有被分配、使用的数据页，写入备份片文件中。库备份会扫描整个数据库的所有数据文件，表空间备份则只扫描表空间内的数据文件。
- 累积增量备份。执行增量备份，备份程序会扫描数据文件，复制所有基备份结束以后被修改的数据页，写入备份片文件中。增量备份的基备份集既可以是脱机备份生成的，也可以是联机备份生成的，脱机增量备份的基备份集也可以是联机备份生成的，联机增量备份的基备份集也可以是脱机备份生成的。累积增量备份的基备份只能是完全备份集，而不能是增量备份集，且任何一个增量备份，最终都是以一个完全备份作为其基备份。因此，完全备份是增量备份的基础。
- 差异增量备份。差异增量备份的基备份既可以是一个完全备份集，也可以是一个增量备份集。利用增量备份进行还原操作时，要求其基备份必须是完整的；如果差异增量备份的基备份本身也是一个增量备份，那么同样要求其基备份是完整的。

【案例 8-1】 使用图形化工具进行数据库联机完全备份。

1）如图 8-2 所示，首先在"对象导航"中"备份"的"库备份"上单击右键，然后在弹出的快捷菜单中单击"新建备份"。

2）如果未配置归档，则会弹出如图 8-3 所示的对话框。联机备份数据库前必须先配置归档。在联机备份时，大量的事务处于活动状态，为确保备份数据的一致性，需要同时备份一段日志（备份期间产生的 REDO 日志），因此要求数据库必须配置本地归档且归档必须处于开启状态。

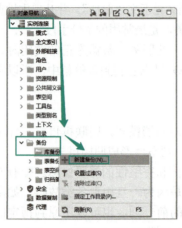
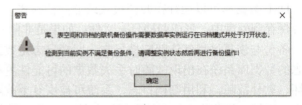

图 8-2 "新建备份"菜单项　　　　图 8-3 未配置归档时的"警告"对话框

3）想要对归档进行设置，需要首先在"对象导航"中的"实例连接"上单击右键，然后在如图 8-4 所示的弹出的快捷菜单中单击"管理服务器"。

4）接着在弹出的如图 8-5 所示的"管理服务器"窗口中单击"系统管理"，然后在选择"状态转换"中的"配置"单选按钮后单击"转换"按钮。

图 8-4 "管理服务器"菜单项　　　　图 8-5 "系统管理"界面

【知识拓展】

数据库实例的状态有关闭（Shutdown）、配置（Mount）、打开（Open）、挂起（Suspend）四种。

关闭状态：数据库处于关闭状态，无法连接数据库实例。

配置状态：在此状态下，数据库不对外提供服务，但可进行归档的配置、控制文件维护、数据库模式修改等操作。

打开状态：在此状态下，数据库能正常对外提供服务，但不能进行控制文件维护、归档配置等操作。

挂起状态：数据库提供部分服务，处于只读状态，不能写入。

5）接着在"归档配置"界面中选择"归档模式"中的"归档"单选按钮，如图 8-6 所示，然后单击"+"按钮来创建新的归档配置条目,并进行配置,这里主要是对归档目标进行配置,最后单击"确定"按钮。

6)接着单击"管理服务器"窗口中的"系统管理",在选择"状态转换"中的"打开"单选按钮后单击"转换"按钮,最后单击"确认"按钮,如图8-7所示。

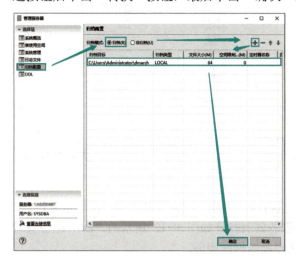

图8-6 "归档配置"界面

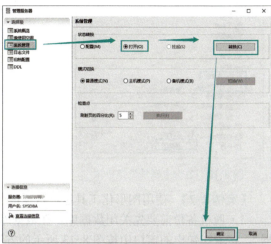

图8-7 "系统管理"界面

7)接着再次在"对象导航"中"备份"的"库备份"上单击右键,然后在弹出的快捷菜单中单击"新建备份",如图8-8所示。

8)在弹出的如图8-9所示的"新建库备份"窗口的"常规"选择项中设置"备份名""备份集目录""备份描述"等,并选择"备份类型"为"完全备份",最后单击"确认"按钮。至此完成了备份操作。

图8-8 "新建备份"菜单项

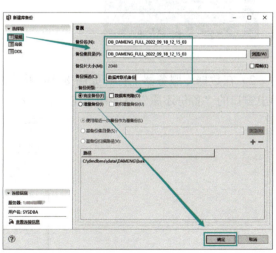

图8-9 "新建库备份"窗口

9)在如图8-10所示的"对象导航"面板中可以看见上面备份的备份集,在它上面单击右键,并在弹出的快捷菜单中选择"属性"选项。

10)如图8-11所示,可以看到该备份集的相关属性信息,如"备份集目录""备份时间""备份模式""备份类型"等。

图 8-10　备份"属性"菜单项

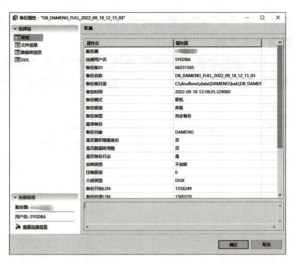

图 8-11　"备份属性"窗口

【案例 8-2】　使用图形化工具进行数据库脱机备份，完成一次完全备份和一次增量备份。

1）脱机备份前要先关闭数据库。在数据库服务器上打开如图 8-12 所示的"DM 服务查看器"，接着在弹出的窗口中按图 8-13 所示的方法停止数据库服务。

图 8-12　DM 服务查看器

图 8-13　"DM 服务查看器"窗口（停止数据库服务）

2）在数据库服务器上打开如图 8-14 所示的"DM 控制台工具"，接着在如图 8-15 所示的弹出窗口的"备份还原"界面中单击"新建备份"按钮。

图 8-14　DM 控制台工具

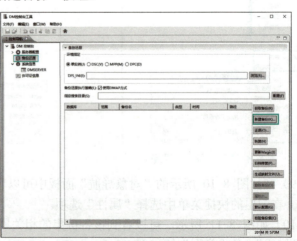

图 8-15　"DM 控制台工具"窗口

3）在如图 8-16 所示弹出的"新建备份"窗口的"常规"选择项中进行相应的设置，并选择"完全备份"，然后单击"确定"按钮，就完成了脱机备份的一次完全备份。

4）接着再新建一个备份，在弹出的如图 8-17 所示"新建备份"窗口的"常规"选择项中进行与完全备份类似的设置，注意选择"增量备份"，然后选择"使用最近一次备份作为基备份"（也就是以上述步骤做的完全备份作为基准），最后单击"确定"按钮，就完成了脱机备份的一次增量备份。

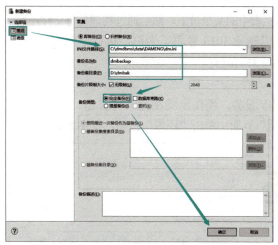

图 8-16　新建备份之完全备份　　　　　图 8-17　新建备份之增量备份

5）完成备份后，可以在"备份还原"界面中通过设置"指定搜索目录"来搜索之前进行的备份，如图 8-18 所示。

图 8-18　搜索备份

2．逻辑备份

逻辑备份是指将数据库内部逻辑组件（如表、视图和存储过程等数据库对象）的数据导出到二进制文件的备份。逻辑备份针对的是数据内容，并不关心这些数据的物理存储位置。

逻辑导出和逻辑导入数据库对象分为四种级别：数据库级、用户级、模式级和表级。四种级别独立互斥，不能同时存在。四种级别各自提供的功能如下。

- 数据库级（FULL）：导出或导入整个数据库中的所有对象。
- 用户级（OWNER）：导出或导入一个或多个用户所拥有的所有对象。
- 模式级（SCHEMAS）：导出或导入一个或多个模式下的所有对象。
- 表级（TABLES）：导出或导入一个或多个指定的表或表分区。

【案例 8-3】　对模式 SCH_FACTORY 进行逻辑备份，导出该模式下的所有对象。备份文件名为 factory.dmp，日志文件名为 factory.log，备份集放置在 DM 数据库安装目录下的"./data/bak"目录中。

逻辑备份可以使用 dexp 工具。在 DM 数据库所在的操作系统的命令行窗口中（本案例以 Windows 操作系统的"命令提示符"应用中的操作为例），首先进入 DM 数据库安装目录的 bin 目录。执行下面脚本后进入备份阶段，如图 8-19 所示。

```
dexp <用户名>/<用户密码> file=factory.dmp log=factory.log
          directory=DM 数据库安装目录/data/bak schemas=SCH_FACTORY
```

8.1.3 数据还原

1. 物理备份的还原

【案例 8-4】 在模式 SCH_FACTORY 下删除职工表中的某个员工，然后通过物理备份文件还原。首先删除 STAFF 表中一个非经理职工，此处以删除 3013 号职工为例，执行下面的代码。

```
DELETE FROM SCH_FACTORY.STAFF WHERE 职工号=3013;
COMMIT;
```

1）确认删除后进入还原步骤，首先停止数据库服务，操作步骤在此不再赘述。
2）接着打开"DM 控制台工具"，在"备份还原"界面中单击"还原"按钮，如图 8-20 所示。

图 8-19 逻辑备份过程

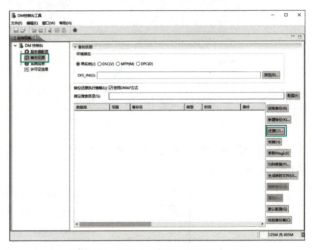

图 8-20 "DM 控制台工具"窗口

3）在如图 8-21 所示弹出的"备份还原"窗口的"常规"选择项中选择"库还原"，指定"备份集目录"（这里使用 8.1.2 节中介绍的联机备份的完全备份），选择"INI 路径"，并指定 INI 文件路径，最后单击"确定"按钮。

4）接着在打开的"DM 控制台工具"窗口的"备份还原"界面中单击"恢复"按钮，如图 8-22 所示。

5）在弹出的"备份恢复"窗口的"常规"选择项中，选择"库恢复"，指定"备份集目录"（与库还原时一致），最后单击"确定"按钮，如图 8-23 所示。

6）接着在打开的"DM 控制台工具"窗口的"备份还原"界面中单击"更新 Magic"按钮，如图 8-24 所示，并在弹出的窗口中单击"确定"按钮。

7）最后，重新启动数据库服务，并验证被删除的数据是否已经恢复。

2. 逻辑备份的还原

【案例 8-5】 在模式 SCH_FACTORY 下删除职工项目表 STAFF_PROJECT，然后通过逻辑备份文件还原。

首先删除 STAFF_PROJECT 表，并验证该表是否删除。如果已删除，则使用 dimp 工具进行逻辑备份的还原。本案例以 Windows 操作系统的"命令提示符"应用中的操作为例，首先进入 DM 数据库安装目录的 bin 目录，然后执行如下脚本。

```
dimp SYSDBA/SYSDBA123 file=factory.dmp log=factory.log
            directory=c:/dmdbms/data/bak
```

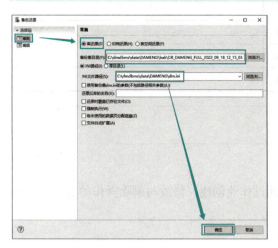

图 8-21 "备份还原"窗口

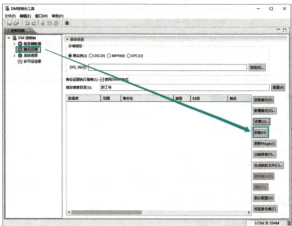

图 8-22 在"DM 控制台工具"中选择"恢复"功能

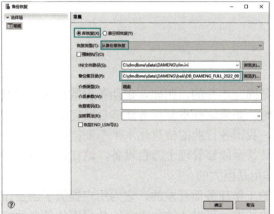

图 8-23 "备份恢复"窗口

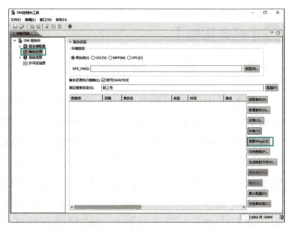

图 8-24 "备份还原"界面

还原执行过程如图 8-25 所示。在执行完成后,可验证表是否恢复。

图 8-25 还原执行过程

【任务考评】

考评点	完成情况	评价简述
理解数据备份与还原	□完成 □未完成	
掌握数据备份操作	□完成 □未完成	
掌握数据还原操作	□完成 □未完成	

任务 8.2 作业系统管理

【任务描述】

本任务的主要目的是认识 DM 的作业系统。通过作业创建、修改与删除操作的实施，掌握 DM 作业系统的使用。

【任务分析】

在进行作业创建的过程中，要充分理解"作业步骤"和"作业调度"在作业系统中的意义。

【任务实施】

8.2.1 认识 DM8 作业系统

在数据库管理员的工作中，许多日常工作都是固定不变的，例如，定期备份数据库、定期生成数据统计报表等。这些工作既单调乏味又费时。如果这些重复任务能够自动完成，就可以节省大量的时间，极大地提高工作效率。近年来，我国各行业的信息化水平不断提高，特别是在以云计算平台运维为代表的工作中，一个管理员甚至能够管理上万台设备，这在以前是不可想象的，可见信息化水平的提高对生产力的带动作用是巨大的。

DM 的作业系统正是为了运行这样定期执行的工作任务而开发的，它为用户提供了创建作业，并对作业进行调度执行以完成相应管理任务的功能。可以让这些重复的数据库任务自动完成，实现日常工作自动化。作业系统大致包含作业、警报和操作员三部分。用户需要为作业配置步骤和调度。还可以创建警报，当发生警报时，将警报信息通知操作员，以便操作员能够及时做出响应。

用户通过作业可以实现对数据库的操作，并将作业执行结果以通知的形式反馈给操作员。通过为作业创建灵活的调度方案，可以满足在不同时刻运行作业的要求。用户还可以定义警报响应，以便当服务器发生特定的事件时通知操作员或者执行预定义的作业。

1. 作业的概念

作业是由 DM 代理程序按顺序执行的一系列指定的操作。作业可以执行更广泛的活动，包括运行 DMPL/SQL 脚本、定期备份数据库、对数据库数据进行检查等。可以创建作业来执行经常重复和可调度的任务，作业按照一个或多个调度的安排在服务器上执行。作业也可以由一个或多个警报触发执行，并且作业可产生警报以通知用户作业的状态（成功或者失败）。

每个作业由一个或多个作业步骤组成，作业步骤是作业对一个数据库或者一个服务器执行的动作。每个作业至少有一个作业步骤。

2. 作业权限

通常，作业的管理是由数据库管理员负责的，普通用户没有操作作业的权限。为了让普通用户可以创建、配置和调度作业，需要赋予普通用户管理作业权限：ADMIN JOB。

【案例 8-6】 授权 ADMIN JOB 给用户 STAFF_USER。

```
GRANT ADMIN JOB TO STAFF_USER;
```

默认 DBA 拥有全部的作业权限；ADMIN JOB 权限可以添加、配置、调度和删除作业等，但没有作业环境初始化 SP_INIT_JOB_SYS(1)和作业环境销毁 SP_INIT_JOB_SYS(0)的权限。

8.2.2 作业的创建、修改与删除

数据库备份是数据库日常管理工作中一个典型的定期、重复且重要的工作。下面就通过数据库备份作业的案例来了解作业的创建、修改与删除。

8.2.2 作业的创建、修改与删除

1. 作业的创建

【案例 8-7】 在每个星期的周六凌晨 1:00 对数据库进行完全备份。

1）首先在如图 8-26 所示的"对象导航"中展开"代理"选项，然后在"作业"上单击右键，在弹出的快捷菜单中选择"新建作业"（如果"代理"被禁用，则需要先创建代理环境）。

2）在弹出的如图 8-27 所示的"新建作业"窗口的"常规"选择项界面中定义"作业名"和"作业描述"。

图 8-26 "新建作业"菜单项

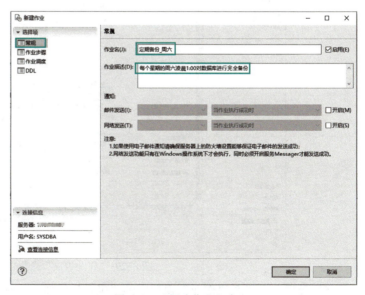

图 8-27 "新建作业"窗口

3）如图 8-28 所示，单击"作业步骤"选择项，在设置界面中单击"添加"按钮，在弹出的"新建作业步骤"窗口中定义"步骤名称""备份路径"和"备份方式"，最后单击"新建作业步骤"窗口中的"确定"按钮。

4）如图 8-29 所示，单击"作业调度"选择项，在设置界面中单击"新建"按钮，在弹出的"新建作业调度"窗口中定义调度的"名称""发生频率""每日频率"和"开始日期"，最后单击"新建作业调度"窗口中的"确定"按钮。

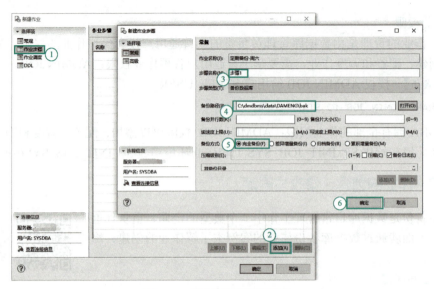

图 8-28 "作业步骤"选择项

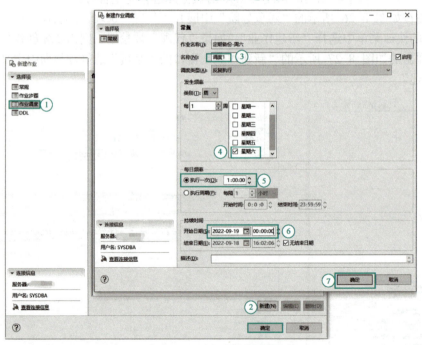

图 8-29 "作业调度"选择项

5）最后单击"新建作业"窗口中的"确定"按钮，完成设置。

2. 作业的修改

【案例 8-8】 将作业"定期备份_周六"修改为每个星期日凌晨 6:00 对数据库进行完全备份。

1）首先在如图 8-30 所示的"对象导航"中展开"代理"选项，然后展开"作业"，在前面创建的作业上单击右键，在弹出的快捷菜单中选择"修改"。

2）在弹出的"修改作业"窗口中，选择"作业调度"选择项，选中需要修改的调度，然后单击"编辑"按钮，如图 8-31 所示。

项目 8　数据库系统运行维护

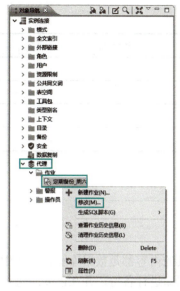

图 8-30　作业"修改"菜单项

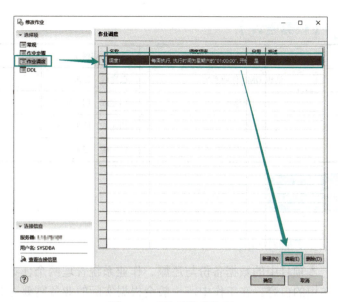

图 8-31　"修改作业"窗口

3）在弹出的窗口中按照要求对调度进行修改，修改的设置与创建类似，在此不再赘述，修改完成后单击"确定"按钮。

3．作业的删除

【案例 8-9】　删除上面创建的作业"定期备份_周六"。

1）首先在如图 8-32 所示的"对象导航"中展开"代理"选项，然后展开"作业"，在前面创建的作业"定期备份_周六"上单击右键，在弹出的快捷菜单中选择"删除"。

2）在弹出的如图 8-33 所示的"删除对象"窗口中确定要删除的对象，然后单击"确定"按钮完成删除。

图 8-32　"作业"快捷菜单中的
"删除"选项

图 8-33　作业删除窗口

【任务考评】

考评点	完成情况	评价简述
认识 DM8 作业系统	□完成 □未完成	
掌握创建作业方法	□完成 □未完成	
掌握修改作业方法	□完成 □未完成	
掌握删除作业方法	□完成 □未完成	

任务 8.3 项目总结

【项目实施小结】

本项目中的数据备份与还原、作业系统管理两个任务涉及的内容都是数据库管理工作中非常实用的内容。在工作中，一般会根据实际的业务需要对数据库进行备份，并在需要时进行数据恢复；而作业系统在工作中用来实现数据库的定期任务。掌握这两个任务涉及的相关功能，能够提升工作的可持续性和效率。

【对接产业技能】

1. 能够对数据库的数据进行备份以及还原
2. 能够利用数据库作业系统进行作业的管理

任务 8.4 项目评价

项目评价表	项目名称		项目承接人	组号		
	数据库系统运行维护					
项目开始时间	项目结束时间		小组成员			

	评分项目		配分	评分细则	自评得分	小组评价	教师评价
项目实施情况（20分）	纪律情况（5分）	项目实施准备	1	准备书、本、笔、设备等			
		积极思考、回答问题	2	视情况得分			
		跟随教师进度	2	视情况得分			
		遵守课堂纪律	0	按规章制度扣分（0~100分）			
	考勤（5分）	迟到、早退	5	迟到、早退每项扣 2.5 分			
		缺勤	0	根据情况扣分（0~100分）			
	职业道德（5分）	遵守规范	3	根据实际情况评分			
		认真钻研	2	依据实施情况及思考情况评分			
	职业能力（5分）	总结能力	3	按总结完整性及清晰度评分			
		举一反三	2	根据实际情况评分			

(续)

项目评价表	项目名称		项目承接人		组号	
	数据库系统运行维护					
项目开始时间	项目结束时间		小组成员			

评分项目			配分	评分细则	自评得分	小组评价	教师评价
核心任务完成情况评价（60分）	数据库知识准备（40分）	数据备份与还原	6	理解数据备份与还原			
			7	掌握数据备份操作			
			7	掌握数据还原操作			
		作业系统管理	5	认识DM8作业系统			
			5	掌握创建作业方法			
			5	掌握修改作业方法			
			5	掌握删除作业方法			
	综合素养（20分）	语言表达	5	讨论、总结过程中的表达能力			
		问题分析	5	问题分析情况			
		团队协作	5	实施过程中的团队协作情况			
		工匠精神	5	敬业、精益、专注、创新等			
拓展训练（20分）	实践或讨论（20分）	完成情况	10	实践或讨论任务完成情况			
		收获体会	10	项目完成后收获及总结情况			
总分							
综合得分（自评20%，小组评价30%，教师评价50%）							
组长签字：				教师签字：			

任务 8.5　项目拓展训练

【综合技能训练】

使用作业系统在每周一 2:00 对职工表 SCH_FACTORY.STAFF 的职工数进行统计。统计结果记录在 SCH_FACTORY.STAFF_COUNT 表中，记录中的字段必须包括"统计时间"和"人数"。

项目 9 基于 DM8 的 Web 应用开发案例

【项目导入】

小达在前面的项目中系统地实现了数据库对象的管理、数据管理、数据库运维等任务，经过一段时间的实践，已经具备了数据库的专业知识和技能。本项目中的 DM8 数据库数据源将支撑一个展示职工信息的 Web 企业管理系统的运行。为了保证应用的兼容扩展能力，小达希望在未来能够接入手机应用客户端。

学习目标

知识目标	技能目标	素养目标
1. 了解典型的应用开发架构 2. 了解需求分析和系统设计	1. 能够创建后端、前端项目 2. 能够配置持久层开发环境以连接数据库 3. 能够编译、部署及运行应用开发项目	1. 培养扎实的分析、设计思维能力 2. 培养解决综合问题的能力 3. 培养深入思考的能力

任务 9.1 系统需求分析及设计

【任务描述】

在开始系统开发工作之前，需要对系统的需求进行详细分析，明确客户或需求方的要求，并根据这些要求确定技术选型、系统结构，形成分析模型、文档等。系统设计阶段在需求分析结果的基础上进行系统的设计，将设计模型转换成具体的设计模型和设计方案，进行系统架构设计、模块设计、接口设计、数据设计等。

【任务分析】

系统需求分析及设计的作用是确保开发团队充分理解用户需求，为软件开发提供清晰的目标和方向，从而提高开发效率、降低风险，并最终交付满足用户期望的高质量软件系统。为达成上述目标，需要熟悉系统需求分析及设计的基本过程。本任务将对技术框架、功能需求进行分析，对系统结构、数据库进行设计。

【任务实施】

9.1.1 系统需求分析

1. 技术框架分析

本项目中将设计一个 Web 企业管理系统，它能展示职工信息，且为了保证应用的兼容扩展能力，在未来可能会接入手机应用客户端。为满足上述需求，可采用一种前后端服务分离的开发架构，后端服务通过接口的方式对外提供数据服务。当开发新的客户端时（如 iOS 操作系统手机客户端或安卓手机客户端），同样可访问后端服务以获取数据，从而保证应用的兼容性。

目前，较主流的一种 Web 应用前后端开发技术架构为 Spring Boot、MyBatis、Vue 开发框架。在该开发框架中，使用 Spring Boot 开发后端项目，使用 MyBatis 进行持久层的数据存取管理，使用 Vue 开发前端项目，前后端通过 HTTP 进行数据交换，系统架构图如图 9-1 所示。

图 9-1　系统架构图

（1）Spring Boot 框架

在介绍 Spring Boot 框架前，需要先介绍 Spring 框架。Spring 框架是一个开放源代码的 J2EE 应用程序框架，是针对 bean 的生命周期进行管理的轻量级容器。Spring 提供了功能强大的 IoC（Inversion of Control，控制反转）、AOP（Aspect Oriented Programming，面向切面编程）及 Web MVC 等功能，解决了开发者在 J2EE 开发中遇到的许多常见问题，大幅简化了项目开发。

但是一个大型项目需要集成很多其他组件，使用 Spring 框架集成组件时需要编写大量的配置文件，较烦琐且容易出错。正是由于这个缺点而催生出了 Spring Boot。Spring Boot 对 Spring 进行了进一步封装，仅需要最少的 Spring 配置就可以创建独立的、生产级 Spring 应用程序，使开发者能够更加专注于业务逻辑。

Spring Boot 具有如下特性：
- 简化配置，快速创建独立运行的 Spring 项目；
- 使用嵌入式应用容器（如 Tomcat、Jetty 或 Undertow），应用无须打成 WAR 包；
- 提供 Starters 启动依赖以简化构建配置；
- 自动装配 Spring 及第三方库；
- 提供生产级别特性，如监控、健康检查及外部化配置；
- 无须生成代码，无须 XML 配置。

（2）MyBatis 框架

MyBatis 是一款优秀的持久层 ORM（Object Relationship Mapping，对象关系映射）框架，它支持自定义 SQL、存储过程以及高级映射。它的原名为 iBatis，是 Apache 的一个开源项目，2010 年后改名为 MyBatis。它免除了几乎所有的 JDBC（Java DataBase Connectivity，Java 数据库互连）代码以及设置参数和获取结果集的工作，且可以通过简单的 XML 或注解来配置和映射原始类型、接口和 Java POJO（Plain Old Java Object，简单 Java 对象）为数据库中的记录。

（3）Vue 框架

Vue（发音为 /vju:/）是一款用于构建用户界面的前端开发框架。它基于标准 HTML、CSS 和 JavaScript 构建，并提供了一套声明式的、组件化的编程模型，聚焦于能够高效地开发用户的视图层。它通过尽可能简单的 API 来实现相应的数据绑定和组合的视图组件。

Vue 的设计非常注重灵活性和"可以被逐步集成"。根据需求场景，可以用不同的方式使用 Vue。
- 无须构建步骤，渐进式增强静态的 HTML。

- 在任何页面中作为 Web Components 嵌入。
- 单页应用（SPA）。
- 全栈/服务端渲染（SSR）。
- Jamstack/静态站点生成（SSG）。
- 开发桌面端、移动端、WebGL，甚至是命令行终端中的界面。

2．功能需求分析

（1）总体要求

本案例需要开发一个展示职工信息的 Web 系统，目标用户为所有访问该系统的用户，且后期还有可能进行功能扩展。

（2）运行环境

系统采用 B/S 模式（Browser/Server，浏览器/服务器模式）。使用者通过浏览器客户端访问系统，网络良好。

（3）用户特点

由于当前系统并未要求登录后才能查阅数据，因此所有用户都能够访问用户数据信息。用例图如图 9-2 所示。

图 9-2　用例图

（4）用户界面

为满足可能扩展的系统功能，在界面中添加一个导航菜单，可设置不同模块。在"职工列表"模块下能够展示所有职工的信息，且能对某些栏目进行排序，以便于查看。

（5）数据模式

要展示的信息为职工信息，故数据库中需要记录职工的各类信息。在此使用前面章节中创建的"职工表"，其数据模式为：职工（职工号，姓名，性别，年龄，电话号码，籍贯，部门号）。

（6）其他需求

系统使用 Java 技术，依托 Spring Boot、MyBatis、Vue 开发框架进行项目开发。

9.1.2　系统设计

1．总体结构设计

本案例中的企业管理系统包含"应用信息""职工列表"两个模块，系统总体结构设计如图 9-3 所示。应用信息模块主要显示系统欢迎页面，职工列表模块显示职工个人信息列表。

2．数据库设计

在"应用信息""职工列表"两个模块中，只有职工列表模块需要进行数据库设计。根据 9.1.1 节中的数据模式，E-R 图如图 9-4 所示。

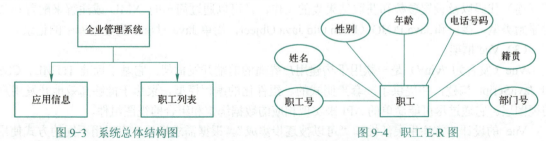

图 9-3　系统总体结构图　　　　　　　图 9-4　职工 E-R 图

对应的数据库表设计见表 9-1。

项目 9　基于 DM8 的 Web 应用开发案例

表 9-1　职工表设计

名称	数据类型	备注
职工号	INT	主键
姓名	VARCHAR(50)	
性别	CHAR(2)	
年龄	TINYINT	
电话号码	CHAR(13)	
籍贯	VARCHAR(50)	
部门号	INT	

任务 9.2　服务端系统接口开发

【任务描述】

根据选择的技术框架、功能需求分析和系统结构设计的要求，本项目将采用前后端分离的开发模式。本任务将进行服务端系统接口的开发，实现获取职工信息功能的接口。

【任务分析】

实现获取职工信息功能接口，需要创建后端项目、进行业务逻辑设计，以及进行数据库的连接。在开发过程中，要注意控制层、业务层及持久层的定义和管理。此外，还应注意框架中各类配置文件的定义，确保接口功能的正确性。

【任务实施】

9.2.1　创建项目

1. 项目创建及 Maven 配置

在 IntelliJ IDEA 中创建一个名称为 DMProject 的项目。选择"File→New→Project"，在弹出的如图 9-5 所示的"New Project"窗口中输入项目名称，选择开发语言为"Java"，选择构建工具为"Maven"，在"GroupId"中填写"cn.edu.cqcet"，在"ArtifactId"中填写"DMProject"，最后单击"Create"按钮创建项目。

9.2.1
创建项目

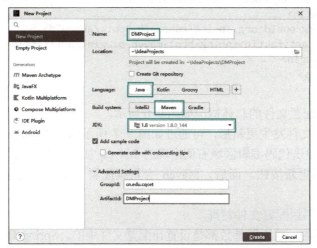

图 9-5　"New Project"（新建项目）窗口

在创建好项目后，对项目的 pom.xml 文件进行配置。pom.xml（Project Object Model，项目对象模型）文件是 Maven 项目构建工具的配置文件。

首先是对"父工程"进行配置，在<parent>标签中配置父工程信息，即表明该项目继承自哪个项目。如下面的配置代码，表明此项目是以"spring-boot-starter-parent"的依赖关系作为基础进行开发的。

```xml
<!-- 父工程 -->
<parent>
    <groupId>org.springframework.boot</groupId>
    <artifactId>spring-boot-starter-parent</artifactId>
    <version>2.2.5.RELEASE</version>
</parent>
```

然后对"依赖"进行配置。<dependencies>标签管理项目中需要引入的其他依赖，每一个依赖以<dependency>标签形式添加在其中。在依赖中有一类起步依赖，它们包含了开发框架所需的一系列依赖描述符。引入起步依赖的同时会引入相关的传递依赖，从而帮助开发者快速、便捷地构建项目初始依赖环境。比如下面的配置代码中引入了一个 Spring Web 的 Web 启动器，即起步依赖"spring-boot-starter-web"，将其引入项目后会传递引入 spring-webmvc、jackson-databind、spring-boot-starter-tomcat 等传递依赖。

```xml
<!-- 起步依赖 -->
<dependencies>
    <dependency>
        <groupId>org.springframework.boot</groupId>
        <artifactId>spring-boot-starter-web</artifactId>
    </dependency>
</dependencies>
```

最后对<build>标签中的插件（plugin）进行配置。如下面配置代码中引入的"spring-boot-maven-plugin"能够将 Spring Boot 应用打包为可执行的 JAR 或 WAR 文件，然后以通常的方式运行 Spring Boot 应用。

```xml
<!-- 插件 -->
<build>
    <plugins>
        <!--Spring Boot 项目的 Maven 打包插件-->
        <plugin>
            <groupId>org.springframework.boot</groupId>
            <artifactId>spring-boot-maven-plugin</artifactId>
        </plugin>
    </plugins>
</build>
```

最终的 pom.xml 配置文件的总体情况如图 9-6 所示。

在 pom.xml 配置文件发生更新后，可通过如图 9-7 所示的两种方式对变更的配置进行重新加载。第一种方式是单击代码编辑区域右侧出现的 Maven 加载按钮；第二种方式是在打开右侧 Maven 侧边栏后单击更新按钮。而后，Maven 会根据配置下载依赖的包、对依赖关系进行管理、下载插件等。

2. Spring Boot 项目配置文件管理

Spring Boot 项目的一些注册参数都是设置在配置文件中的。Spring Boot 的系统配置文件保存在"resources"文件夹中，可以是 application.properties 和 application.yml 两种格式中的任意一种，如果两个文件都存在，则 application.properties 的优先级更高。在此将项目的端口设置为 9000，如图 9-8 所示。

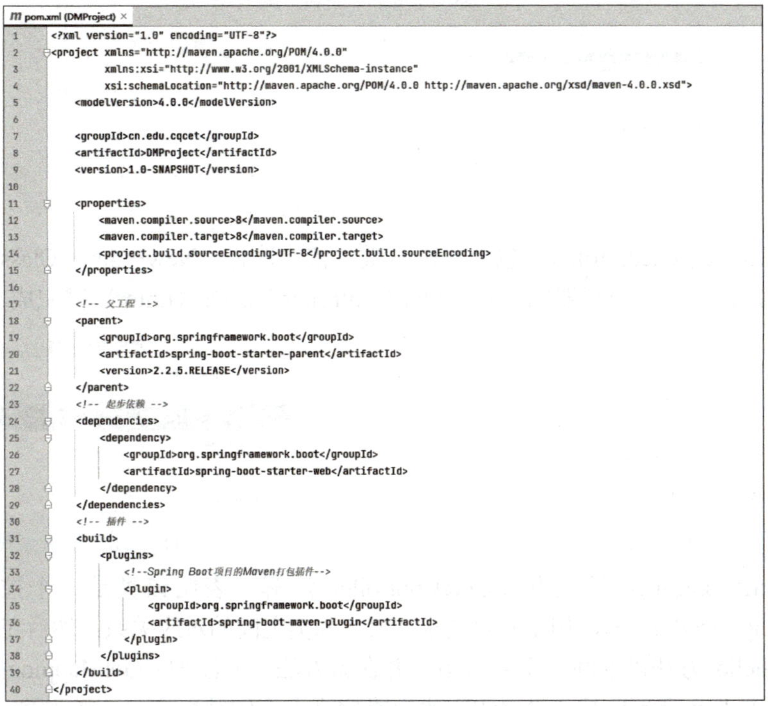

图 9-6　pom.xml 配置文件

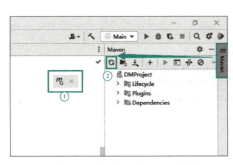

图 9-7　重新加载 Maven 配置

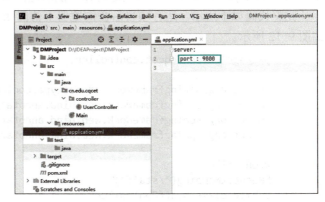

图 9-8　Spring Boot 系统配置文件

3. 定义项目启动类及控制器

在如图 9-9 所示的 "main→java" 目录下的 "cn.edu.cqcet" 包下的 Main 类代码上方添加 @SpringBootApplication 注解，将 Main 类配置为启动类。

接下来编写项目中业务控制层的 Controller（控制器）。Controller 是 Spring Boot 的基本组件，也是 MVC 结构的组成部分，其作用是将用户提交的请求通过 URL 匹配，分发给不同的控制器，由控制器决定采用业务层的什么业务逻辑进行处理，然后返回处理结果。

① 在 "cn.edu.cqcet" 包上单击右键，依次选择 "New→Package"，在弹出的如图 9-10 所示的窗口中填写 "cn.edu.cqcet.controller" 后按〈Enter〉键完成包的创建。

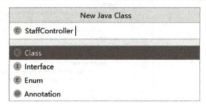

图 9-9　启动类配置

② 在"cn.edu.cqcet.controller"包上单击右键,依次选择"New→Java Class",在弹出的如图 9-11 所示的窗口中填写控制器的名称"StaffController"后按〈Enter〉键完成类的创建。

图 9-10　创建包窗口　　　　　　　　　　图 9-11　创建 Java 类窗口

首先在 StaffController 类上方添加@Controller 注解,表明该类是一个控制器类,添加@RequestMapping("/staff")注解,用于映射请求 URL 和类之间的对应关系;然后在 StaffController 类内创建一个 hello 方法以返回一个字符串,并在该方法上方添加@GetMapping("/hello")注解,表明 HTTP 请求"/staff/hello/"("/staff"来自类定义上方的映射定义)映射到 hello 处理方法上,添加@ResponseBody 注解以指定将该方法的返回值绑定到相应消息的 body 中。

完整代码如下所示。运行项目后在浏览器上访问 http://localhost:9000/staff/hello 得到的结果如图 9-12 所示。

```java
package cn.edu.cqcet.controller;

import org.springframework.stereotype.Controller;
import org.springframework.web.bind.annotation.GetMapping;
import org.springframework.web.bind.annotation.RequestMapping;
import org.springframework.web.bind.annotation.ResponseBody;

@Controller
@RequestMapping("/staff")
public class StaffController {

    @GetMapping("/hello")
    @ResponseBody
    public String hello() {
        return "您好!这是一个 Spring Boot 应用!";
    }
}
```

图 9-12　浏览器访问结果

9.2.2 业务逻辑设计

1. 业务层的定义

在 Spring Boot 项目中处理业务逻辑的层为业务层。业务层在代码结构上可以采用 Service 接口、ServiceImple 实现类的定义方式。

① 在"main→java"目录下创建"cn.edu.cqcet.service"和"cn.edu.cqcet.service.imple"两个包,为 Service 接口、ServiceImple 实现类的创建做好准备工作。

② 在 cn.edu.cqcet.service 包下创建 StaffService 接口。在该接口中,定义 getStaffInfo 方法,返回类型为 String,如图 9-13 所示。

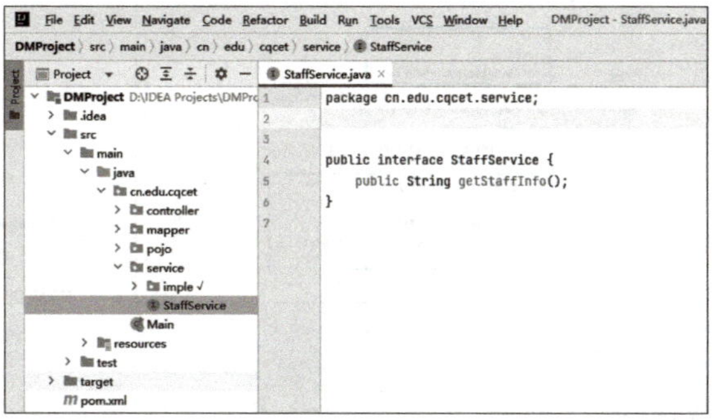

图 9-13 业务层 StaffService 接口

③ 在 cn.edu.cqcet.service.imple 包下创建 StaffServiceImple 实现类。该类是 StaffService 接口的实现,通过 getStaffInfo 方法返回一个字符串。具体代码如图 9-14 所示。

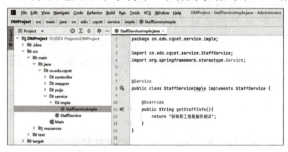

图 9-14 业务层 StaffServiceImple 实现类

2. 业务逻辑的装配及调用

前述步骤已完成了业务层的定义,接下来实现业务逻辑对应接口的装配及调用。

① 通过@Autowired 注解进行自动装配,将 StaffService 接口注入 Spring Boot,代码如下。

```
@Autowired
StaffService staffService;
```

② 在 StaffController 类中添加 getStaffInfo 方法,如下所示。指定该方法映射路径为"/staff/info",添加@ResponseBody 注解以指定将该方法的返回值绑定到相应消息的 body 中,返回类型为 String,数据返回值通过调用 StaffService 的 getStaffInfo 方法获取。

```
@GetMapping("/info")
@ResponseBody
public String getStaffInfo(){
    return staffService.getStaffInfo();
}
```

完整代码如图 9-15 所示。运行项目后在浏览器上访问 http://localhost:9000/staff/info 得到的结果如图 9-16 所示。

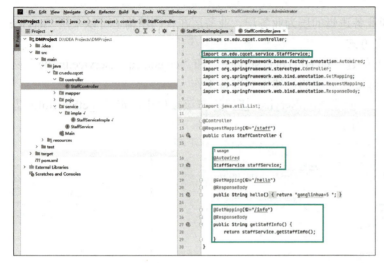

图 9-15　控制层 StaffController 控制器　　　　　图 9-16　浏览器访问结果

9.2.3　数据库连接

1. 持久层配置

持久化是将程序数据在持久状态和瞬时状态间转换的机制，即将瞬时数据（如内存中的数据）持久化为持久数据（如保存至数据库中），或将持久化数据转换为瞬时数据以便加以利用。本项目使用 MyBatis 和达梦 JDBC 驱动 Dm8JdbcDriver18 来进行数据持久化管理。

9.2.3 数据库连接

（1）在 pom.xml 中配置依赖

首先配置 MyBatis 的依赖。

```xml
<dependency>
    <groupId>org.mybatis.spring.boot</groupId>
    <artifactId>mybatis-spring-boot-starter</artifactId>
    <version>1.3.2</version>
</dependency>
```

然后配置达梦 JDBC 依赖。DM8 使用 Dm8JdbcDriver18。

```xml
<dependency>
    <groupId>com.dameng</groupId>
    <artifactId>Dm8JdbcDriver18</artifactId>
    <version>8.1.1.49</version>
</dependency>
```

除前述两个依赖以外，还添加了 lombok 依赖，用于通过注解降低创建 Java 类的代码量。

```xml
<dependency>
    <groupId>org.projectlombok</groupId>
    <artifactId>lombok</artifactId>
    <version>1.16.22</version>
</dependency>
```

（2）数据源及 MyBatis 配置

首先配置数据源，其中 driver-class-name 指定驱动类名称；url 指定连接达梦数据库的 IP 地址、端口、SCHEMA 等连接信息；username 和 password 分别指定用户名与密码。具体配置如下所示。

```yaml
spring:
    datasource:
        driver-class-name: dm.jdbc.driver.DmDriver
        url: jdbc:dm://127.0.0.1:5236/SCH_FACTORY?zeroDateTimeBehavior=convertToNull&useUnicode=true&characterEncoding=utf-8
        username: SYSDBA
        password: 123456
```

其次对 MyBatis 进行配置，在 configuration 配置中定义将 SQL 语句和查询的结果都输出到控制台，配置项为 log-impl: org.apache.ibatis.logging.stdout.StdOutImpl。具体配置如下。

```yaml
mybatis:
    configuration:
        log-impl: org.apache.ibatis.logging.stdout.StdOutImpl
```

2. 映射器配置

（1）创建 POJO 类

首先创建"cn.edu.cqcet.pojo"包，在该包中创建 POJO 类 Staff。在该类上方添加 lombok 库的注解：注解@Data 表明将生成类各属性的 getter 和 setter 方法；注解@AllArgsConstructor 表明将生成类的包含所有属性参数的构造函数；注解@NoArgsConstructor 表明将生成类的无参构造函数；注解@ToString 表明将生成类各属性的 toString 方法。Staff 类中的各属性将根据达梦数据库中 SCH_FACTORY.STAFF 表的各字段对应创建。具体代码如下。

```java
package cn.edu.cqcet.pojo;
import lombok.AllArgsConstructor;
import lombok.Data;
import lombok.NoArgsConstructor;
import lombok.ToString;

@Data                    //lombok 扫描到该注解将生成类各属性的 getter 和 setter 方法
@AllArgsConstructor      //lombok 扫描到该注解将生成类的包含所有属性参数的构造函数
@NoArgsConstructor       //lombok 扫描到该注解将生成类的无参构造函数
@ToString                //lombok 扫描到该注解将生成类各属性的 toString 方法
public class Staff {
    private int 职工号;
    private String 姓名;
    private String 性别;
    private int 年龄;
    private String 电话号码;
    private String 籍贯;
    private int 部门号;
}
```

（2）创建 Mapper 接口

在 Spring Boot 中整合使用 MyBatis，可以通过注解及 Mapper 接口来绑定映射的 SQL 语句。

在接口上添加注解@Mapper 来表明将这个 Mapper 接口注入 Spring Boot 应用，交给 MyBatis 管理，在编译时会生成相应的实现类。在本项目中，首先创建 "cn.edu.cqcet.mapper" 包，在该包中创建 StaffMapper 接口。在定义 getAllStaff 方法时，在该方法上方添加@Select 注解，绑定该方法所执行的 SQL 语句，明确返回的类型为 Staff 类的列表类来记录 SQL 执行返回的结果集。

```
package cn.edu.cqcet.mapper;
import cn.edu.cqcet.pojo.Staff;
import org.apache.ibatis.annotations.Mapper;
import java.util.List;

@Mapper
public interface StaffMapper {
    @Select("select * from SCH_FACTORY.STAFF")
    List<Staff> getAllStaff();
}
```

（3）业务代码修改

在 cn.edu.cqcet.service.imple.StaffServiceImple 实现类中，通过@Autowired 注解自动装配 StaffMapper 接口，然后将 getStaffInfo 方法返回的字符串替换成 StaffMapper 接口中的 getAllStaff 方法，如图 9-17 所示。

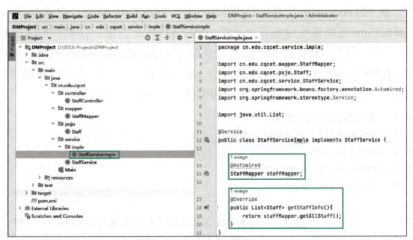

图 9-17　装配 StaffMapper 接口

运行项目后在浏览器上访问 "http://localhost:9000/staff/info" 得到的结果如图 9-18 所示。

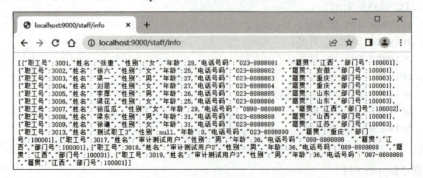

图 9-18　浏览器访问结果

任务 9.3　前端设计及开发

【任务描述】
在上一任务中完成了后端接口的开发。在本任务中，将进行前端的设计和开发。本任务的主要目标是正确创建和配置前端项目，正确调用后端接口并将数据正确渲染至前端的组件中。最终实现可用性高、交互性好的前端展示。

【任务分析】
本任务的实现，需要正确创建前端项目框架，使用路由组件正确定义数据请求的路由，使用网络组件异步获取后端接口数据，使用用户界面组件展示获取的数据。需要注意的是，如果前端和后端服务未运行在同一台服务器上，则将出现跨域访问的问题。如果需要跨域访问，则需要进行相关设置。

【任务实施】

9.3.1　创建前端项目

1. 新建项目

本案例使用 HBuilder X 集成开发环境进行前端项目的开发。

① 进入 HBuilder X 后，在如图 9-19 所示的初始界面中单击"新建项目"。

② 在弹出的如图 9-20 所示的"新建项目"窗口中依次选择"普通项目"→为项目命名"DMProjectFrontend"→指定项目所在的路径→选择模板"vue 项目（2.6.10）"，最后单击"创建"按钮。

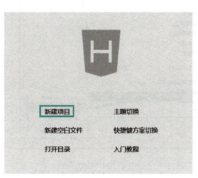

图 9-19　HBuilder X 初始界面

图 9-20　"新建项目"窗口

③ 项目创建成功后可见如图 9-21 所示的目录结构。下面介绍其中主要的目录和文件。
- node_modules：项目依赖的工具包保存目录。
- public：用于存放如图标、图片、视频、音频、静态页面等资源文件的目录；其中的 public/index.html 文件的作用是生成项目的入口模板文件。
- src：存放项目源代码的文件夹，程序员的主要工作成果存储在该文件夹内。
  - src/assets：也是用于存放如图片、样式文件、静态资源文件的目录。
  - src/components：存放全局组件/非路由组件的目录，所有组件的扩展名均为".vue"。
  - src/router：各个页面的地址路径的路由设置所在的目录（配置 Vue Router 时将加入）。

- src/views：存放路由页面组件的目录（配置 Vue Router 时将加入）。
- src/App.vue：项目的主组件，所有页面都是在 App.vue 下切换的。
- src/main.js：整个项目的入口文件，也是整个程序最开始执行的文件，主要作用是初始化 Vue 实例，同时可以在此文件中引用某些组件库或者全局挂载一些变量。
  - babel.config.js：babel 是一个 JavaScript 编译器，主要用于在当前和较旧的浏览器或环境中将 ECMAScript 2015+代码转换为 JavaScript 的向后兼容版本，实现低版本浏览器的兼容。此文件为配置文件。
  - package.json：模块基本信息、项目配置信息、启动方式、版本等内容配置文件。
  - package-lock.json：记录当前状态下实际安装的各个 npm package 的具体来源和版本号的文件。

2. 运行项目

在前述步骤中已经创建好了一个 Vue 前端项目，接下来运行项目来验证该项目是否创建成功。

① 如图 9-22 所示，在该项目上单击右键，在弹出的快捷菜单中依次单击"外部命令"→"npm run serve"。

图 9-21　Vue 项目目录结构

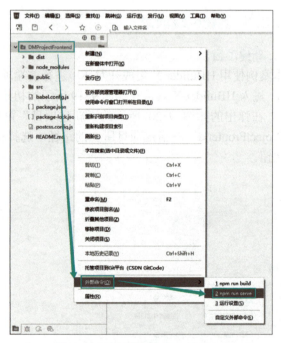

图 9-22　运行外部命令 npm run serve

② 如果 HBuilder X 未找到 npm 工具，则会弹出如图 9-23 所示的提示窗口，此处可指定"外部终端"的安装路径，或选择"使用内置终端"。如果选择"使用内置终端"且未在 HBuilder X 中安装过内置终端，则会弹出安装"内置终端"插件的提示对话框，单击"下载插件"按钮即可自动下载安装。

③ 完成运行终端类型的设置后，运行项目，结果如图 9-24 所示。

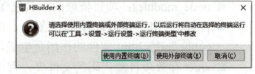

图 9-23　终端选择提示窗口

④ 在浏览器中输入 Local 的访问地址，可看见如图 9-25 所示的界面。此时，项目已能正常运行。

图 9-24 项目运行结果

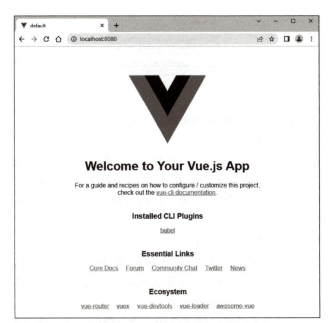
图 9-25 Vue 模板项目默认首页

9.3.2 组件安装及配置

在 9.3.1 节中已创建一个最基本的 Vue 前端项目，为了实现项目的功能，还需要引入路由、用户界面、网络请求组件库。下面对它们逐步进行安装及配置。

【温馨提示】
内置终端的安装路径为 "Hbuilder X 安装路径\plugins\npm\"。调用 npm 命令，可通过绝对路径，也可设置系统环境变量后调用。下面组件安装案例已设置系统环境变量。

1. Vue Router 组件安装及配置

（1）Vue Router 组件的安装

安装 Vue Router 组件，需要注意版本问题，版本过高可能会报错。本案例中使用的 Vue 的版本是 2.6.10，安装的 Vue Router 的大版本应为 3。通过 npm 安装的命令如下。

9.3.2
组件安装及配置—Vue Router 组件安装及配置

```
npm install vue-router@3
```

具体的操作如图 9-26 所示，首先单击"终端"按钮打开终端，然后单击"新建终端标签卡"按钮，最后在终端中输入命令以完成 Vue Router 的安装。

图 9-26 安装 Vue Router 组件

【温馨提示】
使用 npm 的默认源进行组件的安装可能会出现网络超时或者下载出错的情况。该问题可通过将 npm 的源设置为国内源来解决。将 npm 源设置为阿里云镜像的操作步骤如图 9-27 所示。

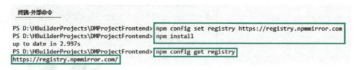

图 9-27　配置阿里云镜像

（2）准备 Component 组件

① 创建 Info 组件。

在"components"目录上单击右键，在弹出的快捷菜单中依次选择"新建"→"vue 文件"，然后在弹出的对话框中命名文件为"Info.vue"→选择"简单模板"→单击"创建"按钮，完成模板文件的创建。最后在<template>和</template>标签之间输入"<h1>职工详情界面</h1>"，如图 9-28 所示。

② 创建 Hello 组件。

创建 Hello 组件的方法与创建 Info 组件一致，二者的区别在于组件的名称及最后在<template>和</template>标签之间输入的内容，前者输入的是"<h1>问候页面</h1>"。

（3）配置 Vue Router

在前述步骤中已经准备好了两个组件，接下来就是对 Vue Router 进行配置。相关配置写在 router/index.js 中。

图 9-28　创建 Info 组件

① 导入 Vue 和 Vue Router 组件。

导入 Vue 及 Vue Router 组件，并通过 Vue.use 全局注册 Vue Router 组件。相关代码如下。

```
import Vue from 'vue'
import VueRouter from 'vue-router'
Vue.use(VueRouter)
```

② 导入 Component 组件。

接着导入前面创建好的 Hello 及 Info 组件。相关代码如下。

```
import Hello from '../components/Hello.vue'
import Info from '../components/Info.vue'
```

③ 创建 Vue Router 实例。

最后创建 Vue Router 实例，并进行配置。此处在创建 Vue Router 实例时定义了路由参数 routes，分别指定了两个组件的访问路径（path）和组件（component）。相关代码如下。

```
const router = new VueRouter({
    routes: [
        {path:'/staff/hello',component:Hello },
        {path:'/staff/info',component:Info }
    ]
})
```

④ 导出默认模块。

最后将创建的实例 router 作为默认模块导出，便于模块的引用。相关代码如下。路由配置文件总体代码情况如图 9-29 所示。

```
export default router
```

（4）导入 router 配置并将 Vue Router 实例挂载到 Vue 实例上

在 main.js 中导入前述步骤设置的 router 组件实例，相关导入代码如下。

```
import router from './router'
```

然后将 router 挂载到 Vue 实例上，总体代码情况如图 9-30 所示。

图 9-29　路由配置文件总体代码情况　　　图 9-30　将 router 挂载到 Vue 实例上

（5）设置 router-link 和 router-view

在 Vue Router 中定义了 <router-link> 和 <router-view> 两个标签。<router-link> 定义页面中单击的部分，<router-view> 定义组件显示的区域。

<router-link> 中的属性 to 定义单击之后的路由地址，与路由实例中的 path 进行匹配。

下面的代码定义了"应用信息"和"职工列表"两个链接，以及组件显示区域。总体代码编写在 App.vue 文件中，如图 9-31 所示，还对应用中的图标和 HelloWorld 模块进行了注释。

```
<router-link to="/staff/hello">应用信息</router-link>
<router-link to="/staff/info">职工列表</router-link>
<router-view></router-view>
```

访问 http://localhost:8080，可见两个路由链接，单击后的效果如图 9-32 所示。

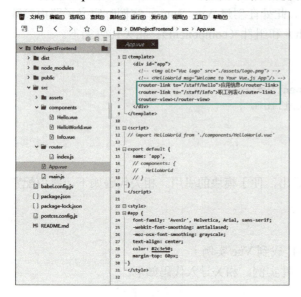

图 9-31 在主组件中引入路由链接　　　　图 9-32 浏览器访问结果

2. Element UI 组件安装及配置

（1）安装 Element UI 组件

通过 npm 安装 Element UI 组件的命令如下，在终端中执行以完成安装。具体的操作步骤可参考 Vue Router 组件的安装步骤。

9.3.2 组件安装及配置—Element UI 组件安装及配置

```
npm i element-ui -S
```

（2）导入 Element UI 配置

接下来在 main.js 中导入 Element UI 组件，相关代码如下。导入后，通过 Vue.use 全局注册。总体代码情况如图 9-33 所示。

```
import ElementUI from 'element-ui'
import 'element-ui/lib/theme-chalk/index.css'
Vue.use(ElementUI)
```

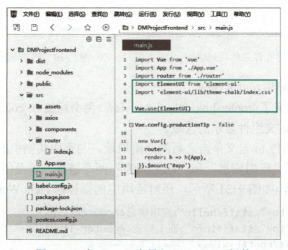

图 9-33 在 main.js 中导入 Element UI 组件

项目 9　基于 DM8 的 Web 应用开发案例

（3）使用 Element UI 效果

导入 Element UI 后，可通过 el-menu 来改进前面设置的两个路由链接的样式。相关代码如下，主要设置了<el-menu>标签以及<el-menu-item>标签。下面对其中的参数进行说明。

- default-active="activeIndex"，用于设置当前激活菜单的 index，可通过 data 返回的 activeIndex 参数确定菜单的 index。
- mode="horizontal"，设置模式为水平模式。
- background-color="#545c64"，设置背景颜色。
- text-color="#fff"，设置文字颜色。
- active-text-color="#ffd04b"，设置选中选项文字颜色。
- index="1"，设置菜单项的 index 值。

```
<el-menu
    :default-active="activeIndex"
    mode="horizontal"
    @select="handleSelect"
    background-color="#545c64"
    text-color="#fff"
    active-text-color="#ffd04b">
    <el-menu-item index="1"><router-link to="/staff/hello">应用信息</router-link></el-menu-item>
    <el-menu-item index="2"><router-link to="/staff/info">职工列表</router-link></el-menu-item>
</el-menu>
```

在浏览器中输入 Local 的访问地址，可看见如图 9-34 所示的界面。此时，项目已能正常展示 Element UI 的效果。

图 9-34　引入 Element UI 效果的应用信息界面

3．Axios 组件安装及配置

在前面步骤中已通过 Vue Router 配置了路由以及路由对应的 Component 组件，但组件的内容是静态内容。在任务 9.2 中已完成服务端系统接口的开发，在前端可导入网络访问组件 Axios，请求服务端的数据，进行页面数据的动态展示。

9.3.2
组件安装及配置—Axios 组件安装及配置

（1）Axios 组件安装

通过 npm 安装 Axios 组件的命令如下，在终端中执行以完成安装。具体的操作步骤可参考前述其他组件的安装步骤。安装结果如图 9-35 所示。

```
npm install axios save
```

```
终端·外部命令
PS D:\HBuilderProject\DMProjectFrontend> npm install axios save

added 14 packages, removed 1 package, changed 1 package, and audited 1171 packages in 20s

1 package is looking for funding
  run `npm fund` for details

84 vulnerabilities (1 low, 22 moderate, 46 high, 15 critical)

To address issues that do not require attention, run:
  npm audit fix

To address all issues (including breaking changes), run:
  npm audit fix --force

Run `npm audit` for details.
```

图 9-35　Axios 组件安装结果

（2）Axios 配置

在本案例中，Axios 相关配置写在 axios/index.js 中。

① 导入 Axios 组件。

相关代码如下。

```
import axios from 'axios'
```

② 创建 Axios 实例。

相关代码如下。

```
const request = axios.create({
    baseURL: 'http://localhost:9000/staff',
    withCredentials: true, //Cookie 跨域
    timeout: 5000,
    headers: {
        get: {
            'Content-Type': 'application/x-www-form-urlencoded;charset=utf-8'
        },
        post: {
            'Content-Type': 'application/json;charset=utf-8'
        }
    },
    validateStatus: function () {
        return true
    },
    transformResponse: [
        function (data) {
            if (typeof data === 'string' && data.startsWith('{')){
                data = JSON.parse(data)
            }
            return data
        }
    ]
})
```

下面对其中的主要参数进行说明。

- baseURL：设置默认路径，后续的请求以此路径为基础。
- withCredentials：设置跨域请求是否提供凭据信息，由于本案例中的前后端项目是分离的，故此处设置为 true。
- timeout：设置超时时间。
- headers：设置请求头。

- validateStatus：对响应状态码的验证。
- transformResponse：修改响应数据的设置。

③ 导出默认模块。

最后将创建的实例 router 作为默认模块导出，便于模块的引用。相关代码如下。总体代码情况如图 9-36 所示。

```
export default request
```

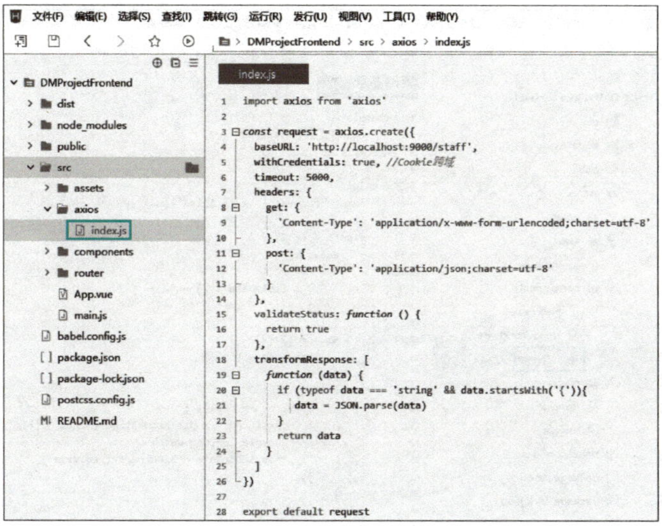

图 9-36 Vue Router 配置文件总体代码

9.3.3 获取服务端数据并渲染

在前面章节中已经安装并配置了项目的基础组件，接下来从后端获取数据并在前端进行页面渲染的设计。

1. 服务端跨域请求配置

由于本案例采用前后端分离架构，因此前端访问后端时需要对跨域请求进行设置。对于前端，在配置 Axios 时已经设置"withCredentials:true"。接下来对后端进行配置，在"cn.edu.cqcet.config"包中创建一个配置类 CorsConfig，代码如下。

通过注解@Configuration 在 Spring Boot 中将 CorsConfig 注册为配置类，且该配置类实现了接口 WebMvcConfigurer 的 addCorsMappings 方法，其中"addMapping("/**")"表示拦截所有的路径；"allowedOrigins("http://localhost"+":8080")"表示允许 http://localhost:8080 域进行请求；"allowCredentials(true)"表示允许携带凭据信息跨域请求。

```
package cn.edu.cqcet.config;
import org.springframework.context.annotation.Configuration;
import org.springframework.web.servlet.config.annotation.CorsRegistry;
import org.springframework.web.servlet.config.annotation.WebMvcConfigurer;

@Configuration
public class CorsConfig implements WebMvcConfigurer {
    @Override
    public void addCorsMappings(CorsRegistry registry) {
```

```
            registry.addMapping("/**").allowedOrigins("http://localhost"+":8080").allowCredentials(true);
        }
    }
```

2. 前端请求服务端数据

在完成跨域请求配置后，前端可跨域请求服务端的数据。下面在 Info 组件中进行数据的请求，总体代码如图 9-37 所示。

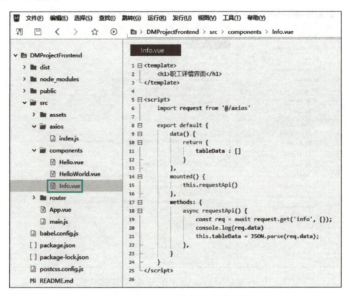

图 9-37　Info 组件总体代码

首先导入 Axios 实例 request；data 方法中的 tableData 是后续更新 Element UI 组件数据的数组；mounted 方法在 DOM 渲染完毕后调用 this.requestApi 方法。

在 requestApi 方法中，async 声明该方法是异步的。await 表明等待一个异步方法执行完成，即等待 Axios 实例 request 的 get 方法执行完成。此处 get 方法访问的路径是 info，配合创建 Axios 时定义的 baseURL，访问的是"http://localhost:9000/staff/info"。

当 get 方法执行完成后，在控制台（Console）中输出获取的数据，如图 9-38 所示。最后将获取的数据更新至 tableData 中。

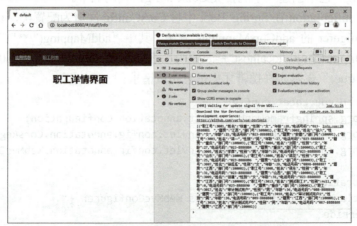

图 9-38　在开发者工具中查看获取的数据

3. 前端用户界面渲染

现已从后端接口获取了数据，接下来进行用户界面的渲染。该案例使用了 Element UI 的表格组件 el-table，相关代码如下所示。首先设置表格数据来源为 tableData，宽度为 100%，默认排序为按"职工号"降序排序；然后根据数据的字段设置对应的表格列 el-table-column。此处要注意的是 prop 应与 tableData 中数据的键一致，label 为表格列名，sortable 为设置列可排序。此处的代码应放置在 Info 组件的 <template></template> 标签组中，总体代码如图 9-39 所示。

```html
<el-table :data="tableData" style="width: 100%" :default-sort="{prop: '职工号', order: 'descending'}">
    <el-table-column prop="职工号" label="职工号" sortable width="180">
    </el-table-column>
    <el-table-column prop="姓名" label="姓名" sortable width="180">
    </el-table-column>
    <el-table-column prop="性别" label="性别" sortable width="180">
    </el-table-column>
    <el-table-column prop="年龄" label="年龄" sortable width="180">
    </el-table-column>
    <el-table-column prop="电话号码" label="电话号码" sortable width="180">
    </el-table-column>
    <el-table-column prop="籍贯" label="籍贯" sortable width="180">
    </el-table-column>
    <el-table-column prop="部门号" label="部门号" sortable width="180">
    </el-table-column>
</el-table>
```

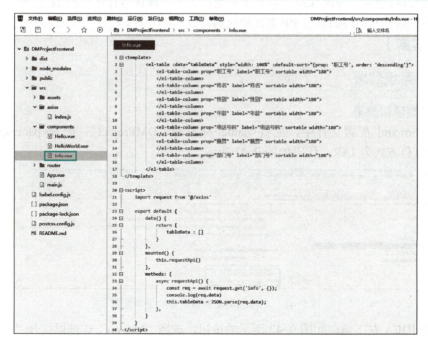

图 9-39　添加 Element UI 表格组件后的 Info 组件总体代码

在浏览器中输入前端 Local 的访问地址后，单击"职工列表"链接，可看见如图 9-40 所示的界面。此时，项目已完成了后端数据的读取以及前端用户界面的渲染。

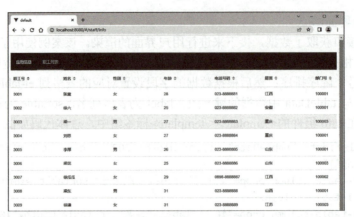

图 9-40 职工列表前端界面

任务 9.4　系统部署及运行

【任务描述】

截至上一任务，已完成前端、后端功能的开发。本任务主要进行前、后端项目的编译、打包、部署和运行等工作。

【任务分析】

通过编译、打包，可以将前端、后端项目脱离开发状态，部署至对应的运行平台中运行。在对项目编译或打包前，应确保前、后端项目运行正常，确认运行环境的 IP 地址、端口号等信息，并在编译或打包前在项目代码中进行相应的修改。

【任务实施】

9.4.1　系统部署

1. 服务端项目部署

① 在 pom.xml 配置文件中，配置<name>标签为"DMProject"；配置<packaging>标签为"jar"，表明打包方式为 JAR。代码如图 9-41 所示。

图 9-41　在 pom.xml 配置文件中更新配置

② 单击 IDEA 左下角，如图 9-42 所示的按钮，选择"Maven"选项以打开"Maven"管理面板。

③ 在"Maven"管理面板中展开"DMProject"折叠项，如图 9-43 所示，依次选择"Lifecycle"→"package"进行打包。打包完成后可在 target 目录下找到"DMProject-1.0-SNAPSHOT.jar"包。至此完成了后端项目的部署。

项目 9　基于 DM8 的 Web 应用开发案例

图 9-42　选择 Maven 选项以打开"Maven"管理面板

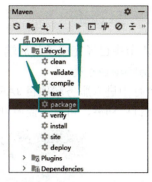

图 9-43　Maven 项目打包

2. 前端项目部署

① 如图 9-44 所示，在项目上单击右键，在弹出的快捷菜单中依次单击"外部命令"→"npm run build"。

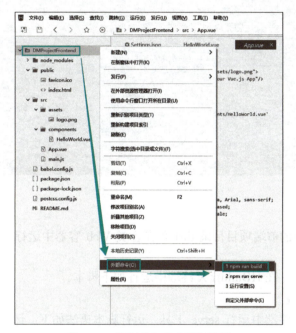

图 9-44　执行外部命令进行编译

② 编译成功后，如图 9-45 所示，会在项目目录下生成一个"dist"目录。该目录可部署在 Web 容器中以运行前端项目。

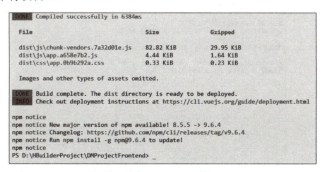

图 9-45　编译结果

9.4.2 系统运行

在 9.4.1 节中已经完成了前后端项目的配置和部署，接下来分别运行前后端项目。

1. 服务端项目运行

在命令行中进入服务端项目 JAR 文件所在的目录，通过如图 9-46 所示的 java -jar 命令运行项目。当项目启动后，可见已监听 9000 端口。

图 9-46　服务端项目运行结果

2. 前端项目运行

在前述章节中编译的前端项目目录 dist 可在各类 Web 容器中运行。本案例使用 serve 工具运行前端项目。

① 安装 serve 工具，在 HBuilder X 终端中运行如下脚本。

```
npm i -g serve
```

② 在 HBuilder X 终端中运行 serve 工具，运行脚本语法如下，运行结果如图 9-47 所示。运行后访问 http://localhost:8080/。

```
serve -s dist 所在目录 -p 端口号
```

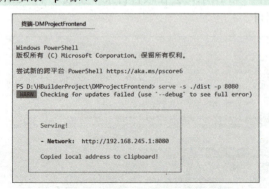

图 9-47　serve 工具运行结果

任务 9.5　项目总结

【项目实施小结】

本项目整合了 DM8 数据库作为数据源，它支撑了一个展示职工信息的 Web 企业管理系统的运行。后端使用 Spring Boot 作为框架，搭建了系统的基础架构，并利用 MyBatis 和 Dm8JdbcDriver18 操作数据库，实现了职工信息的读取功能。在前端，使用 Vue 作为主要的开发框架，并结合 Element UI 组件库进行页面设计和布局；使用 Axios 组件实现了前后端数据的交互；使用 Vue Router 进行前端路由的管理。

通过本项目的实施，能够初步实现根据用户需求开发数据库应用程序，配置不同接口语言的开发环境，推荐合理的开发环境以及配置 JDBC 开发环境，解答客户在配置开发环境时遇到的问题等目标。

【对接产业技能】

1. 根据用户需求开发数据库应用程序，配置数据库不同接口语言的开发环境
2. 根据手册和指导书的要求，以及客户需求，推荐使用合理的开发环境
3. 根据手册和指导书的要求，以及客户需求，配置 JDBC 开发环境
4. 根据手册和指导书的要求，解答客户在配置开发环境时遇到的问题

任务 9.6　项目评价

项目评价表		项目名称	基于 DM8 的 Web 应用开发案例		项目承接人		组号	
项目开始时间			项目结束时间		小组成员			
评分项目			配分	评分细则		自评得分	小组评价	教师评价
项目实施情况（20分）	纪律情况（5分）	项目实施准备	1	准备书、本、笔、设备等				
		积极思考、回答问题	2	视情况得分				
		跟随教师进度	2	视情况得分				
		遵守课堂纪律	0	按规章制度扣分（0~100 分）				
	考勤（5分）	迟到、早退	5	迟到、早退每项扣 2.5 分				
		缺勤	0	根据情况扣分（0~100 分）				
	职业道德（5分）	遵守规范	3	根据实际情况评分				
		认真钻研	2	依据实施情况及思考情况评分				
	职业能力（5分）	总结能力	3	按总结完整性及清晰度评分				
		举一反三	2	根据实际情况评分				
核心任务完成情况评价（60分）	系统设计（20分）	系统需求分析	5	技术框架分析				
			5	功能需求分析				
		系统设计	5	总体结构设计				
			5	数据库设计				

(续)

项目评价表		项目名称		项目承接人		组号	
		基于 DM8 的 Web 应用开发案例					
项目开始时间		项目结束时间		小组成员			
评分项目			配分	评分细则		自评得分	小组评价	教师评价

评分项目			配分	评分细则	自评得分	小组评价	教师评价
核心任务完成情况评价（60分）	项目开发（40分）	服务端系统接口开发	5	项目创建			
			5	业务逻辑设计			
			5	数据库连接			
		前端设计及开发	5	创建前端项目			
			5	组件安装及配置			
			5	获取服务端数据并渲染			
		系统部署及运行	5	系统部署			
			5	系统运行			
拓展训练（20分）	实践或讨论（20分）	完成情况	10	实践或讨论任务完成情况			
		收获体会	10	项目完成后收获及总结情况			
总分							
综合得分（自评20%，小组评价30%，教师评价50%）							
组长签字：				教师签字：			

任务 9.7　项目拓展训练

【综合技能训练】

在本项目的基础上，尝试开发相应的前端、后端功能，对职工的信息进行添加、删除、修改。

参 考 文 献

[1] 龚小勇，段利文，林婧，等. 关系数据库与 SQL Server 2005[M]. 北京：机械工业出版社，2009.
[2] 段利文，龚小勇. 关系数据库与 SQL Server：2019 版[M]. 北京：机械工业出版社，2021.
[3] 武汉达梦数据库股份有限公司. 达梦数据库 DM8 全系列产品手册[OL]. [2023-05-30]https://eco.dameng.com/document/dm/zh-cn/pm/.
[4] 陈志泊，许福，韩慧，等. 数据库原理及应用教程[M]. 4 版. 北京：人民邮电出版社，2017.
[5] 何玉洁. 数据库系统教程[M]. 2 版. 北京：人民邮电出版社，2015.